高等院校信息技术系列教材

数据库系统原理教程

（第2版）

陈红　王珊　张孝/编著

清華大学出版社
北京

内 容 简 介

本书系统、完整地讲述了当前数据库技术的基本原理和应用实践。主要内容包括数据模型、数据库系统结构、关系数据库、SQL 语言、数据库编程、数据库安全性与完整性、数据库并发控制与恢复、关系数据库设计理论、数据库设计、数据库技术新进展等。每章后均附有习题。

本书可作为高等院校数据库课程的教材，也可供从事计算机开发与应用的科研人员、工程技术人员以及其他有关人员参考。

图书在版编目(CIP)数据

数据库系统原理教程/陈红，王珊，张孝编著．—2 版．—北京：清华大学出版社，2021.8(2024.6重印)
高等院校信息技术系列教材
ISBN 978-7-302-58571-8

Ⅰ．数…　Ⅱ．①陈…　②王…　③张…　Ⅲ．①数据库系统－高等学校－教材　Ⅳ．TP311.13

中国版本图书馆 CIP 数据核字(2021)第 132850 号

责任编辑：白立军　杨　帆
封面设计：刘　乾
责任校对：胡伟民
责任印制：刘海龙

出版发行：清华大学出版社
　网　　址：https://www.tup.com.cn，https://www.wqxuetang.com
　地　　址：北京清华大学学研大厦 A 座　　**邮　　编**：100084
　社 总 机：010-83470000　　**邮　　购**：010-62786544
　投稿与读者服务：010-62776969，c-service@tup.tsinghua.edu.cn
　质量反馈：010-62772015，zhiliang@tup.tsinghua.edu.cn
　课件下载：https://www.tup.com.cn，010-83470236
印 装 者：三河市天利华印刷装订有限公司
经　　销：全国新华书店
开　　本：185mm×260mm　　**印　　张**：17.25　　**字　　数**：430 千字
版　　次：1998 年 7 月第 1 版　　2021 年 8 月第 2 版　　**印　　次**：2024 年 6 月第 7 次印刷
定　　价：49.80 元

产品编号：090789-01

第2版前言

数据库技术自20世纪60年代末诞生以来，在应用需求的推动下，一直在不断地向前发展。为了反映数据库学科的新技术和新进展，编者对本书的第1版进行了修订。但编写的基本宗旨和风格不变，保持讲述数据库的基本概念、基本理论和基本技术为主的特点。

第2版主要的修改包括如下内容。

(1) 在第1章数据库体系结构中，增加了最新的云数据库架构的介绍。因数据库管理系统的实现方法已有较大变化，因此删除了相关内容。

(2) 为了帮助读者更好地理解数据库的基础理论，在关系代数、结构查询语言(SQL)、数据库保护等内容中增加了一些图示和例子。

(3) 在第3章关系数据库标准语言SQL中，加强了对SQL标准的介绍，补充了不同DBMS对视图更新的约定。

(4) 根据SQL的发展，删除了目前已不常使用的嵌入式SQL。同时新增了一章数据库编程，重点介绍几种目前常见的数据库编程方法，包括PL/SQL、存储过程和函数、ODBC编程和JDBC编程。

(5) 因数据库产品在不断的变化中，第2版删除了对数据库产品的介绍，包括第1版第5章数据库保护中对Oracle安全性、完整性、并发控制、恢复技术的介绍，以及第1版第7章关系数据库管理系统实例。

(6) 对数据库保护技术进行了扩充。在数据库安全性内容中补充了对强制存取控制的介绍，增加了SQL中的安全性控制，介绍如何用SQL定义安全性措施。数据库完整性中增加了SQL中的完整性控制，介绍如何用SQL定义各类完整性规则，如何用触发器定义复杂的完整性规则。

(7) 数据库设计中，补充了UML的简要介绍。

(8) 根据数据库技术的最新进展，修订了第1版第8章数据库技术新进展。增加了反映数据库最新发展的重要技术，包括数据模型的发展、云数据库、内存数据库、开源数据库等，并介绍了数据管理技术的发展趋势。

书中带“*”的章节为选学内容。

在修订本书的过程中，努力跟踪数据库学科的技术发展，有选择地把它们纳入教材中。但由于水平有限，书中难免存在不足之处，恳请读者批评指正。

陈红 王珊 张孝

2021年4月

于中国人民大学信息学院

第1版前言

数据库技术产生于20世纪60年代末，发展至今已有约30年的历史。数据库技术作为数据管理的最有效的手段，它的出现极大地促进了计算机应用的发展，目前基于数据库技术的计算机应用已成为计算机应用的主流。

30年来，数据库技术本身也在不断地发展和完善。关系数据库已取代了早期的层次数据库与网状数据库，成为主流数据库，而新一代数据库也崭露头角。本书以关系数据库为重点，比较全面系统地介绍了数据库的基本概念和基本技术。取材上力图反映当前数据库技术的发展水平和发展趋势。

本书共8章。

第1章绪论，概述了数据管理的进展、数据模型、数据库管理系统和数据库工程的基本概念。

第2～4章讲解了关系数据库的数据模型、数据语言和设计理论，其中对关系数据库的标准语言SQL进行了深入介绍。

第5章详细讨论了数据库的安全性、完整性、并发控制和恢复等数据库保护技术，并以一个关系数据库产品为例，说明数据库保护技术在实际产品中是如何实现的。

第6章讲述了设计数据库应用系统的方法。重点放在设计关系数据库应用系统上。

第7章介绍关系数据库产品的发展过程和5个关系数据库产品实例。

第8章数据库技术的新进展，介绍了数据库技术的发展过程和新一代数据库系统，包括分布式数据库、并行数据库、多媒体数据库、主动数据库、对象-关系数据库、数据仓库、工程数据库、统计数据库、空间数据库等。

为了方便读者学习，每章后面都附有一定量的习题。

在本书的编写过程中，张基温教授提出了许多宝贵意见，在此表示诚挚的谢意。由于水平有限，书中难免存在不足之处，恳请读者批评指正。

王珊　陈红

于中国人民大学信息学院数据与知识工程研究所

目　　录

第 1 章　绪论 …… 1
1.1　引言 …… 1
1.1.1　数据、数据库、数据库管理系统、数据库系统 …… 1
1.1.2　数据库技术的产生与发展 …… 3
1.2　数据模型 …… 8
1.2.1　数据模型的组成要素 …… 8
1.2.2　概念模型 …… 9
1.2.3　常用的数据模型 …… 13
1.3　数据库系统结构 …… 22
1.3.1　数据库系统的模式结构 …… 22
1.3.2　数据库系统的体系结构 …… 25
1.4　数据库管理系统 …… 28
1.4.1　数据库管理系统的功能与组成 …… 28
1.4.2　数据库管理系统的工作过程 …… 29
1.5　数据库工程与应用 …… 30
1.5.1　数据库设计的目标与特点 …… 31
1.5.2　数据库设计方法 …… 31
1.5.3　数据库设计步骤 …… 32
1.5.4　数据库系统的组成 …… 33
习题 …… 35
第 2 章　关系数据模型 …… 36
2.1　关系数据库概述 …… 36
2.2　关系数据结构 …… 37
2.3　关系的完整性 …… 41
2.4　关系代数 …… 44
2.4.1　传统的集合运算 …… 45
2.4.2　专门的关系运算 …… 46
*2.5　关系演算 …… 51
2.5.1　元组关系演算语言 ALPHA …… 51
2.5.2　域关系演算语言 QBE …… 56
2.6　关系数据库管理系统 …… 61
习题 …… 63
第 3 章　关系数据库标准语言 SQL …… 65

3.1 SQL 概述 …… 65
3.1.1 SQL 的特点 …… 66
3.1.2 SQL 的基本概念 …… 67
3.2 数据定义 …… 68
3.2.1 创建、修改与删除基本表 …… 68
3.2.2 创建与删除索引 …… 71
3.3 查询 …… 73
3.3.1 单表查询 …… 74
3.3.2 连接查询 …… 84
3.3.3 嵌套查询 …… 88
3.3.4 集合查询 …… 97
3.3.5 小结 …… 99
3.4 数据更新 …… 100
3.4.1 插入数据 …… 100
3.4.2 修改数据 …… 101
3.4.3 删除数据 …… 103
3.5 视图 …… 104
3.5.1 定义视图 …… 104
3.5.2 查询视图 …… 108
3.5.3 更新视图 …… 109
3.5.4 视图的用途 …… 111
习题 …… 112
第 4 章 数据库编程 …… 113
4.1 PL/SQL …… 113
4.1.1 PL/SQL 的块结构 …… 113
4.1.2 变量和常量的定义 …… 113
4.1.3 流程控制 …… 114
4.1.4 游标 …… 115
4.2 存储过程和函数 …… 116
4.2.1 存储过程 …… 117
4.2.2 函数 …… 119
4.3 ODBC 编程 …… 120
4.3.1 开放式数据库互连概述 …… 121
4.3.2 ODBC 工作原理 …… 121
4.3.3 ODBC 编程 …… 123
4.3.4 ODBC 的工作流程 …… 124
4.4 JDBC 编程 …… 128
4.4.1 概念 …… 128
4.4.2 实用例子 …… 131

4.4.3 主要接口分类 …… 138
习题…… 139
第5章 数据库保护…… 140
5.1 安全性 …… 140
5.1.1 安全性控制的一般方法 …… 140
5.1.2 SQL 中的安全性控制 …… 145
5.2 完整性 …… 149
5.2.1 完整性约束条件 …… 149
5.2.2 完整性控制 …… 151
5.2.3 SQL 中的完整性控制 …… 154
5.3 并发控制 …… 159
5.3.1 并发控制概述 …… 160
5.3.2 并发操作的调度 …… 162
5.3.3 封锁 …… 163
5.3.4 活锁和死锁 …… 167
5.4 恢复 …… 169
5.4.1 恢复的原理 …… 169
5.4.2 恢复的实现技术 …… 171
5.5 数据库复制与数据库镜像 …… 175
5.5.1 数据库复制 …… 175
5.5.2 数据库镜像 …… 177
习题…… 178
第6章 关系数据库设计理论…… 180
6.1 数据依赖 …… 180
6.1.1 关系模式中的数据依赖 …… 180
6.1.2 数据依赖对关系模式的影响 …… 181
6.1.3 有关概念 …… 182
6.2 范式 …… 183
6.2.1 第一范式(1NF) …… 184
6.2.2 第二范式(2NF) …… 185
6.2.3 第三范式(3NF) …… 186
6.2.4 BC 范式(BCNF) …… 188
6.2.5 多值依赖与第四范式(4NF) …… 189
6.3 关系模式的规范化 …… 192
6.3.1 关系模式规范化的步骤 …… 192
6.3.2 关系模式的分解 …… 193
习题…… 196

第 7 章　数据库设计 …… 198
7.1　数据库设计的步骤 …… 198
7.2　需求分析 …… 199
7.2.1　需求分析的任务 …… 199
7.2.2　需求分析的方法 …… 200
7.2.3　数据字典 …… 204
7.3　概念结构设计 …… 206
7.3.1　概念结构设计的方法与步骤 …… 206
7.3.2　抽象数据并设计局部视图 …… 207
7.3.3　集成局部视图 …… 210
7.3.4　UML …… 214
7.4　逻辑结构设计 …… 215
7.4.1　E-R 图向数据模型的转换 …… 216
7.4.2　数据模型的优化 …… 218
7.4.3　设计用户子模式 …… 220
7.5　数据库物理设计 …… 220
7.6　数据库实施 …… 222
7.7　数据库运行与维护 …… 225
7.8　小结 …… 226
习题 …… 228
第 8 章　数据库技术新进展 …… 229
8.1　数据库技术发展概述 …… 229
8.2　数据模型及数据库系统的发展 …… 230
8.2.1　第一代数据库系统 …… 230
8.2.2　第二代数据库系统 …… 231
8.2.3　新一代数据库系统 …… 232
8.3　数据库系统发展的特点 …… 232
8.3.1　数据模型的发展 …… 233
8.3.2　数据库技术与相关计算机技术相结合 …… 236
8.3.3　小结 …… 249
8.4　数据仓库与数据分析 …… 250
8.4.1　从数据库到数据仓库 …… 250
8.4.2　数据仓库的基本特征 …… 251
8.4.3　分析工具 …… 253
8.4.4　基于数据库技术的数据仓库系统 …… 254
8.5　开源数据库 …… 255
8.5.1　开源数据库的特色 …… 256

8.5.2 三类开源数据库 …………………………………………………………………… 256
8.6 数据管理技术的发展趋势 ………………………………………………………… 258
8.6.1 数据管理与应用所面临的巨大变化 ……………………………………… 258
8.6.2 数据管理技术面临的挑战 ………………………………………………… 259
8.6.3 数据管理技术的发展与展望 ……………………………………………… 260
习题…………………………………………………………………………………………… 261
参考文献…………………………………………………………………………………… 262

第1章 绪　论

数据库技术产生于20世纪60年代末，是数据管理的核心技术，是计算机科学的重要分支，它的出现极大地促进了计算机应用向各行各业的渗透。60余年来，伴随着计算机软硬件技术的发展以及应用需求的变化，数据库技术在不断地发展和演变。从层次、网状、关系数据库到数据仓库与数据分析；从企业级数据库到大数据技术；从集中式数据库到并行分布式数据库，再到云数据库；从磁盘数据库到内存数据库等各种基于新硬件的数据库系统。这些技术发展将数据库应用推向纵深，使其成为现代计算机应用系统中不可或缺的基本组成部分。而与此同时，数据库的基本理论和核心概念是支持其向前发展的基石，也是本书将重点关注的内容。

本章将介绍数据库的有关概念以及为什么要发展数据库技术，从中不难看出数据库技术的重要性所在。

1.1 引　言

1.1.1 数据、数据库、数据库管理系统、数据库系统

数据、数据库、数据库管理系统和数据库系统是与数据库技术密切相关的4个基本概念。

1. 数据(data)

说起数据，人们首先想到的是数字。其实数字只是一种最简单的数据。数据的种类很多，在日常生活中数据无处不在：文字、图形、图像、声音、学生的档案记录、货物的运输情况等，这些都是数据。

为了认识世界，交流信息，人们需要描述事物。数据实际上是描述事物的符号记录。在日常生活中人们直接用自然语言(如汉语)描述事物。在计算机中，为了存储和处理这些事物，就要抽出对这些事物感兴趣的特征组成一个记录来描述。例如，在学生档案中，如果人们最感兴趣的是学生的姓名、性别、出生年月、籍贯、所在系别、入学时间，那么可以这样描述：

(李明，男，2002，江苏，计算机系，2020)

数据与其语义是不可分的。对于上面一条学生记录，了解其语义的人会得到如下信息：李明是个大学生，男生，2002年出生，江苏人，2020年考入计算机系；而不了解其语义的人则无法理解其含义。可见，数据的形式本身并不能完全表达其内容，需要经过语义解释。

2. 数据库(database，DB)

收集并抽取出一个应用所需要的大量数据之后，应将其保存起来以供进一步加工处理

和抽取有用信息。保存方法有很多种：人工保存、存放在文件里、存放在数据库里，其中数据库是存放数据的最佳场所，其原因将在 1.1.2 节介绍。

数据库就是长期存储在计算机内、有组织的、可共享的数据集合。数据库中的数据按一定的数据模型组织、描述和存储，具有较小的冗余度，较高的数据独立性和易扩展性，并可为各种用户共享。

3. 数据库管理系统（database management system，DBMS）

收集并抽取出一个应用所需要的大量数据之后，如何科学地组织这些数据并将其存储在数据库中，又如何高效地处理这些数据呢？完成这个任务的是一个软件系统——数据库管理系统。

数据库管理系统是位于用户与操作系统之间的一层数据管理软件。

数据库在建立、运用和维护时由数据库管理系统统一管理、统一控制。数据库管理系统使用户能方便地定义数据和操纵数据，并能够保证数据的安全性、完整性、多用户对数据的并发使用及发生故障后的系统恢复。

4. 数据库系统（database system，DBS）

数据库系统是指在计算机系统中引入数据库后的系统构成，一般由数据库、数据库管理系统（及其应用开发工具）、应用系统、数据库管理员和用户构成。应当指出的是，数据库的建立、使用和维护等工作只靠一个 DBMS 远远不够，还要有专门的人员来完成，这些人称为数据库管理员（database administrator，DBA）。

在不引起混淆的情况下人们常常把数据库系统简称为数据库。

数据库系统可以用图 1-1 表示。

数据库系统在整个计算机系统中的地位如图 1-2 所示。

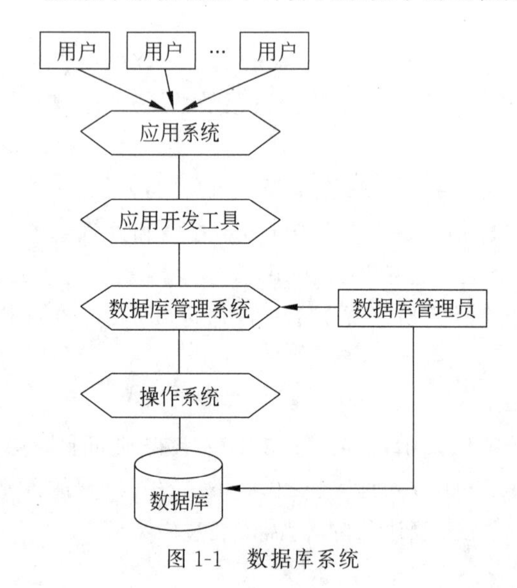

图 1-1 数据库系统

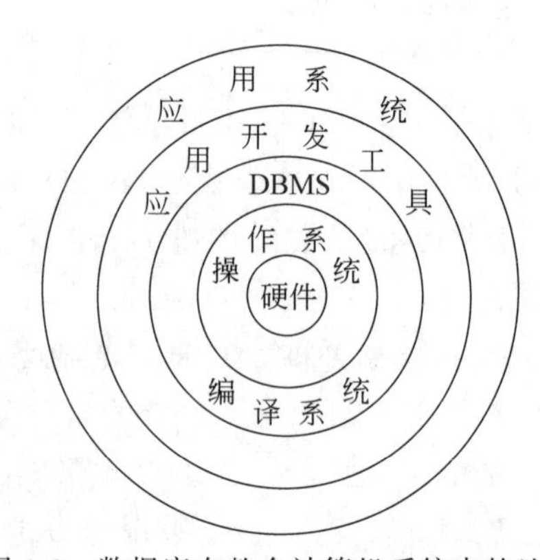

图 1-2 数据库在整个计算机系统中的地位

1.1.2 数据库技术的产生与发展

数据库技术是应数据管理任务的需要而产生的。

数据管理是指如何对数据进行分类、组织、编码、存储、检索和维护，它是数据处理的中心问题。随着计算机硬件和软件的发展，数据管理经历了人工管理、文件系统和数据库系统三个发展阶段。这三个阶段的比较如表1-1所示。

表1-1 数据管理三个阶段的比较

项目		人工管理阶段	文件系统阶段	数据库系统阶段
背景	应用背景	科学计算	科学计算、管理	大规模管理
	硬件背景	无直接存取存储设备	磁盘、磁鼓	大容量磁盘
	软件背景	没有操作系统	有文件系统	有数据库管理系统
	处理方式	批处理	联机实时处理 批处理	联机实时处理 分布式处理 批处理
特点	数据的管理者	人	文件系统	数据库管理系统
	数据面向的对象	某一应用程序	某一应用程序	现实世界
	数据的共享程度	无共享 冗余度极大	共享性差 冗余度大	共享性高 冗余度小
	数据的独立性	不独立，完全依赖于程序	独立性差	具有高度的物理独立性和一定的逻辑独立性
	数据的结构化	无结构	记录内有结构，整体无结构	整体结构化，用数据模型描述
	数据控制能力	应用程序自己控制	应用程序自己控制	由数据库管理系统提供数据安全性、完整性、并发控制和恢复能力

1. 人工管理阶段

在20世纪50年代中期以前，计算机主要用于科学计算。当时的硬件状况是，外存只有纸带、卡片、磁带，没有磁盘等直接存取的存储设备；软件状况是，没有操作系统，没有管理数据的软件；数据处理方式是批处理。

人工管理数据具有如下特点。

(1) 数据不保存。由于当时计算机主要用于科学计算，一般不需要将数据长期保存，只是在计算某一课题时将数据输入，用完就撤走。不仅对用户数据如此处置，对系统软件有时也是这样。

(2) 数据需要由应用程序自己管理，没有相应的软件系统负责数据的管理工作。应用程序中不仅要规定数据的逻辑结构，而且要设计物理结构，包括存储结构、存取方法、输入方式等，因此程序员负担很重。

(3) 数据不共享。数据是面向应用的，一组数据只能对应一个程序。当多个应用程序涉及某些相同的数据时，由于必须各自定义，无法互相利用、互相参照，因此程序与程序之间有大量的冗余数据。

(4) 数据不具有独立性，数据的逻辑结构或物理结构发生变化后，必须对应用程序做相应修改，这就进一步加重了程序员的负担。

人工管理阶段应用程序与数据之间的对应关系可用图 1-3 表示。

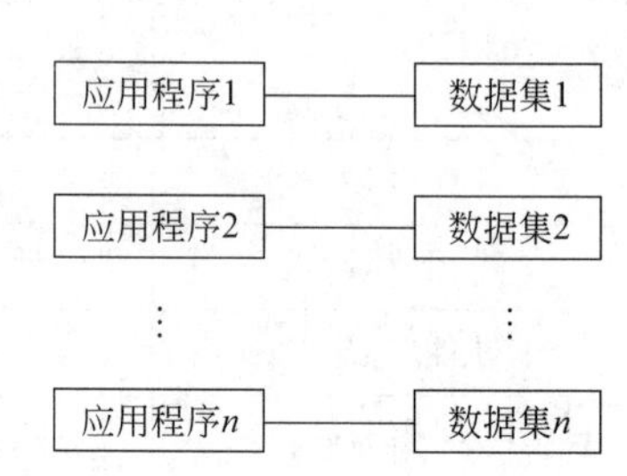

图 1-3 人工管理阶段应用程序与数据之间的对应关系

2. 文件系统阶段

20 世纪 50 年代后期到 60 年代中期，计算机的应用范围逐渐扩大，计算机不仅用于科学计算，而且还大量用于管理。这时硬件上已有了磁盘、磁鼓等直接存取存储设备；软件方面，操作系统中已经有了专门的数据管理软件，一般称为文件系统；处理方式上不仅有了文件批处理，而且能够联机实时处理。

用文件系统管理数据具有如下特点。

(1) 数据可以长期保存。由于计算机大量用于数据处理，数据需要长期保留在外存上，反复进行查询、修改、插入和删除等操作。

(2) 由专门的软件即文件系统进行数据管理，程序和数据之间由软件提供的存取方法进行转换，使应用程序与数据之间有了一定的独立性，程序员可以不必过多地考虑物理细节，将精力集中于算法。而且数据在存储上的改变不一定反映在程序上，大大节省了维护程序的工作量。

(3) 数据共享性差。在文件系统中，一个文件基本上对应一个应用程序，即文件仍然是面向应用的。当不同的应用程序具有部分相同的数据时，也必须建立各自的文件，而不能共享相同的数据，因此数据的冗余度大，浪费存储空间。同时由于相同数据的重复存储、各自管理，给数据的修改和维护带来了困难，容易造成数据的不一致性。

(4) 数据独立性差。文件系统中的文件是为某一特定应用服务的，文件的逻辑结构对该应用程序来说是优化的，因此要想对现有的数据再增加一些新的应用会很困难，系统不容易扩充。一旦数据的逻辑结构改变，必须修改应用程序和文件结构的定义。而应用程序的改变，例如，应用程序改用不同的高级语言等，也将引起文件的数据结构的改变。因此数据与程序之间仍缺乏独立性。可见，文件系统仍然是一个不具有弹性的无结构的数据集合，即文件之间是孤立的，不能反映现实世界事物之间的内在联系。

文件系统阶段应用程序与数据之间的关系如图 1-4 所示。

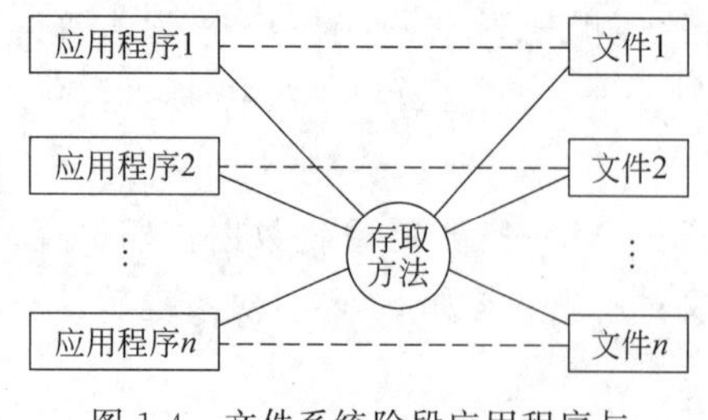

图 1-4 文件系统阶段应用程序与数据之间的对应关系

3. 数据库系统阶段

20 世纪 60 年代后期以来，计算机用于管理的规模更为庞大，应用越来越广泛，数据量急剧增长，同时多种应用、多种语言互相覆盖地共享数据集合的要求越来越强烈。这时硬件已有大容量磁盘，硬件价格下降，软件价格上升，为编制和维护系统软件及应用程序所需的成本相对增加；在处理方式上，联机实时处理要求更多，并开始提出和考虑分布式处理。在这种背景下，以文件系统作为数据管理手段已经不能满足应用的需求，于是为解决多用户、多应用共享数据的需求，使数据为尽可能多的应用服务，就出现了数据库技术，即统一管理数据的专门软件系统——数据库管理系统。

用数据库系统来管理数据具有如下特点。

1）数据结构化

数据结构化是数据库系统与文件系统的根本区别。

在文件系统中，相互独立的文件的记录内部是有结构的。传统文件的最简单形式是等长同格式的记录集合。例如，一个学生人事记录文件，每个记录都有如图 1-5 所示的记录格式。

学号	姓名	性别	系别	年龄	政治面貌	家庭出身	籍贯	家庭成员	奖惩情况

图 1-5　学生人事记录格式（等长记录）

其中前 8 项数据是任何学生必须具有的而且基本上是等长的，而各个学生的后两项数据其信息量大小变化较大。如果采用等长记录形式存储学生数据，为了建立完整的学生档案文件，每个学生记录的长度必须等于信息量最多的记录的长度，会浪费大量的存储空间。所以最好采用变长记录或主记录与详细记录相结合的形式建立文件。即将学生人事记录的前 8 项作为主记录，后两项作为详细记录，则每个记录有如图 1-6 所示的记录格式，某个学生人事记录如图 1-7 所示。

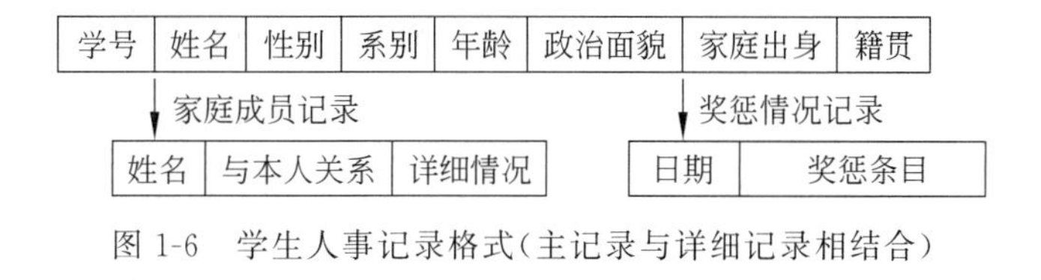

图 1-6　学生人事记录格式（主记录与详细记录相结合）

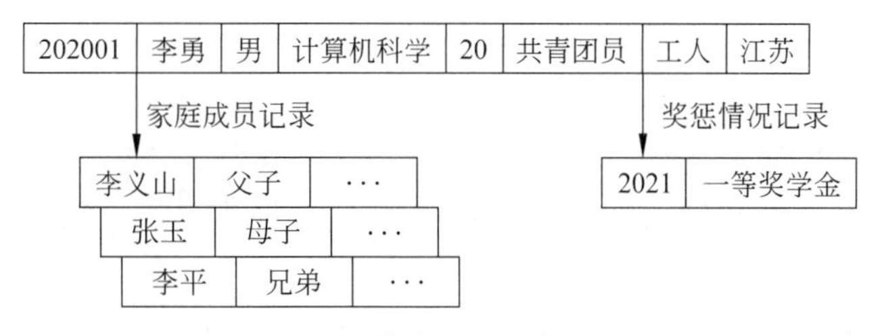

图 1-7　某个学生人事记录

这样可以节省许多存储空间，灵活性也相对提高。

但这样建立的文件仍有局限性，因为这种灵活性只对一个应用而言。一个学校或一个组织涉及许多应用，在数据库系统中不仅要考虑某个应用的数据结构，还要考虑整个组织的数据结构。例如，一个学校的信息管理系统中不仅要考虑学生的人事管理，还要考虑学籍管理、选课管理等，可按图 1-8 方式为该校的信息管理系统组织学生数据。

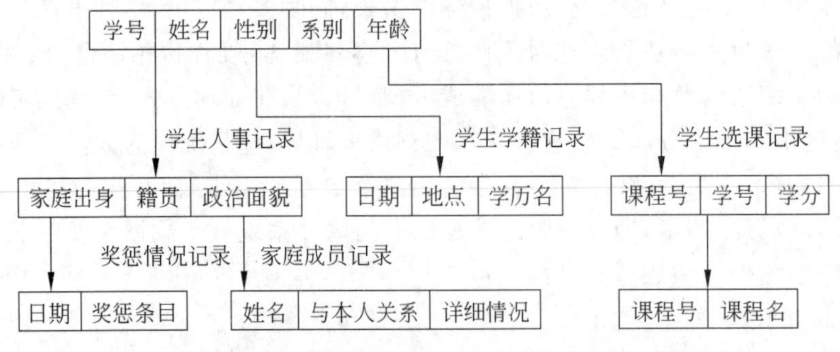

图 1-8　某学校的信息管理系统数据记录格式

这种数据组织方式为各种管理提供必要的记录，使学校的学生数据结构化了。这就要求在描述数据时不仅要描述数据本身，还要描述数据之间的联系。文件系统尽管其记录内部已有了某些结构，但记录之间没有联系。数据库系统实现整体数据的结构化，这是数据库的主要特征之一，也是数据库系统与文件系统的本质区别。

在数据库系统中，不仅数据是结构化的，而且存取数据的方式也很灵活，可以存取数据库中的某一个数据项、一组数据项、一个记录或一组记录。而在文件系统中，数据的最小存取单位是记录，粒度不能细到数据项。

2）数据的共享性好，冗余度低

数据的共享程度直接关系到数据的冗余度。数据库系统从整体角度看待和描述数据，数据不再面向某个应用而是面向整个系统。上例中的学生基本记录就可以被多个应用共享使用。这样既可以大大减少数据冗余，节约存储空间，又能够避免数据之间的不相容性与不一致性。数据的不一致性是指同一数据不同副本的值不一样。采用人工管理或文件系统管理时，由于数据被重复存储，当不同的应用修改不同的副本时就易造成数据的不一致。

3）数据独立性高

数据库系统提供了两方面的映像功能，从而使数据既具有物理独立性，又有逻辑独立性。

数据库系统的一个映像功能是数据的总体逻辑结构与某类应用所涉及的局部逻辑结构之间的映像或转换功能。这一映像功能保证了当数据的总体逻辑结构改变时，通过对映像的相应改变可以保持数据的局部逻辑结构不变，由于应用程序是依据数据的局部逻辑结构编写的，所以应用程序不必修改。这就是数据与程序的逻辑独立性，简称数据的逻辑独立性。

数据库系统的另一个映像功能是数据的存储结构与逻辑结构之间的映像或转换功能。这一映像功能保证了当数据的存储结构（或物理结构）改变时，通过对映像的相应改变可以保持数据的逻辑结构不变，从而应用程序也不必改变。这就是数据与程序的物理独立性，简称数据的物理独立性。

数据与程序之间的独立性，可以使数据的定义和描述从应用程序中分离出去。另外，由于数据的存取由 DBMS 管理，用户不必考虑存取路径等细节，从而简化了应用程序的编制，大大减少了应用程序的维护和修改。

4）数据由 DBMS 统一管理和控制

由于对数据实行了统一管理，而且所管理的是有结构的数据，因此在使用数据时可以有很灵活的方式，可以取整体数据的各种合理子集用于不同的应用系统，而且当应用需求改变或增加时，只要重新选取不同子集或者加上一小部分数据，便可以有更多的用途，满足新的要求。因此使数据库系统弹性大，易于扩充。

除了管理功能以外，为了适应数据共享的环境，DBMS 还必须提供以下 4 方面的数据控制功能。

（1）安全性（security）。

安全性是指保护数据，防止不合法使用数据造成数据的泄密和破坏，使每个用户只能按规定对某些数据以某些方式进行访问和处理。

（2）完整性（integrity）。

完整性指数据的正确性、有效性和相容性。即将数据控制在有效的范围内，或要求数据之间满足一定的关系。

（3）并发（concurrency）控制。

当多个用户的并发进程同时存取、修改数据库时，可能会发生相互干扰而得到错误的结果，并使得数据库的完整性遭到破坏，因此必须对多用户的并发操作加以控制和协调。

（4）恢复（recovery）。

计算机系统的硬件故障、软件故障、操作员的失误以及故意的破坏都会影响数据库中数据的正确性，甚至造成数据库部分或全部数据的丢失。DBMS 必须具有将数据库从错误状态恢复到某一已知的正确状态（也称完整状态或一致状态）的功能，这就是数据库的恢复功能。

数据库系统阶段应用程序与数据之间的对应关系可用图 1-9 表示。

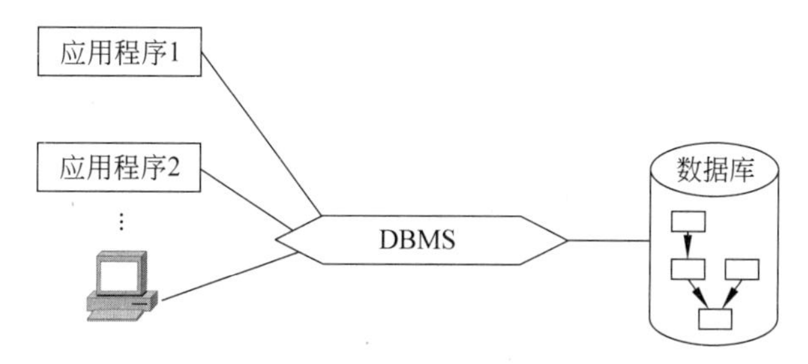

图 1-9　数据库系统阶段应用程序与数据之间的对应关系

综上所述，数据库是长期存储在计算机内有组织的、大量的、共享的数据集合。它可以供各种用户共享，具有最小冗余度和较高的数据独立性。DBMS 在数据库建立、使用和维护时对数据库进行统一控制，以保证数据的完整性、安全性，并在多用户同时使用数据库时进行并发控制，在发生故障后对系统进行恢复。

数据库系统的出现使信息系统的研制从以加工数据的程序为中心转向围绕共享的数据库来进行。这样既便于数据的集中管理，又有利于应用程序的研制和维护，提高了数据的利用率、相容性，以及决策的可靠性。

数据库技术从 20 世纪 60 年代产生到今天仅 60 年的历史，但其发展速度之快，使用范围之广是其他技术所不及的。20 世纪 60 年代末出现了第一代数据库——层次数据库、网状数据库,20 世纪 70 年代出现了第二代数据库——关系数据库。而 20 世纪 80 年代出现的以面向对象模型为主要特征的数据库系统又向关系数据库系统提出挑战。数据库技术与网络通信技术、面向对象程序设计技术、并行分布计算技术、云计算技术、人工智能(artificial intelligence,AI)技术、新硬件技术等互相渗透、互相结合,成为当前数据库技术发展的主要特征。我们将在第 8 章比较详细地介绍数据库技术的最新发展。

1.2 数据模型

数据库是某个企业、组织或部门所涉及的数据的一个综合,它不仅要反映数据本身的内容,而且要反映数据之间的联系。由于计算机不可能直接处理现实世界中的具体事物,所以人们必须事先把具体事物转换成计算机能够处理的数据。在数据库中用数据模型这个工具来抽象、表示和处理现实世界中的数据和信息。通俗地讲,数据模型就是现实世界的模拟。

数据模型应满足 3 方面要求:①能比较真实地模拟现实世界;②容易为人所理解;③便于在计算机上实现。一种数据模型要很好地满足这 3 方面的要求,目前尚很困难。在数据库系统中针对不同的使用对象和应用目的,采用不同的数据模型。

不同的数据模型实际上是提供给我们模型化数据和信息的不同工具。根据模型应用的不同目的,可以将这些模型划分为两类,它们分属于两个不同的层次。一类模型是概念模型,也称信息模型,它是按用户的观点对数据和信息建模;另一类模型是数据模型,主要包括层次模型、网状模型、关系模型等,它是按计算机系统的观点对数据建模。

本节首先介绍数据模型的共性——数据模型的组成要素,然后分别介绍两类不同的数据模型——概念模型和数据模型。

1.2.1 数据模型的组成要素

一般地讲,任何一种数据模型都是严格定义的概念的集合。这些概念必须能够精确地描述系统的静态特性、动态特性和完整性约束条件。因此数据模型通常都是由数据结构、数据操作和数据的约束条件 3 个要素组成。

1. 数据结构

数据结构用于描述系统的静态特性。

数据结构是所研究的对象类型(object type)的集合。这些对象是数据库的组成成分,它们包括两类:一类是与数据类型、内容、性质有关的对象,例如网状模型中的数据项、记录,关系模型中的域、属性、关系等;另一类是与数据之间联系有关的对象,例如网状模型中的系型(set type)。

数据结构是刻画一个数据模型性质最重要的方面。因此在数据库系统中,人们通常按照其数据结构的类型来命名数据模型。例如,层次结构、网状结构和关系结构的数据模型分别命名为层次模型、网状模型和关系模型。

2. 数据操作

数据操作用于描述系统的动态特性。

数据操作是指对数据库中各种对象(型)的实例(值)允许执行的操作的集合,包括操作及有关的操作规则。数据库主要有查询和更新(包括插入、删除、修改)两大类操作。数据模型必须定义这些操作的确切含义、操作符号、操作规则(如优先级)以及实现操作的语言。

3. 数据的约束条件

数据的约束条件是一组完整性规则的集合。完整性规则是给定的数据模型中数据及其联系所具有的制约和依存规则,用以限定符合数据模型的数据库状态以及状态的变化,以保证数据的正确、有效和相容。

数据模型应该反映和规定本数据模型必须遵守的、基本的、通用的完整性约束条件。例如,在关系模型中,任何关系必须满足实体完整性和参照完整性两个条件(第 2 章将详细讨论这两个完整性约束条件)。

此外,数据模型还应该提供定义完整性约束条件的机制,以反映具体应用所涉及的数据必须遵守的特定的语义约束条件。例如,在学校的数据库中规定大学生年龄不得超过 29 岁,硕士研究生年龄不得超过 38 岁,学生累计成绩不得有 3 门以上不及格等。

1.2.2 概念模型

数据模型是数据库系统的核心和基础。各种机器上实现的 DBMS 软件都是基于某种数据模型的。为了把现实世界中的具体事物抽象、组织为某一 DBMS 支持的数据模型,人们常常首先将现实世界抽象为信息世界,然后将信息世界转换为机器世界。也就是说,首先把现实世界中的客观对象抽象为某一种信息结构,这种信息结构并不依赖具体的计算机系统,不是某一 DBMS 支持的数据模型,而是概念级的模型;然后再把概念模型转换为计算机上某一 DBMS 支持的数据模型,这一过程如图 1-10 所示。不难看出,概念模型实际上是现实世界到机器世界的一个中间层次。

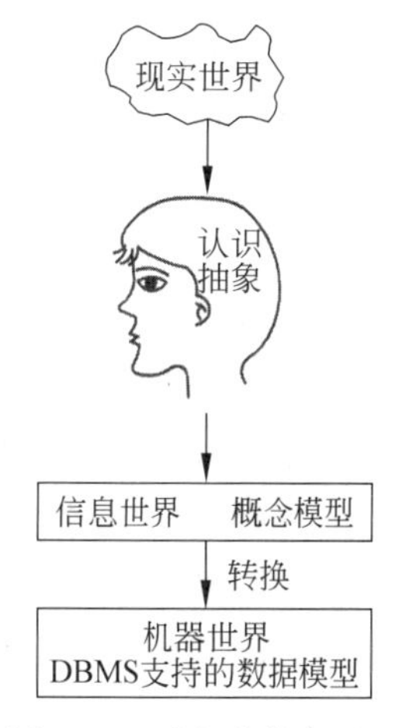

图 1-10 对象的抽象过程

由于概念模型用于信息世界的建模,是现实世界到信息世界的第一层抽象,是用户与数据库设计人员之间进行交流的语言,因此概念模型一方面应该具有较强的语义表达能力,能够方便、直接地表达应用中的各种语义知识;另一方面它还应该简单、清晰、易于用户理解。

1. 信息世界中的基本概念

信息世界涉及的概念主要有如下内容。

1）实体(entity)

客观存在并可相互区别的事物称为实体。实体可以是具体的人、事、物，也可以是抽象的概念或联系，例如，一个职工、一个学生、一个部门、一门课、学生的一次选课、部门的一次订货，老师与系的工作关系(即某位老师在某系工作)等都是实体。

2）属性(attribute)

实体所具有的某一特性称为属性。一个实体可以由若干属性来刻画。例如，学生实体可以由学号、姓名、性别、出生年份、系、入学时间等属性组成(2020268，张山，男，2002，计算机系，2020)。这些属性组合起来表征了一个学生。

3）码(key)

唯一标识实体的属性集称为码。例如，学号是学生实体的码。

4）域(domain)

属性的取值范围称为该属性的域。例如，学号的域为 10 位整数，姓名的域为字符串集合，性别的域为{男，女}。

5）实体型(entity type)

具有相同属性的实体必然具有共同的特征和性质。用实体名及其属性名集合来抽象和刻画同类实体，称为实体型。例如，学生(学号，姓名，性别，出生年份，系，入学时间)就是一个实体型。

6）实体集(entity set)

同型实体的集合称为实体集。例如，全体学生就是一个实体集。

7）联系(relationship)

在现实世界中，事物内部以及事物之间是有联系的，这些联系在信息世界中反映为实体内部的联系和实体型之间的联系。实体内部的联系通常是指组成实体的各属性之间的联系。两个实体型之间的联系可以分为以下 3 类。

(1) 一对一联系(1∶1)。

如果对于实体集 A 中的每个实体，实体集 B 中至多有一个实体与之联系，反之亦然，则称实体集 A 与实体集 B 具有一对一联系。记为 1∶1。

例如，学校里面，一个班级只有一个正班长，而一个班长只在一个班中任职，则班级与班长之间具有一对一联系。

(2) 一对多联系(1∶n)。

如果对于实体集 A 中的每个实体，实体集 B 中有 n 个实体($n \geqslant 0$)与之联系，反之，对于实体集 B 中的每个实体，实体集 A 中至多只有一个实体与之联系，则称实体集 A 与实体集 B 有一对多联系。记为 1∶n。

例如，一个班级中有若干学生，而每个学生只在一个班级中学习，则班级与学生之间具有一对多联系。

(3) 多对多联系(m∶n)。

如果对于实体集 A 中的每个实体，实体集 B 中有 n 个实体($n \geqslant 0$)与之联系，反之，对于实体集 B 中的每个实体，实体集 A 中也有 m 个实体($m \geqslant 0$)与之联系，则称实体集

A 与实体集 B 具有多对多联系。记为 $m:n$。

例如，一门课程同时有若干学生选修，而一个学生可以同时选修多门课程，则课程与学生之间具有多对多联系。

实际上，一对一联系是一对多联系的特例，而一对多联系又是多对多联系的特例。

实体型之间的这种一对一、一对多、多对多联系不仅存在于两个实体型之间，也存在于两个以上的实体型之间。

若实体集 $E_1, E_2, \cdots, E_n$ 存在联系，对于实体集 $E_j(j=1,2,\cdots,i-1,i+1,\cdots,n)$ 中的给定实体，最多只和 E_i 中的一个实体相联系，则 E_i 与 $E_1, E_2, \cdots, E_{i-1}, E_{i+1}, \cdots, E_n$ 之间的联系是一对多的。例如，对于课程、教师与参考书 3 个实体型，如果一门课程可以有若干教师讲授，使用若干参考书，而每个教师只讲授一门课程，每本参考书只供一门课程使用，则课程与教师、参考书之间是一对多联系。

多实体型之间一对一联系、多对多联系的定义及其例子请读者自行给出。

同一个实体集内的各实体间也可以存在一对一联系、一对多联系和多对多联系。例如，学生实体集内部具有领导与被领导的联系，即某一学生(班干部)“领导”若干学生，而一个学生仅被另外一个学生直接领导，因此这是一对多联系。

2. 概念模型的表示方法

概念模型是对信息世界建模，因此概念模型应该能够方便、准确地表示出上述信息世界中的常用概念。概念模型的表示方法很多，其中最为常用的是 P.P.S.Chen 于 1976 年提出的实体-联系方法(entity-relationship approach)，也称 E-R 方法。该方法用 E-R 图来描述现实世界的概念模型。

E-R 图提供了表示实体型、属性和联系的方法。

- 实体型：用矩形表示，矩形框内写明实体名。
- 属性：用椭圆形表示，并用无向边将其与相应的实体连接起来。
- 联系：用菱形表示，菱形框内写明联系名，并用无向边分别与有关实体连接起来，同时在无向边旁标上联系的类型($1:1$，$1:n$ 或 $m:n$)。

需要注意的是，联系本身也是一种实体型，也可以有属性。如果一个联系具有属性，则这些属性也要用无向边与该联系连接起来。

图 1-11 用 E-R 图描述了上面有关两个实体型之间的 3 类联系、3 个实体型之间的一对多联系和一个实体型内部的一对多联系的例子。

假设上面的 5 个实体型即学生、班级、课程、教师、参考书分别具有下列属性。

学生：学号、姓名、性别、年龄。

班级：班级编号、所属专业系。

课程：课程号、课程名、学分。

教师：职工号、姓名、性别、年龄、职称。

参考书：书号、书名、内容提要、价格。

这 5 个实体的属性用 E-R 图表示，如图 1-12(a)所示。这 5 个实体间的联系可以用 E-R

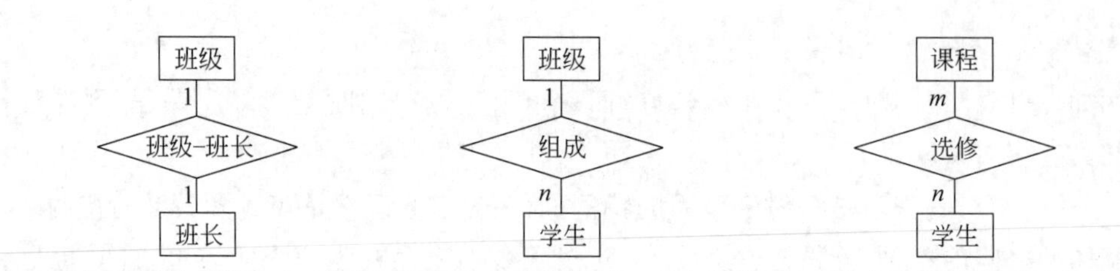

(a) 两个实体型之间的一对一联系　(b) 两个实体型之间的一对多联系　(c) 两个实体型之间的多对多联系

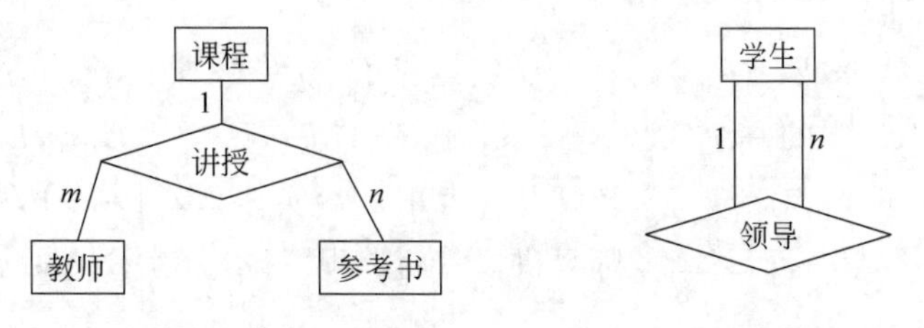

(d) 3个实体型之间的一对多联系　　(e) 实体型内部的一对多联系

图 1-11　简单的 E-R 图实例

图表示,如图 1-12(b)所示。注意,选修和班级两个联系又都分别具有各自的属性。

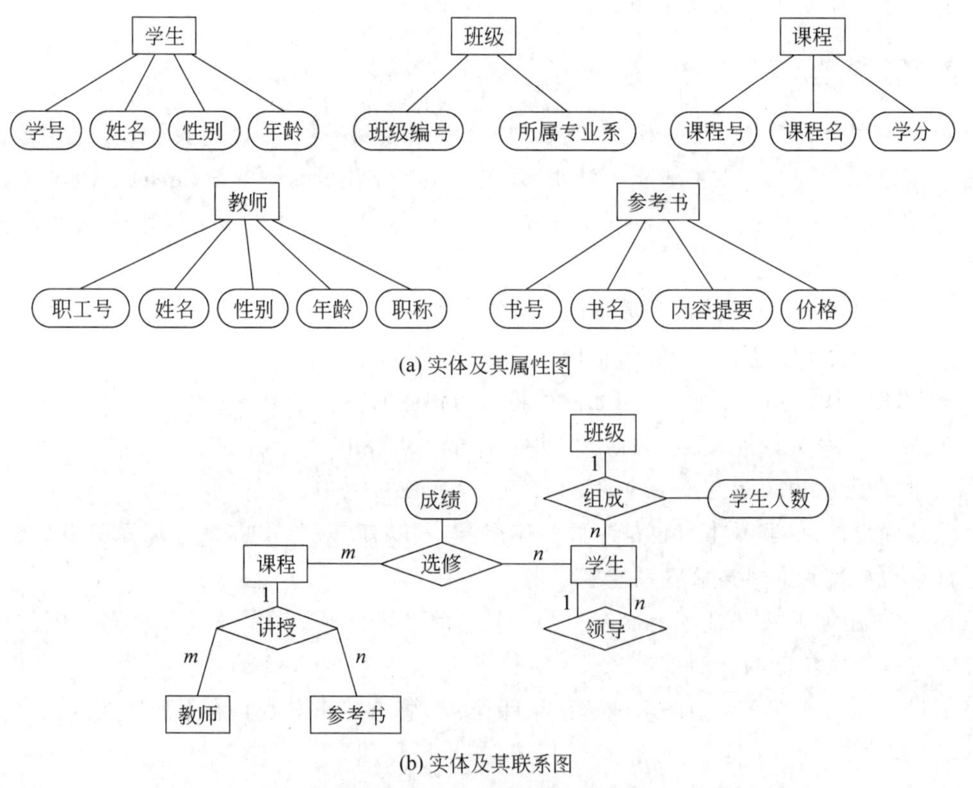

(a) 实体及其属性图

(b) 实体及其联系图

图 1-12　课程管理的 E-R 图实例

将图 1-12(a)与(b)合并在一起(见图 1-13)就是一个完整的关于学校课程管理的概念模型。但在实际应用中,在一个概念模型中涉及的实体和实体的属性较多时,为了清晰起见,往往采用图 1-12 的方法,将实体及其属性与实体及其联系分别用两张 E-R 图表示。

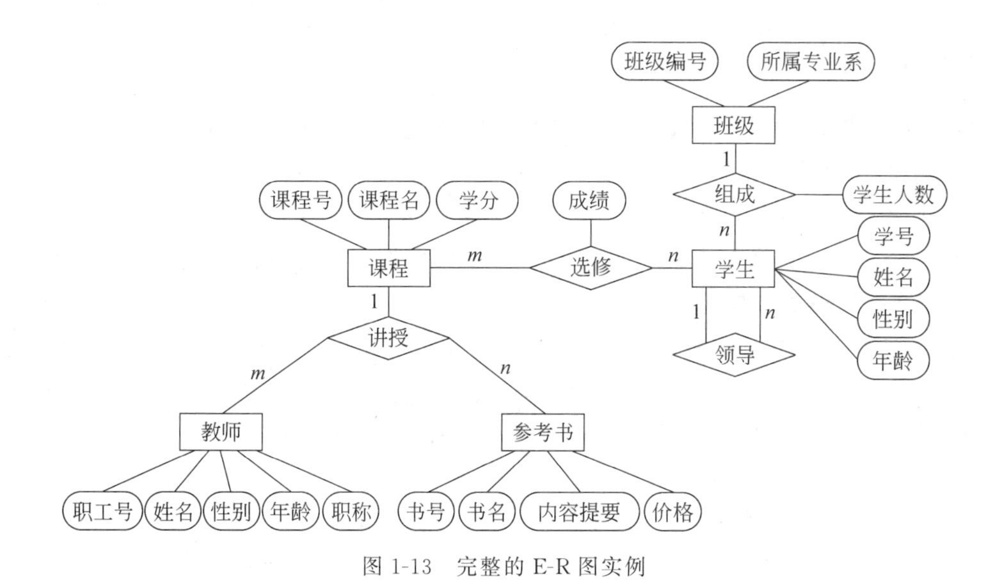

图 1-13　完整的 E-R 图实例

实体-联系方法是抽象和描述现实世界的有力工具。用 E-R 图表示的概念模型独立于具体的 DBMS 所支持的数据模型，它是各种数据模型的共同基础，因而比数据模型更一般、更抽象、更接近现实世界。

1.2.3　常用的数据模型

不同的数据模型具有不同的数据结构形式。目前最常用的数据模型有层次模型(hierarchical model)、网状模型(network model)和关系模型(relational model)。其中层次模型和网状模型统称为格式化模型。格式化模型的数据库系统在 20 世纪 70 年代到 80 年代初非常流行，在数据库系统产品中占据了主导地位，现在已逐渐被关系模型的数据库系统取代。

20 世纪 80 年代以来，面向对象的方法和技术在计算机各个领域，包括程序设计语言、软件工程、信息系统设计、计算机硬件设计等各方面都产生了深远的影响，也促进了数据库中面向对象数据模型的研究和发展。同时，随着 Internet 的迅速发展，Web 上出现了各种半结构化和非结构化数据源，产生了以可扩展标记语言(extensible markup language, XML)为代表的半结构化数据模型和非结构化数据模型。本节只介绍格式化模型和关系模型，面向对象的数据模型、XML 数据模型以及其他新一代数据模型将在第 8 章进行简单介绍。

在格式化模型中，实体用记录表示，实体间的联系转换成记录之间的两两联系。格式化模型数据结构的基本单位是基本层次联系。基本层次联系是指两个记录以及它们之间的一对多(包括一对一)联系，如图 1-14 所示。

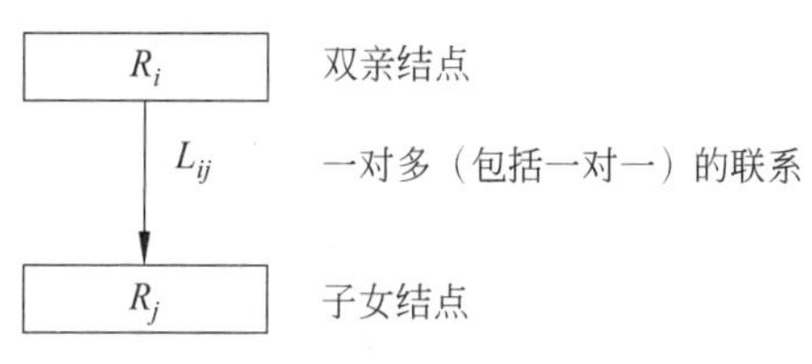

图 1-14　基本层次联系

图中，R_i 位于联系 L_{ij} 的始点，称为双亲结点(parent)，R_j 位于联系 L_{ij} 的终点，称为子女结点(child)。

1. 层次数据模型

层次模型是数据库系统中最早出现的数据模型，它用树形结构表示各类实体以及实体间的联系。现实世界中许多实体间的联系本来就呈现出一种很自然的层次关系，如行政机构、家族关系等。层次模型数据库系统的典型代表是 IBM 公司的 IMS(imformation management systems)数据库管理系统，这是一个曾经被广泛使用的数据库管理系统。

1) 层次数据模型的数据结构

(1) 层次数据模型的基本结构。

按照树的定义，层次模型有以下两个限制：

- 只有一个结点没有双亲结点，称之为根结点；
- 根以外的其他结点有且只有一个双亲结点。

这就使得层次数据库系统只能处理一对多的实体联系。

在层次数据模型中，每个结点表示一个记录类型，结点之间的连线表示记录类型间的联系，这种联系只能是父子联系。每个记录类型可包含若干字段，这里，记录类型描述的是实体，字段描述实体的属性。各个记录类型及其字段都必须命名。各个记录类型，以及同一记录类型中各个字段不能同名。每个记录类型可以定义一个排序字段，也称码段。如果定义该排序字段的值是唯一的，则它能唯一地标识一个记录值。一个层次数据模型在理论上可以包含任意有限个记录类型和字段，但任何实际的系统都会因为存储容量或其他原因而限制层次模型中包含的记录类型和字段的个数。

层次模型的另一个最基本的特点是，任何一个给定的记录值只有按其路径查看时，才能显出它的全部意义，没有一个子女记录值能够脱离双亲记录值而独立存在。

图 1-15 给出了一个层次模型的简单例子：

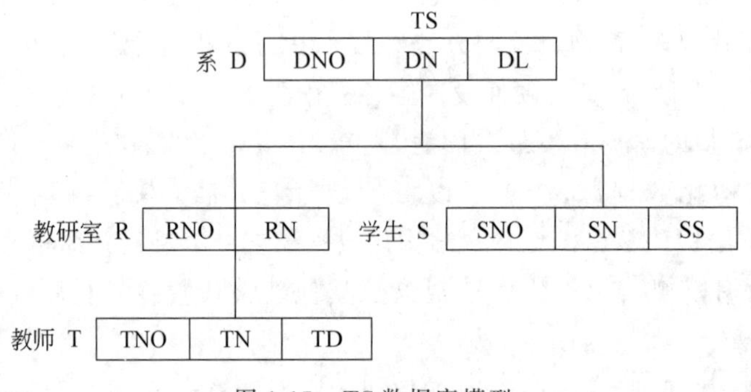

图 1-15　TS 数据库模型

该层次数据库 TS 具有 4 个记录类型。记录类型 D(系)是根结点，由字段 DNO(系编号)、DN(系名)、DL(系办公地点)组成，它有两个子女结点：R 和 S 。记录类型 R(教研室)是 D 的子女结点，同时又是 T 的双亲结点，它由 RNO(教研室编号)、RN(教研室名)两个字段组成。记录类型 S(学生)由 SNO(学号)、SN(姓名)、SS(成绩)3 个字段组成。记录类型 T(教师)由 TNO(职工号)、TN(姓名)、TD(研究方向)3 个字段组成。S 与 T 是叶结点，它们没有子女结点。由 D 到 R、由 R 到 T、由 D 到 S 均是一对多的联系。

图 1-16 是图 1-15 数据模型对应的一个值。该值是 D02 系（计算机科学系）记录值及其所有后代记录值组成的一棵树。D02 系有 3 个教研室子女记录值：R01，R02，R03；3 个学生记录值：S63871，S63874，S63876。教研室 R01 有 3 个教师记录值：E2101，E1709，E3501；教研室 R03 有两个教师子女记录值：E1101，E3102。

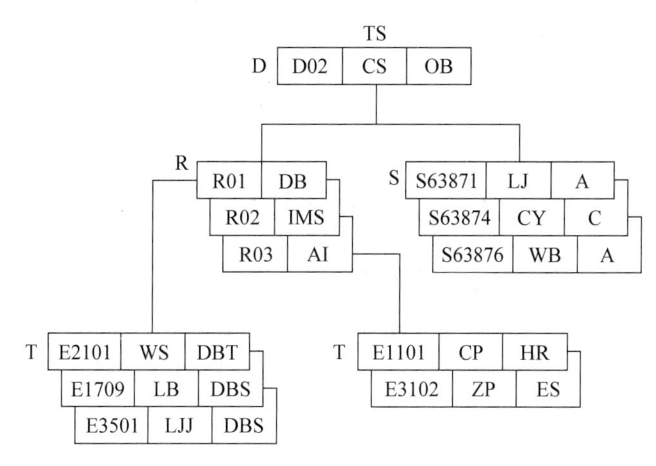

图 1-16　TS 数据库模型对应的一个值

（2）多对多联系在层次数据模型中的表示。

前面已经说过，层次数据模型只能直接表示一对多（包括一对一）联系，那么另一种常见的多对多联系能否在层次数据模型中表示出来呢？答案是肯定的，否则层次数据模型就无法真正反映现实世界了。但是用层次数据模型表示多对多联系，必须首先将其分解成一对多联系。分解方法有两种：冗余结点法和虚拟结点法。下面用一个例子说明这两种分解方法。

图 1-17（a）是一个简单的多对多联系：一个学生可以选修多门课程，一门课程可由多个学生选修。S（学生）的字段同前，C（课程）由 CNO（课程号）和 CN（课程名）两字段组成。

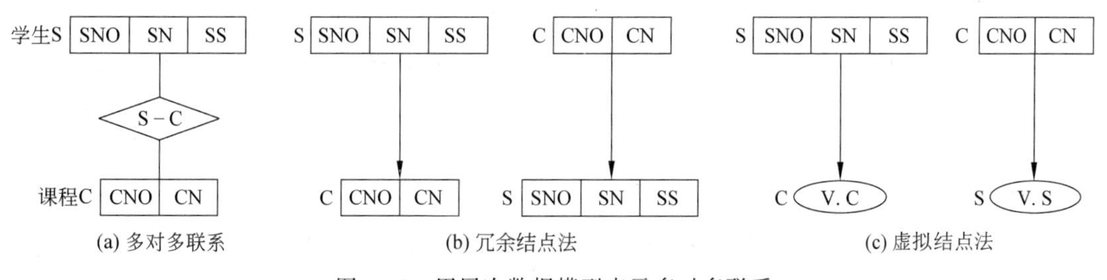

图 1-17　用层次数据模型表示多对多联系

图 1-17（b）采用冗余结点法，即通过增设两个冗余结点将图 1-17（a）的多对多联系转换成两个一对多联系。图 1-17（c）采用虚拟结点的分解方法，即将图 1-17（b）中的冗余结点转换为虚拟结点。虚拟结点就是一个指针，指向所替代的结点。

冗余结点法的优点是结构清晰，允许结点改变存储位置；缺点是需要额外占用存储空间，有潜在的不一致性。虚拟结点法的优点是减少对存储空间的浪费，避免产生潜在的不一致性；缺点是结点改变存储位置可能引起虚拟结点中指针的修改。

(3) 其他非树形结构在层次数据模型中的表示。

其他非树形结构也可以在层次数据模型中表示，当然必须首先转换成树形结构，转换方法与上面类似，分为冗余结点法和虚拟结点法，这里不再详细介绍。

2) 层次数据模型的操纵与完整性约束

层次数据模型的操纵主要有查询、插入、删除和更新。进行插入、删除、更新操作时要满足层次模型的完整性约束条件。

进行插入操作时，如果没有相应的双亲结点值就不能插入子女结点值。例如，在图 1-16 的层次数据模型中，若新调入一个教师，但尚未分配到某个教研室，这时就不能将新教师插入数据库中。

进行删除操作时，如果删除双亲结点值，则相应的子女结点值也被同时删除。例如，在图 1-16 的层次数据模型中，若删除 DB 教研室，则该教研室所有老师的数据将全部丢失。

进行更新操作时，应更新所有相应记录，以保证数据的一致性。例如，在图 1-16(b)的层次数据模型中，如果一个学生要改姓名，则两处学生记录值的 SN 字段都必须更新。

3) 层次数据模型的存储结构

存储层次数据库不仅要存储数据本身，还要反映出数据之间的层次联系，实现方法有两种。

(1) 邻接法：按照层次树前序穿越的顺序把所有记录值依次邻接存放，即通过物理空间的位置相邻来实现层次顺序。例如对于图 1-16 的数据库按邻接法应按图 1-18 存放(为简单起见，仅用记录值的第一个字段来代表该记录值)。

D02	R01	E2101	E1709	E3501	R02	R03	E1101	E3102	S63871	S63874	S63876

图 1-18　邻接法

(2) 链接法：用指针反映数据之间的层次联系，如图 1-19 所示。其中图 1-19(a)中每个记录设两类指针，分别指向最左边的子女(每个记录型对应一个)和最近的兄弟，这种链接方法称为子女-兄弟链接法；图 1-19(b)是按树的前序穿越顺序链接各记录值，这种链接方法称为层次序列链接法。

4) 层次数据模型的优缺点

层次数据模型主要有如下优点。

- 层次数据模型本身比较简单，只需很少几条命令就能操纵数据库，比较容易使用。
- 对于实体间的联系是固定的，且预先定义好的应用系统，采用层次数据模型来实现，其性能优于关系数据模型，不次于网状数据模型。
- 层次数据模型提供了良好的完整性支持。

层次数据模型主要有如下缺点。

- 现实世界中很多联系是非层次性的，如多对多联系、一个结点具有多个双亲结点等，层次数据模型表示这类联系的方法很笨拙，只能通过引入冗余数据(易产生不一致性)或创建非自然的数据组织(引入虚拟结点)来解决。

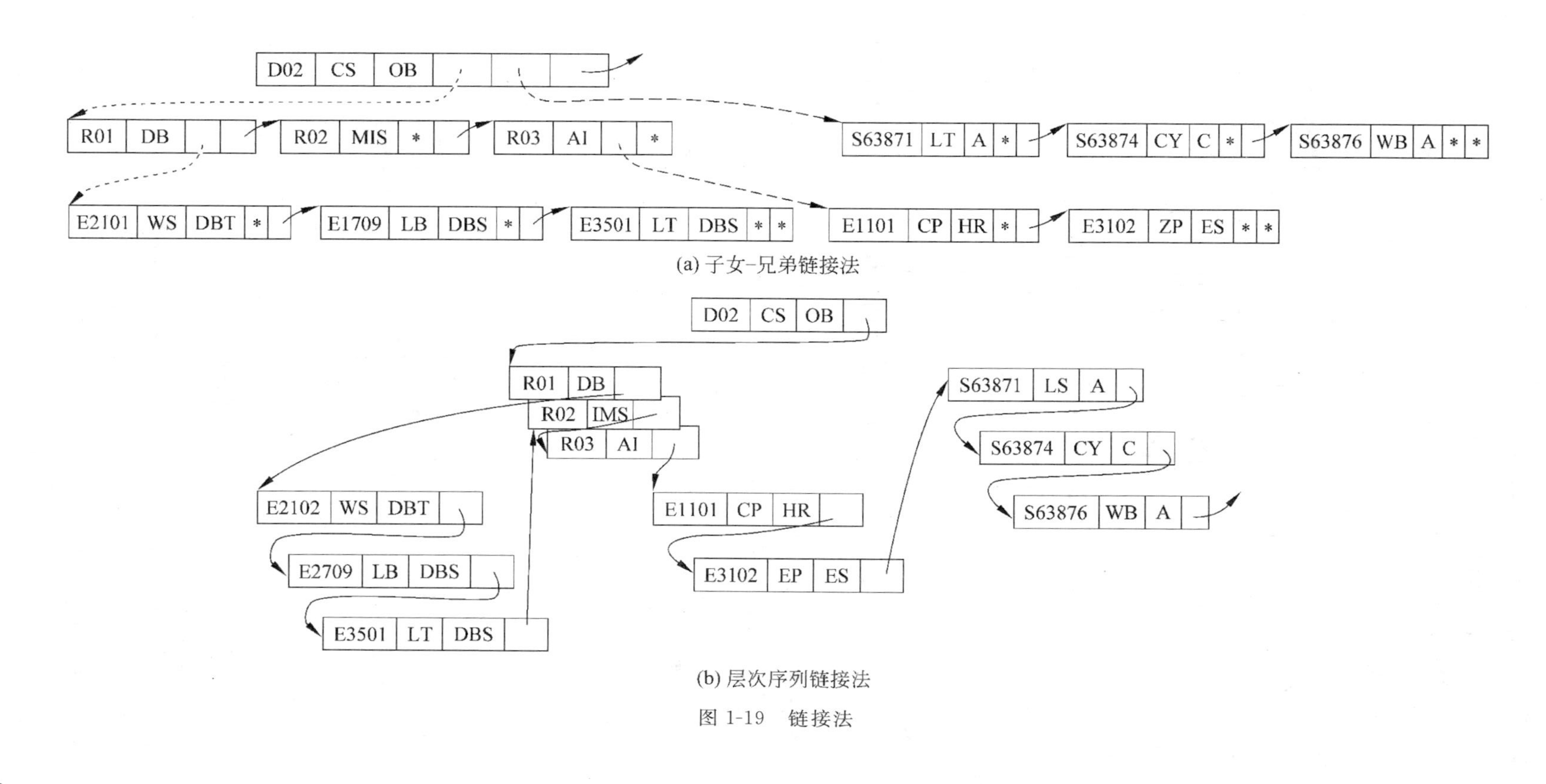

(a) 子女-兄弟链接法

(b) 层次序列链接法

图 1-19　链接法

- 对插入和删除操作的限制比较多。
- 查询子女结点必须通过双亲结点。
- 由于结构严密，层次命令趋于程序化。

2. 网状数据模型

自然界中实体型之间的联系更多的是非层次关系，用层次数据模型表示非树形结构很不直接，网状数据模型则可以克服这一弊病。网状数据模型的典型代表是 DBTG 系统，也称 CODASYL 系统。这是 20 世纪 70 年代数据系统语言研究会（Conference On Data Systems Language，CODASYL）下属的数据库任务组（Database Task Group，DBTG）提出的一个系统方案。

1）网状数据模型的数据结构

网状数据模型是一种比层次数据模型更具普遍性的结构，它去掉了层次数据模型的两个限制，允许多个结点没有双亲结点，允许结点有多个双亲结点，此外它还允许两个结点之间有多种联系（称之为复合联系）。因此网状数据模型可以更直接地描述现实世界。而层次数据结构实际上是网状数据结构的一个特例。

与层次数据模型一样，网状数据模型中也是每个结点表示一个记录类型（实体），每个记录类型可包含若干字段（实体的属性），结点间的连线表示记录类型（实体）之间的父子联系。

网状数据结构可以有很多种，如图 1-20 所示。

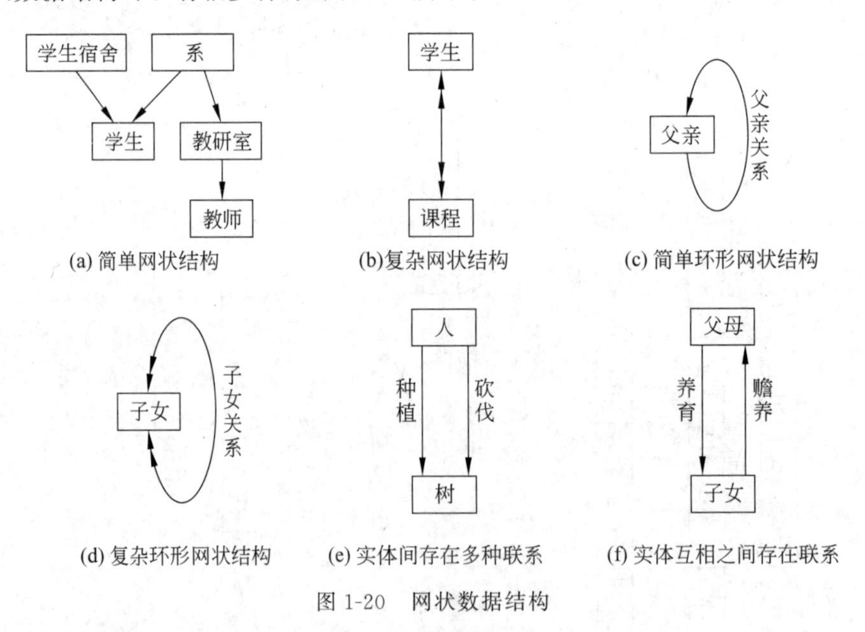

图 1-20　网状数据结构

图 1-20(a)是一个简单网状结构，其记录类型之间都是一对多联系。

图 1-20(b)是一个复杂网状结构，学生与课程之间是多对多联系，一个学生可以选修多门课程，一门课程可以由多个学生选修。

图 1-20(c)是一个简单环形网状结构,每个父亲可以有多个已为人父的儿子,而这些已为人父的儿子却只有一个父亲(1 : n)。

图 1-20(d)是一个复杂环形网状结构,每个子女都可以有多个子女,而这多个子女中的每个都可以再有多个子女(m : n)。

图 1-20(e)中人和树的联系有多种。

图 1-20(f)中既有父母到子女的联系,又有子女到父母的联系。有些网状数据库系统只能处理部分类型的网状数据结构,这时就需要将其他类型的结构分解或转换成它所能处理的结构。

下面以图 1-20(b)中的学生选课为例,看一看网状数据库是怎样用网状数据模型来组织数据的(见图 1-21)。

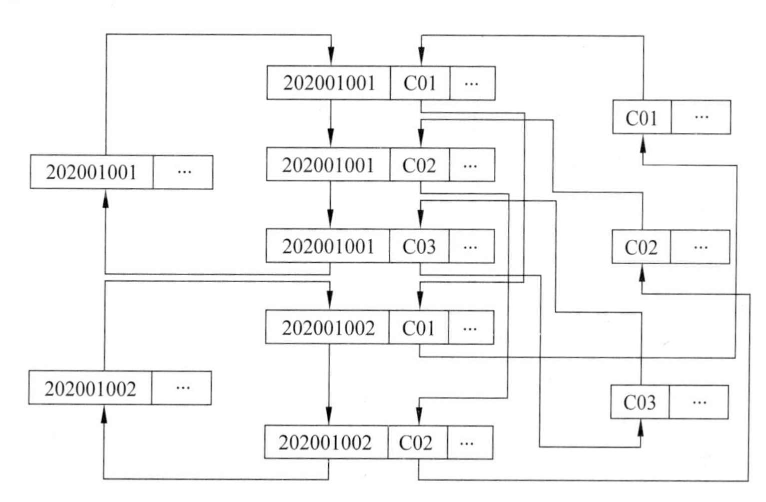

图 1-21　学生/选课/课程的网状数据库实例

2) 网状数据模型的操纵与完整性约束

网状数据模型的操纵主要包括查询、插入、删除和更新数据。

查询操作可以有多种方法,可根据具体情况选用。

插入操作允许插入尚未确定双亲结点值的子女结点值。例如图 1-20(a)中可增加一名尚未分配到某个教研室的新教师,也可增加一些刚来报到,还未分配宿舍的学生。

删除操作允许只删除双亲结点值。例如图 1-20(a)中可删除一个教研室,而该教研室所有教师的信息仍保留在数据库中。

由于网状数据模型可以直接表示非树形结构,无须像层次数据模型那样增加冗余结点,因此做更新操作时只需更新指定记录即可。

可见,网状数据模型没有层次数据模型那样严格的完整性约束条件,但具体的网状数据库系统(如 DBTG)对数据操纵还是加了一些限制,提供了一定的完整性约束。

3) 网状数据模型的存储结构

网状数据模型的存储结构依具体系统不同而不同,常用的方法是链接法,包括单向链接、双向链接、环状链接、向首链接等。此外还有其他实现方法,如指针阵列法、二进制阵列法、索引法等。

4）网状数据模型的优缺点

网状数据模型主要有如下优点。

- 能够更直接地描述现实世界，如一个结点可以有多个双亲结点、允许结点之间为多对多联系等。
- 具有良好的性能，存取效率较高。

网状数据模型主要有如下缺点。

- 数据定义语言（data defination language，DDL）极其复杂。
- 数据独立性较差。由于实体间的联系本质上是通过存取路径指示的，因此应用程序在访问数据时要指定存取路径。

3. 关系数据模型

关系数据模型是目前最重要的一种模型。美国 IBM 公司的研究员 E.F.Codd 于 1970 年发表题为《大型共享系统的关系数据库的关系模型》的论文，文中首次提出了数据库系统的关系模型。20 世纪 80 年代以来，计算机厂商新推出的数据库管理系统几乎都支持关系模型，格式化系统的产品也大都加上了关系接口。数据库领域当前的研究工作都是以关系方法为基础。本书的重点也将放在关系数据模型上。这里只简单勾画一下关系数据模型，第 2～4 章和第 6 章将对其进行详细介绍。

1）关系数据模型的数据结构

在用户看来，一个关系数据模型的逻辑结构是一张二维表，它由行和列组成。例如，图 1-22 中的学生人事记录就是一个关系数据模型，它涉及下列概念。

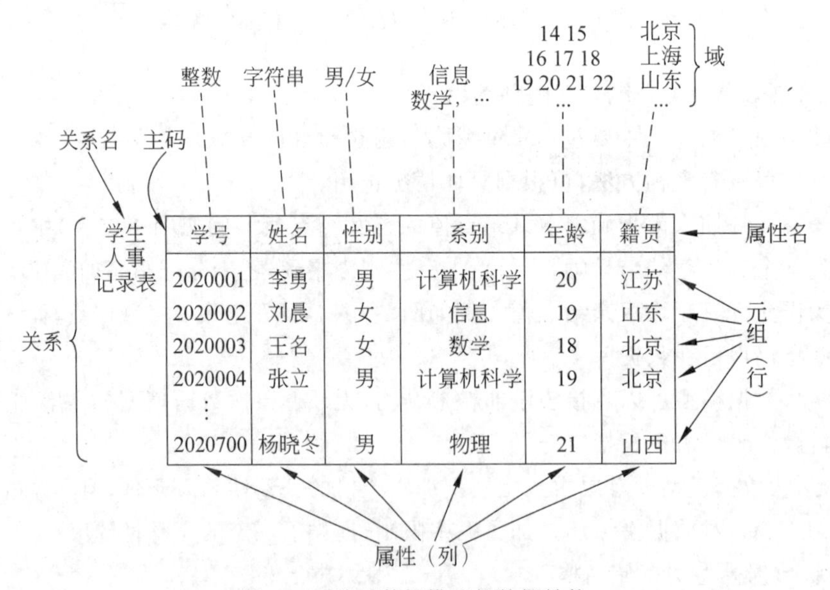

图 1-22　关系数据模型的数据结构

关系：对应通常说的表，如图 1-22 中的这张学生人事记录表。

元组：图中的一行即为一个元组，如图 1-22 有 94 行，也就有 94 个元组。

属性：图中的一列即为一个属性，如图 1-22 有 6 列，对应 6 个属性(学号，姓名，性别，系别，年龄和籍贯)。

主码(key)：图中的某个属性组，它可以唯一确定一个元组，如图 1-22 中的学号，按照学生学号的编排方法，每个学生的学号都不相同，所以它可以唯一确定一个学生，也就成为本关系的主码。

域(domain)：属性的取值范围，如人的年龄一般为 1～150 岁。图 1-22 中年龄属性的域应是[14～38]，性别的域是{男，女}，系别的域是一个学校所有系名的集合。

分量：元组中的一个属性值。

关系模式：对关系的描述，一般表示为

关系名(属性 1，属性 2，…，属性 n)

例如，上面的关系可描述为

学生(学号，姓名，性别，系别，年龄，籍贯)

在关系数据模型中，实体以及实体间的联系都是用关系来表示的。例如，学生、课程、学生与课程之间的多对多联系在关系模型中可以表示如下：

学生(学号，姓名，性别，系别，年龄，籍贯)

课程(课程号，课程名，学分)

选修(学号，课程号，成绩)

关系数据模型要求关系必须是规范化的，即要求关系数据模式必须满足一定的规范条件，这些规范条件中最基本的一条就是，关系的每个分量必须是一个不可分的数据项。也就是说，不允许表中还有表，因此表 1-2 就不符合要求。表 1-2 中，成绩被分为英语、数学、数据库等多项，这相当于大表中还有一个小表(关于成绩的表)。

表 1-2　学生人事记录表

学号	姓名	性别	系别	年龄	籍贯	成绩			
						英语	数学	…	数据库
2020001	李勇	男	计算机科学	20	江苏	83.0	78.0	…	90.0
2020002	刘晨	女	信息	19	山东	77.0	78.0	…	85.5
2020003	王名	女	数学	18	北京	80.0	90.0	…	79.0
2020004	张立	男	计算机科学	19	北京	80.0	90.0	…	79.0
⋮	⋮	⋮	⋮	⋮	⋮	⋮	⋮	⋮	⋮
2020700	杨晓冬	男	物理	21	山西	88.0	92.5	…	95.0

2) 关系数据模型的操纵与完整性约束

关系数据模型的操纵主要包括查询、插入、删除和更新数据。这些操作必须满足关系的完整性约束条件。关系的完整性约束条件包括三大类：实体完整性、参照完整性和用户定义的完整性。其具体含义将在2.3节介绍。

关系数据模型中的数据操作是集合操作，操作对象和操作结果都是关系，即若干元组的集合，而不像格式化模型中那样是单记录的操作方式。另外，关系数据模型把存取路径向用户隐蔽起来，用户只要指出“干什么”或“找什么”，不必详细说明“怎么干”或“怎么找”，从而大大地提高了数据的独立性和用户的生产率。

3）关系数据模型的存储结构

在关系数据模型中，实体及实体间的联系都用表来表示。在数据库的物理组织中，表以文件形式存储，每个表通常对应一种文件结构。

4）关系数据模型的优缺点

关系数据模型主要有如下优点。

- 关系数据模型与格式化数据模型不同，它是建立在严格的数学概念基础上的。
- 关系数据模型的概念单一。无论实体还是实体间的联系都用关系表示。对数据的查询结果也是关系（即表）。所以其数据结构简单、清晰，用户易懂、易用。
- 关系数据模型的存取路径对用户透明，从而具有更高的数据独立性，更好的安全保密性，也简化了程序员的工作和数据库开发建立的工作。

所以关系数据模型诞生以后发展迅速，深受用户的喜爱。

当然，关系数据模型也有缺点，其中最主要的缺点是，由于存取路径对用户透明，查询效率往往不如格式化数据模型。因此，为了提高性能，必须对用户的查询请求进行优化，增加了数据库管理系统开发人员的负担。

1.3 数据库系统结构

考查数据库系统的结构可以从多种不同的角度查看。从数据库管理系统角度看，数据库系统通常采用三级模式结构；从数据库最终用户角度看，数据库系统的结构分为单用户结构、主从式结构、分布式结构和客户-服务器结构。1.3.1节介绍数据库系统的模式结构，1.3.2节介绍数据库系统的单用户结构、主从式结构、分布式结构、客户-服务器结构和云结构。

1.3.1 数据库系统的模式结构

在数据模型中有“型”(type)和“值”(value)的概念。型是指对某一类数据的结构和属性的说明，值是型的一个具体赋值。例如，学生人事记录定义为（学号，姓名，性别，系别，年龄，籍贯）这样的记录型，而（2020201，李明，男，计算机，22，江苏）则是该记录型的一个记录值。

模式(schema)是数据库中全体数据的逻辑结构和特征的描述，它仅仅涉及型的描述，不涉及具体的值。模式的一个具体值称为模式的一个实例(instance)。同一个模式可以有很多实例。模式是相对稳定的，而实例是相对变动的。模式反映的是数据的结构及其关系，而实例反映的是数据库某一时刻的状态。

虽然实际的数据库系统软件产品种类很多，它们支持不同的数据模型，使用不同的数据库语言，建立在不同的操作系统之上，数据的存储结构也各不相同，但从数据库管理系统角度看，它们在体系结构上通常都具有相同的特征，即采用三级模式结构（微型计算机上的个别小型数据库系统除外），并提供两级映像功能。

1. 数据库系统的三级模式结构

数据库系统的三级模式结构是指数据库系统是由外模式、模式和内模式三级构成，如图 1-23 所示。

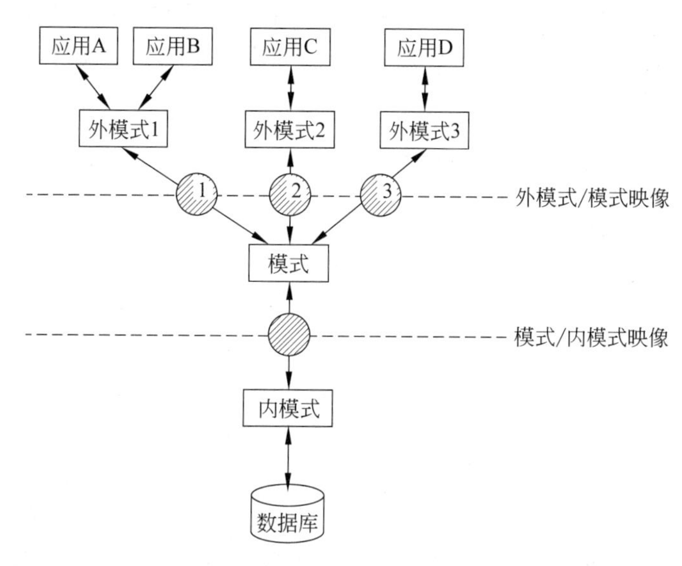

图 1-23　数据库系统的三级模式结构

1）模式

模式也称逻辑模式，是数据库中全体数据的逻辑结构和特征的描述，是所有用户的公共数据视图。它是数据库系统模式结构的中间层，不涉及数据的物理存储细节和硬件环境，与具体的应用程序、所使用的应用开发工具及高级程序设计语言（如 C、COBOL、FORTRAN）无关。

实际上模式是数据库数据在逻辑级上的视图。一个数据库只有一个模式。数据库模式以某种数据模型为基础，统一综合地考虑了所有用户的需求，并将这些需求有机地结合成一个逻辑整体。定义模式时不仅要定义数据的逻辑结构，例如，数据记录由哪些数据项构成，数据项的名字、类型、取值范围等，而且还要定义与数据有关的安全性、完整性要求，定义这些数据之间的联系。

2）外模式

外模式也称子模式或用户模式，它是数据库用户（包括应用程序员和最终用户）看见和使用局部数据的逻辑结构和特征的描述，是数据库用户的数据视图，是与某一应用有关的数据的逻辑表示。

外模式通常是模式的子集。一个数据库可以有多个外模式。由于它是各个用户的数据视图，如果不同的用户在应用需求、看待数据的方式、对数据保密的要求等方面存在差异，则他们的外模式描述就是不同的。即使对模式中同一数据，在外模式中的结构、类型、长度、保密级别等都可以不同。另一方面，同一外模式也可以为某一用户的多个应用系统所使用，但一个应用程序只能使用一个外模式。

外模式是保证数据库安全性的一个有力措施。每个用户只能看见和访问所对应的外模式中的数据，数据库中的其余数据对他们来说是不可见的。

3）内模式

内模式也称存储模式，它是数据物理结构和存储结构的描述，是数据在数据库内部的表示方式。例如，记录的存储方式是顺序存储、按照B树结构存储还是按hash方法存储；索引按照什么方式组织；数据是否压缩存储，是否加密；数据的存储记录结构有何规定等。一个数据库只有一个内模式。

2. 数据库系统的二级映像功能与数据独立性

数据库系统的三级模式是对数据的三个抽象级别，它把数据的具体组织留给DBMS管理，使用户能逻辑地、抽象地处理数据，而不必关心数据在计算机中的具体表示方式与存储方式。而为了能够在内部实现这三个抽象层次的联系和转换，数据库系统在这三级模式之间提供了两层映像：外模式/模式映像和模式/内模式映像。正是这两层映像保证了数据库系统中的数据能够具有较高的逻辑独立性和物理独立性。

模式描述的是数据的全局逻辑结构，外模式描述的是数据的局部逻辑结构。对应于同一个模式可以有任意多个外模式。对于每个外模式，数据库系统都有一个外模式/模式映像，它定义了该外模式与模式之间的对应关系。这些映像定义通常包含在各自外模式的描述中。当模式改变时（例如，增加新的数据类型、新的数据项、新的关系等），由数据库管理员对各个外模式/模式的映像做相应改变，可以使外模式保持不变，从而应用程序不必修改，保证了数据的逻辑独立性。

数据库中只有一个模式，也只有一个内模式，所以模式/内模式映像是唯一的，它定义了数据全局逻辑结构与存储结构之间的对应关系。例如，说明逻辑记录和字段在内部是如何表示的。该映像定义通常包含在模式描述中。当数据库的存储结构改变了（例如，采用了更先进的存储结构），由数据库管理员对模式/内模式映像做相应改变，可以使模式保持不变，从而保证了数据的物理独立性。

3. 小结

在数据库系统的三级模式结构中，数据库模式即全局逻辑结构是数据库的中心与关键，它独立于数据库的其他层次。因此设计数据库模式结构时应首先确定数据库的逻辑模式。

数据库的内模式依赖于它的全局逻辑结构，但独立于数据库的用户视图即外模式，也独立于具体的存储设备。它是将全局逻辑结构中所定义的数据结构及其联系按照一定的物理存储策略进行组织，以达到较好的时间与空间效率。

数据库的外模式面向具体的应用程序，它定义在逻辑模式之上，但独立于存储模式和存储设备。当应用需求发生较大变化，相应外模式不能满足其视图要求时，该外模式就得做相应改动，所以设计外模式时应充分考虑到应用的扩充性。

特定的应用程序是在外模式描述的数据结构上编制的，它依赖特定的外模式，与数据库的模式和存储结构独立。不同的应用程序有时可以共用同一个外模式。数据库的二级映像保证了数据库外模式的稳定性,从而从底层保证了应用程序的稳定性,除非应用需求本身发生变化,否则应用程序一般不需要修改。

1.3.2 数据库系统的体系结构

从数据库管理系统角度看,数据库系统是一个三级模式结构,但数据库的这种模式结构对最终用户和程序员是透明的,他们见到的仅是数据库的外模式和应用程序。从数据库最终用户角度看,数据库系统的结构分为单用户结构、主从式结构、分布式结构、客户-服务器结构和云结构。

1. 单用户结构的数据库系统

单用户结构的数据库系统(见图 1-24)是一种早期的最简单的数据库系统。在单用户结构的数据库系统中,整个数据库系统,包括应用程序、DBMS 和数据,都装在一台计算机上,由一个用户独占,不同机器之间不能共享数据。

例如,一个企业的各个部门都使用本部门的机器来管理本部门的数据,各个部门的机器是独立的。由于不同部门之间不能共享数据,因此企业内部存在大量的冗余数据。例如,人事部门、会计部门、技术部门必须重复存放每名职工的一些基本信息(如职工号、姓名等)。

2. 主从式结构的数据库系统

主从式结构是指一个主机带多个终端的多用户结构。在这种结构中,数据库系统,包括应用程序、DBMS 和数据,都集中存放在主机上,所有处理任务都由主机来完成,各个用户通过主机的终端并发地存取数据库,共享数据资源,如图 1-25 所示。

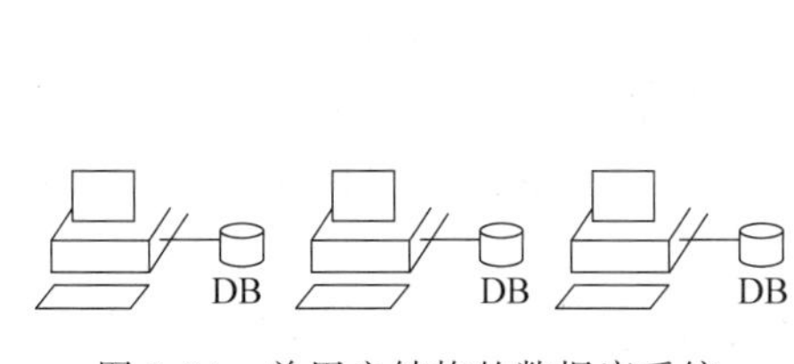

图 1-24 单用户结构的数据库系统

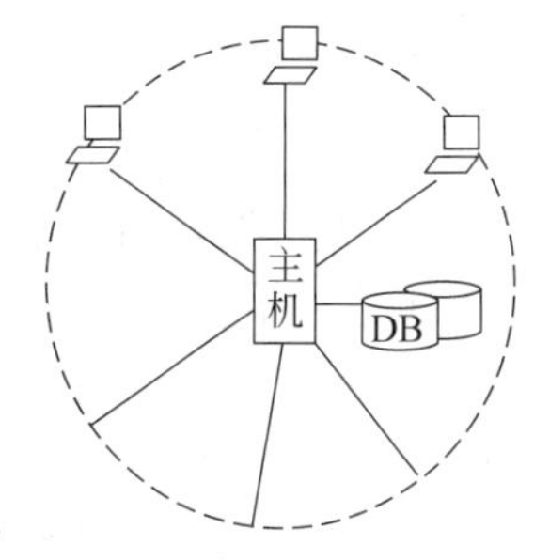

图 1-25 主从式结构的数据库系统

主从式结构的优点是简单,数据易于管理与维护。缺点是当终端用户数目增加到一定程度后,主机的任务会过分繁重,成为瓶颈,从而使系统性能大幅度下降。另外当主机出现故障时,整个系统都不能使用,因此系统的可靠性不高。

3. 分布式结构的数据库系统

分布式结构的数据库系统是指数据库中的数据在逻辑上是一个整体,但物理地分布在计算机网络的不同结点上。如图 1-26 所示。网络中的每个结点都可以独立处理本地数据库中的数据，执行局部应用；同时也可以同时存取和处理多个异地数据库中的数据，执行全局应用。

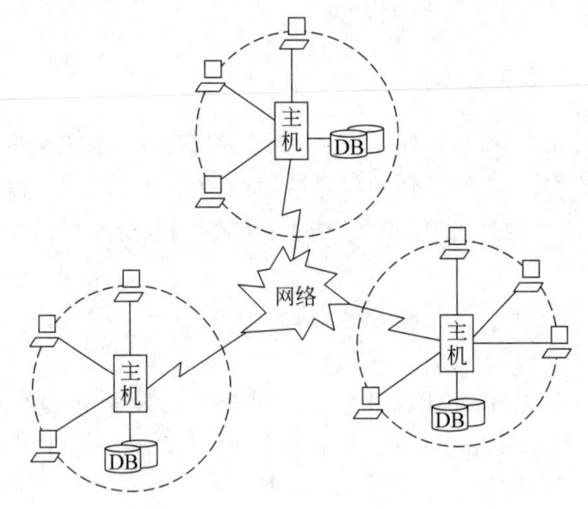

图 1-26 分布式结构的数据库系统

分布式结构的数据库系统是计算机网络发展的必然产物，它适应了地理上分散的公司、团体和组织对于数据库应用的需求。但数据的分布存放，给数据的处理、管理与维护带来困难。此外，当用户需要经常访问远程数据时，系统效率会明显地受到网络交通的制约。

4. 客户-服务器结构的数据库系统

主从式结构的数据库系统中的主机和分布式结构的数据库系统中的每个结点机是一个通用计算机，既执行 DBMS 功能又执行应用程序。随着工作站功能的增强和广泛使用，人们开始把 DBMS 功能和应用分开。网络中某个(些)结点上的计算机专门用于执行 DBMS 功能，称为数据库服务器，简称服务器；其他结点上的计算机安装 DBMS 的外围应用开发工具，支持用户的应用，称为客户机。这就是客户-服务器结构的数据库系统。

在客户-服务器结构中，客户端的用户请求被传送到数据库服务器，数据库服务器进行处理后，只将结果(而不是整个数据)返回给用户，从而显著减少了网络上的数据传输量，提高了系统的性能、吞吐量和负载能力。

另一方面，客户-服务器结构的数据库系统往往更加开放。客户机与服务器一般都能在多种不同的硬件和软件平台上运行，可以使用不同厂商的数据库应用开发工具，应用程序具有更强的可移植性，同时也可以减少软件维护开销。

客户-服务器结构的数据库系统可以分为集中的服务器结构(见图 1-27(a))和分布的服务器结构(见图 1-27(b))。前者在网络中仅有一台服务器，而客户机是多台。后者在网络中有多台服务器。分布的服务器结构是客户-服务器结构的数据库系统与分布式结构的数据库系统的结合。

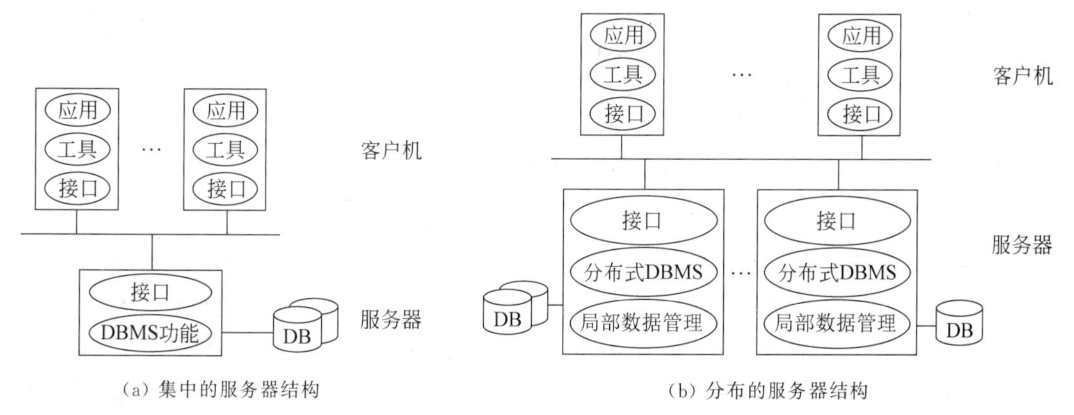

图 1-27 客户-服务器结构的数据库系统

与主从式结构相似,在集中的服务器结构中,一个数据库服务器要为众多的客户服务,往往容易成为瓶颈,制约系统的性能。

与分布式结构相似,在分布的服务器结构中,数据分布在不同的服务器上,从而给数据的处理、管理与维护带来困难。

5. 云结构的数据库系统

近年来数据库中的数据量急剧增加,用户对性能的要求也越来越高,并发用户数在峰值和低谷时差距明显,这使得企业自己运营和维护数据库的成本越来越高。如果按峰值配置设备,平时会造成很大的浪费;如果按低谷值配置设备,又会出现无法应对峰值的情形。于是伴随着云计算(cloud computing)技术的发展,云结构的数据库系统应运而生。其系统结构如图 1-28 所示。

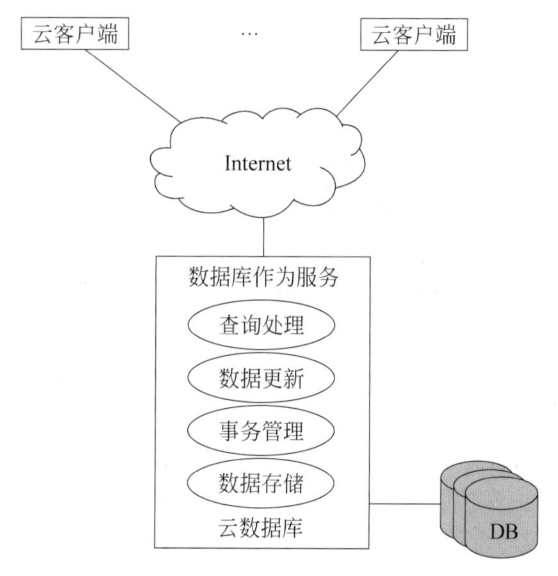

图 1-28 云结构的数据库系统

云结构的数据库系统把数据库在云计算环境下,以服务的形式提供数据库的功能,包括数据存储、事务管理、数据更新、查询处理。早期的云数据库主要运行在单个结点上，该结点可以具有大量的处理器、大内存和大磁盘容量。现在的云数据库往往是运行在机群上的并行数据库系统，能够较好地进行动态伸缩、按需分配计算资源和存储资源。

1.4 数据库管理系统

数据库管理系统是数据库系统的核心，是为数据库的建立、使用和维护而配置的软件。它建立在操作系统的基础上，是位于操作系统与用户之间的一层数据管理软件，负责对数据库进行统一的管理和控制。用户发出的命令或应用程序中的各种操作数据库中数据的命令，都要通过数据库管理系统来执行。数据库管理系统还承担着数据库的维护工作，能够按照数据库管理员所规定的要求，保证数据库的安全性和完整性。

1.4.1 数据库管理系统的功能与组成

1. DBMS 的功能

由于不同的 DBMS 要求的硬件资源、软件环境是不同的，因此其功能与性能也存在差异，但一般来说，DBMS 的功能主要包括以下 6 方面。

1）数据定义

数据定义包括定义构成数据库结构的模式、内模式和外模式，定义各个外模式与模式之间的映像，定义模式与内模式之间的映像，定义有关的约束条件。例如，为保证数据库中数据具有正确语义而定义的完整性规则、为保证数据库安全而定义的用户口令和存取权限等。

2）数据操纵

数据操纵包括对数据库数据的查询、插入、修改和删除等基本操作。

3）数据库运行管理

对数据库的运行进行管理是 DBMS 运行时的核心部分，包括对数据库进行并发控制、安全性检查、完整性约束条件的检查和执行、数据库的内部维护（如索引、数据字典的自动维护）等。所有访问数据库的操作都要在这些控制程序的统一管理下进行，以保证数据的安全性、完整性、一致性以及多用户对数据库的并发使用。

4）数据组织、存储和管理

数据库中需要存放多种数据，如数据字典、用户数据、存取路径等，DBMS 负责分门别类地组织、存储和管理这些数据，确定以何种文件结构和存取方式物理地组织这些数据，如何实现数据之间的联系，以便提高存储空间利用率以及提高随机查询、顺序查询、插入、删除、修改等操作的效率。

5）数据库的建立和维护

建立数据库包括数据库初始数据的输入与数据转换等。维护数据库包括数据库的转储与恢复、数据库的重组织与重构造、性能的监视与分析等。

6）数据通信接口

DBMS 需要提供与其他软件系统进行通信的功能。例如，提供与其他 DBMS 或文件系统的接口，从而将数据转换为另一个 DBMS 或文件系统能够接受的格式，或者接收其他

DBMS或文件系统的数据。

2. DBMS的组成

为了提供上述6方面的功能,DBMS通常由以下4部分组成。

1) 数据定义语言及其翻译处理程序

DBMS一般都提供DDL供用户定义数据库的模式、内模式、外模式、各级模式间的映像、有关的约束条件等。用DDL定义的外模式、模式和内模式分别称为源外模式、源模式和源内模式,各种模式翻译程序负责将它们翻译成相应的内部表示,即生成目标外模式、目标模式和目标内模式。这些目标模式描述的是数据库的框架,而不是数据本身。这些描述存放在数据字典(也称系统目录)中,作为DBMS存取和管理数据的基本依据。例如,根据这些定义,DBMS可以从物理记录导出全局逻辑记录,又从全局逻辑记录导出用户所要查询的记录。

2) 数据操纵语言及其编译(或解释)程序

DBMS提供了数据操纵语言(data manipulation language,DML)实现对数据库的查询、插入、修改、删除等基本操作。DML分为宿主型DML和自主型DML两类。宿主型DML本身不能独立使用,必须嵌入主语言中,例如,嵌入C、COBOL、FORTRAN等高级语言中。自主型DML又称自含型DML,它们是交互式命令语言,语法简单,可以独立使用。

3) 数据库运行控制程序

DBMS提供了一些系统运行控制程序负责数据库运行过程中的控制与管理,包括系统初启程序、文件读写与维护程序、存取路径管理程序、缓冲区管理程序、安全性控制程序、完整性检查程序、并发控制程序、事务管理程序、运行日志管理程序等,它们在数据库运行过程中监视着对数据库的所有操作,控制管理数据库资源,处理多用户的并发操作等。

4) 实用程序

DBMS通常还提供一些实用程序,包括数据初始装入程序、数据转储程序、数据库恢复程序、性能监测程序、数据库再组织程序、数据转换程序、通信程序等。数据库用户可以利用这些实用程序完成数据库的建立与维护,以及数据格式的转换与通信。

一个设计优良的DBMS,应该具有友好的用户界面、比较完备的功能、较高的运行效率、清晰的系统结构和开放性。开放性是指数据库设计人员能够根据自己的特殊需要,方便地在一个DBMS中加入一些新的工具模块,这些外来的工具模块可以与该DBMS紧密结合,一起运行。现在人们越来越重视DBMS的开放性,因为DBMS的开放性为建立以它为核心的软件开发环境或规模较大的应用系统提供了极大方便,也使DBMS本身具有更强的适应性、灵活性和可扩充性。

1.4.2 数据库管理系统的工作过程

在数据库系统中,当一个应用程序或用户需要存取数据库中的数据时,应用程序、DBMS、操作系统、硬件等几方面必须协同工作,共同完成用户的请求。这是一个较为复杂的过程,其中DBMS起着关键的中介作用。

应用程序(或用户)从数据库中读取一个数据通常需要以下步骤。

① 应用程序A向DBMS发出从数据库中读数据记录的命令。

② DBMS 对该命令进行语法检查、语义检查，并调用应用程序 A 对应的外模式，检查 A 的存取权限，决定是否执行该命令。如果拒绝执行，则向用户返回错误信息。

③ 在决定执行该命令后，DBMS 调用模式，依据外模式/模式映像的定义，确定应读入模式中的哪些记录。

④ DBMS 调用内模式，依据模式/内模式映像的定义，决定应从哪个文件、用什么存取方式、读入哪个或哪些物理记录。

⑤ DBMS 向操作系统发出执行读取所需物理记录的命令。

⑥ 操作系统执行读数据的有关操作。

⑦ 操作系统将数据从数据库的存储区送至系统缓冲区。

⑧ DBMS 依据外模式/模式映像的定义，导出应用程序 A 所要读取的记录格式。

⑨ DBMS 将数据记录从系统缓冲区传送到应用程序 A 的用户工作区。

⑩ DBMS 向应用程序 A 返回命令执行情况的状态信息。

图 1-29 显示了应用程序(或用户)从数据库中读取记录的过程。执行其他操作的过程也与此类似。从以上过程不难看出 DBMS 的大致工作过程。DBMS 本身是一个有机的整体，其各个部分密切配合，利用外模式、模式和内模式各个层次的数据描述，以及各级模式之间的映像，在用户与操作系统之间起中介作用。

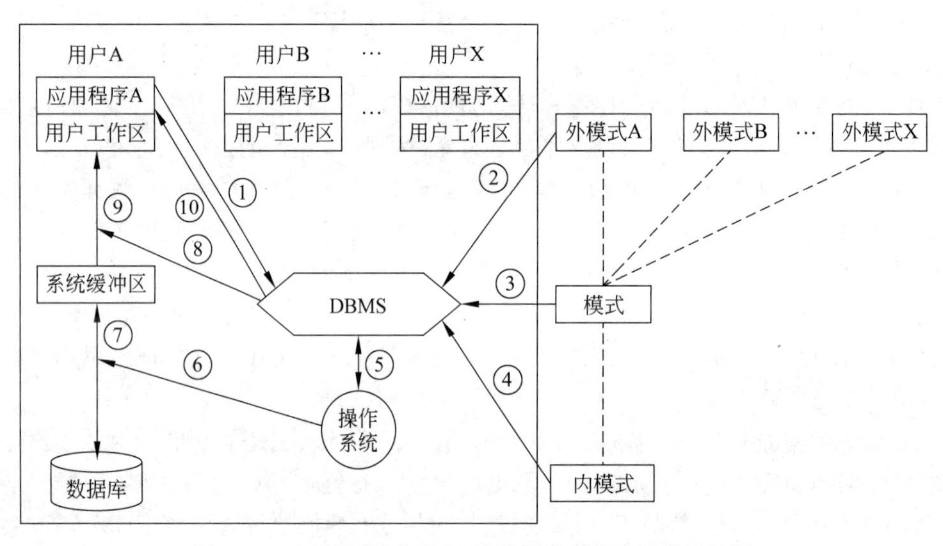

图 1-29　应用程序(或用户)从数据库中读取记录的过程

1.5　数据库工程与应用

数据库技术是信息资源开发、管理和服务的最有效的手段，因此数据库的应用范围越来越广，从小型的单项事务处理系统到大型的信息系统大都利用了先进的数据库技术来保持系统数据的整体性、完整性和共享性。目前，数据库的建设规模、信息量大小和使用频度已成为衡量一个国家信息化程度的重要标志之一。这就使如何科学地设计与实现数据库及其应用系统成为日益引人注目的课题。

大型数据库设计是一项庞大的工程，开发周期长、耗资多。它要求数据库设计人员既要具有坚实的数据库知识，又要充分了解实际应用对象。所以可以说数据库设计是一项涉及多学科的综合性技术。设计出一个性能较好的数据库系统并不是一件简单的工作。

1.5.1 数据库设计的目标与特点

数据库设计的任务是在 DBMS 的支持下，按照应用的要求，为某一部门或组织设计一个结构合理、使用方便、效率较高的数据库及其应用系统，如图 1-30 所示。

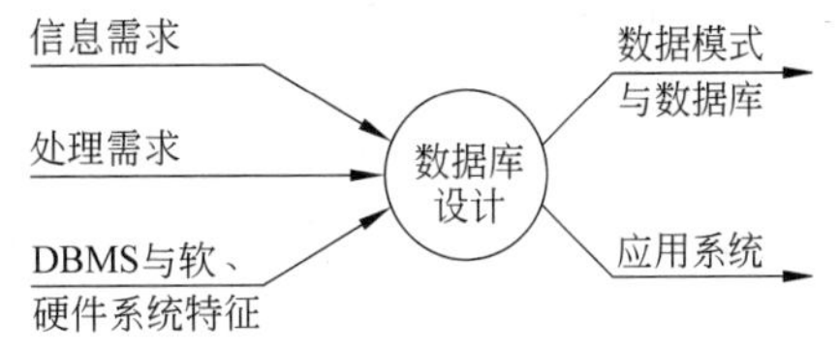

图 1-30 数据库设计的任务

数据库设计应该与应用系统设计相结合。即数据库设计应包含两方面的内容：①结构（数据）设计，也就是设计数据库框架或数据库结构；②行为（处理）设计，即设计应用程序、事务处理等。

传统的软件工程方法，例如，结构化设计方法和原型法，往往注重处理过程的特性，忽视对应用中数据语义的分析和抽象，尽可能地推迟数据结构的设计。这种方法显然不适合数据库应用系统的设计。

设计数据库应用系统，首先应进行结构设计。在以文件系统为基础的应用系统中，文件是某一应用程序私用的。而在以数据库为基础的应用系统中，数据库模式是各应用程序共享的结构，是稳定的、永久的结构。因此数据库结构设计是否合理，直接影响系统中各个处理过程的性能和质量。这就使得结构设计成为各种数据库设计方法与设计理论关注的焦点。

另一方面，结构特性又不能与行为特性分离。静态的结构特性的设计与动态的行为特性的设计分离，会导致数据与程序不易结合，增加数据库设计的复杂性。这正是早期数据库设计方法与设计理论的不足之处。为此许多学者进行了大量的研究，总结出许多新的数据库设计方法。

1.5.2 数据库设计方法

现实世界的复杂性导致了数据库设计的复杂性。只有以科学的数据库设计理论为基础，在具体的设计原则的指导下，才能保证数据库系统的设计质量，减少系统运行后的维护代价。目前常用的各种数据库设计方法都属于规范设计法，即都是运用软件工程的思想与方法，根据数据库设计的特点，提出了各种设计准则与设计规程。这种工程化的规范设计方法也是在目前的技术条件下设计数据库最实用的方法。

在规范设计法中，数据库设计的核心与关键是逻辑数据库设计和物理数据库设计。逻辑数据库设计是根据用户要求和特定数据库管理系统的具体特点，以数据库设计理论为依据，设计数据库的全局逻辑结构和每个用户的局部逻辑结构；物理数据库设计是在逻辑结构确定之后，设计数据库的存储结构及其他实现细节。

但各种设计方法在设计步骤的划分上存在差异，各有自己的特点与局限性。例如，比较著名的新奥尔良方法将数据库设计分为 4 个阶段：需求分析（分析用户要求）、概念设计（信息分析和定义）、逻辑设计（设计实现）和物理设计（物理数据库设计）。S.B.Yao 将数据库设计分为 6 个步骤：需求分析、模式构成、模式汇总、模式重构、模式分析和物理数据库设计。

I.R.Palmer 则主张把数据库设计当成一步接一步的过程,并采用一些辅助手段实现每一过程。

此外还有一些为数据库设计不同阶段提供的具体实现技术与实现方法。例如,基于E-R 模型的数据库设计方法,基于第三范式(third normal form,NF)的数据库设计方法,基于统一建模语言(unified modeling language,UML)的数据库设计方法等。

规范设计法在具体使用中又可以分为两类:手工设计和计算机辅助数据库设计。按规范设计法的工程原则与步骤手工设计数据库,其工作量较大,设计者的经验与知识在很大程度上决定了数据库设计的质量。计算机辅助数据库设计可以减轻数据库设计的工作强度,加快数据库设计速度,提高数据库设计质量。目前,数据库设计工具已经实用化和产品化。这些设计工具可以辅助设计人员完成数据库设计过程中的很多任务,已经普遍地用于大型数据库设计中。

1.5.3 数据库设计步骤

通过分析、比较与综合各种常用的数据库规范设计方法,将数据库设计分为 6 个阶段,如图 1-31 所示。数据库系统的三级模式结构也是在这样一个设计过程中逐渐形成的。

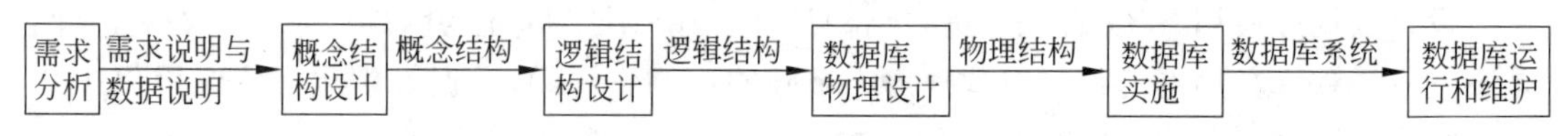

图 1-31 数据库设计步骤

1. 需求分析

进行数据库设计首先必须准确了解与分析用户需求(包括数据与处理)。需求分析是整个设计过程的基础,是最困难、最耗费时间的一步。它的结果是否准确地反映了用户的实际要求,将直接影响后面各个阶段的设计,并影响设计结果是否合理和实用。

2. 概念结构设计

准确抽象出现实世界的需求后,下一步应该考虑如何实现用户的这些需求。由于数据库逻辑结构依赖具体的 DBMS,直接设计数据库的逻辑结构会增加设计人员对不同 DBMS 的数据库模式的理解负担,因此在将现实世界需求转化为机器世界的模型之前,先以一种独立于具体 DBMS 的逻辑描述方法来描述数据库的逻辑结构,即设计数据库的概念结构。

概念结构设计是整个数据库设计的关键,它通过对用户需求进行综合、归纳与抽象,形成一个独立于具体 DBMS 的概念模型。

3. 逻辑结构设计

逻辑结构设计是将抽象的概念结构转换为所选用的 DBMS 支持的数据模型,并对其进行优化。

4. 数据库物理设计

数据库物理设计是对为逻辑数据模型选取一个最适合应用环境的物理结构(包括存储

结构和存取方法)。

5. 数据库实施

在数据库实施阶段,设计人员运用 DBMS 提供的数据语言及其宿主语言,根据逻辑结构设计和物理设计的结果建立数据库,编制与调试应用程序,组织数据入库,并进行试运行。

6. 数据库运行和维护

数据库应用系统经过试运行后即可投入正式运行。在数据库系统运行过程中必须不断地对其进行评价、调整与修改。

设计一个完善的数据库应用系统,往往是这 6 个阶段不断反复的过程。

在数据库设计过程中必须注意以下问题。

(1) 数据库设计过程中要注意充分调动用户的积极性。用户的积极参与是数据库设计成功的关键因素之一。用户最了解自己的业务,最了解自己的需求,用户的积极配合能够缩短需求分析的进程,帮助设计人员尽快熟悉业务,更加准确地抽象出用户的需求,减少反复,也使设计出的系统与用户的最初设想更为符合。同时用户参与意见,双方共同对设计结果承担责任,也可以减少数据库设计的风险。

(2) 应用环境的改变、新技术的出现等都会导致应用需求的变化,因此设计人员在设计数据库时必须充分考虑到系统的可扩充性,使设计易于变动。一个设计优良的数据库系统应该具有一定的可伸缩性,应用环境的改变和新需求的出现一般不会推翻原设计,不会对现有的应用程序和数据造成大的影响,而只是在原设计基础上做一些扩充即可满足新的要求。

(3) 系统的可扩充性最终都是有一定限度的。当应用环境或应用需求发生巨大变化时,原设计方案可能终将无法再进行扩充,必须推倒重来,这时就会开始一个新的数据库设计的生命周期。但在设计新数据库应用的过程中,必须充分考虑已有应用,尽量使用户能够平稳地从旧系统迁移到新系统。例如,新系统应该能够自动把旧系统中的数据转移到新系统中来。又如,操作界面的风格一般应改变较少,以简化对用户的再培训。

1.5.4 数据库系统的组成

一个具体的 DBMS 是安装在一个具体的操作系统之上的,在该 DBMS 之上又可以根据用户需求开发一个具体的应用系统,从而形成一个完整的数据库系统。

一个数据库系统一般由三级模式组成,数据库系统中有多种用户,他们分别扮演不同的角色,承担不同的任务。数据库的三级模式并不是对所有用户都可见,不同人员看到的数据库抽象层次不完全相同,如图 1-32 所示。

最终用户具体操作应用系统,通过应用系统的用户界面使用数据库来完成其业务活动。数据库的模式结构对最终用户是透明的。

应用程序员以外模式为基础编制具体的应用程序,操作数据库,数据库的映像功能保证了他们不必考虑具体的存储细节。

系统分析员因为要负责应用系统的需求分析与规范说明,需要从总体上了解、设计整个系统,因此他们必须与用户及数据库管理员相结合,确定系统的软硬件配置,并参与数据库各级模式的概要设计。

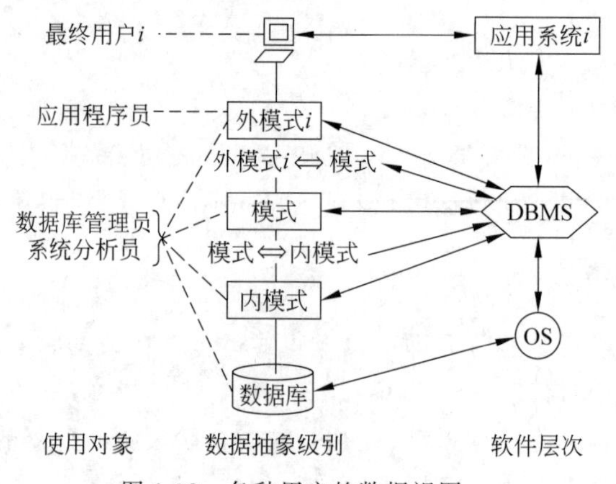

图 1-32　各种用户的数据视图

数据库管理员(DBA)负责全面管理和控制数据库系统,DBA 的素质在一定程度上决定了数据库应用的水平,所以他们是数据库系统中最重要的人员。DBA 的主要职责包括如下内容。

(1) 设计与定义数据库系统。数据库中存放的内容最终是由 DBA 决定的。DBA 必须参与数据库设计的全过程,与用户、应用程序员、系统分析员密切结合,设计概念模式、数据库逻辑模式以及各个用户的外模式,并决定数据库的存储结构和存取策略,设计数据库的内模式。

(2) 帮助最终用户使用数据库系统。DBA 往往需要担负起培训最终用户的责任,并负责解答最终用户日常使用数据库系统时遇到的问题。

(3) 监督与控制数据库系统的使用和运行。DBA 负责监视数据库系统的运行情况,及时处理运行过程中出现的问题,控制不同用户访问数据库的权限,收集数据库的审计信息。

(4) 改进和重组数据库系统,调优数据库系统的性能。DBA 负责监视、分析数据库系统的性能,包括空间利用率和处理效率。虽然在系统设计时已经充分考虑了性能要求,但性能的好坏只能通过实际运行结果来检验,所以 DBA 必须对运行状况进行记录、统计和分析,并根据实际应用环境不断改进数据库设计,例如,根据实际情况修改某些系统参数和环境变量值来改善系统性能。另一方面,数据库运行过程中往往需要不断地插入、删除、修改数据,一段时间后必然会影响数据的物理布局,导致系统性能下降,因此 DBA 要定期或按一定的策略对数据库进行重组织。

(5) 转储与恢复数据库。为了减少硬件、软件或人为故障对数据库系统的破坏,DBA 必须定义和实施适当的后援和恢复策略,例如,周期性地转储数据、维护日志文件等。一旦系统发生故障,DBA 必须能够在最短时间内把数据库恢复到某一正确状态,并且尽可能不影响或少影响计算机系统其他部分的正常运行。

(6) 重构数据库。当用户的应用需求增加或改变时,DBA 需要对数据库进行较大的改造,包括修改内模式或模式,即重新构造数据库。

习　题

1. 简述数据、数据库、数据库系统、数据库管理系统的概念。

2. 简述数据管理技术的发展过程。

3. 文件系统与数据库系统有哪些区别和联系？

4. 数据独立性包括哪两方面？它们的含义分别是什么？

5. 简述数据库系统的特点。

6. 简试述数据模型的概念、作用和组成部分。

7. 简述实体、实体型、实体集、属性、主码、域的概念。

8. 分别举出实体型之间具有一对一、一对多、多对多联系的例子。

9. 学校有若干系，每个系有若干班级和教研室，每个教研室有若干教员，其中有的教授和副教授每人各带若干研究生。每个班有若干学生，每个学生选修若干课程，每门课程可由若干学生选修。用 E-R 图画出该学校的概念模型。

10. 举出一个层次模型的实例，画出它的层次结构，给出它的一个数据库记录。

11. 教师与课程之间是多对多联系，用层次模型表示。

12. 举出一个网状模型的实例，要求 3 个记录型之间有多对多联系。它和 3 个记录型两两之间的 3 个多对多联系等价吗？为什么？

13. 列举一个关系模型的实例。

14. 比较层次模型、网状模型和关系模型的优点与缺点。

15. 简述数据库系统的三级模式结构，这种结构的优点是什么？

16. 从最终用户角度看，数据库系统有哪些体系结构？

17. 数据库管理系统有哪些主要功能？

18. 数据库管理系统通常由哪几部分组成？

19. 数据库管理系统的工作过程是什么？

20. 简述数据库设计的步骤。

21. DBA 的主要职责是什么？

第 2 章　关系数据模型

关系数据库应用数学方法来处理数据库中的数据。最早将这类方法用于数据处理的是 1962 年 CODASYL 发表的“信息代数”,之后 1968 年 David Child 在 7090 机上实现了集合论数据结构,但系统而严格地提出关系模型的是美国 IBM 公司的 E.F.Codd。他从 1970 年起连续发表了多篇论文,奠定了关系数据库的理论基础。

关系数据库目前是各类数据库中最重要、最流行的数据库。20 世纪 80 年代以来,计算机厂商新推出的数据库管理系统产品几乎都是关系数据库,非关系数据库管理系统的产品也大都加上了关系接口。数据库领域当前的研究工作都是以关系方法为基础的。因此关系数据库是本书的重点。本书第 2～4 章和第 6 章将集中讨论关系数据库的相关技术。

第 2 章介绍关系模型的基本概念,即关系模型的数据结构、关系操作和关系的完整性。

第 3 章介绍关系数据库的标准语言 SQL。

第 4 章介绍数据库编程技术。

第 6 章介绍关系数据理论。

2.1　关系数据库概述

关系数据库系统是支持关系模型的数据库系统。

关系模型由关系数据结构、关系操作和完整性约束 3 部分组成。

1. 关系数据结构

关系模型的数据结构非常单一,在用户看来,关系模型中数据的逻辑结构是一张扁平的二维的表。但关系模型的这种简单的数据结构能够表达丰富的语义,描述出现实世界的实体以及实体间的各种联系。

2. 关系操作

关系操作采用集合操作方式,即操作的对象和结果都是集合。这种操作方式也称一次一集合(set-at-a-time)的方式。而非关系数据模型的数据操作方式为一次一记录(record-at-a-time)。

关系模型中常用的关系操作包括选择、投影、连接、除、并、交、差等查询操作和增加、删除、修改操作两大部分。查询的表达能力是其中最主要的部分。

关系模型中的关系操作能力早期通常是用代数方式或逻辑方式来表示,分别称为关系代数和关系演算。关系代数是用对关系的运算来表达查询要求的方式。关系演算是用谓词来表达查询要求的方式。关系演算又可按谓词变元的基本对象是元组变量还是域变量分为元组关系演算和域关系演算。关系代数、元组关系演算和域关系演算 3 种语言在表达能力上是完全等价的。

关系代数、元组关系演算和域关系演算均是抽象的查询语言。这些抽象的查询语言与具体的DBMS中实现的实际语言并不完全一样，但它们能用作评估实际系统中查询语言能力的标准或基础。

实际的查询语言除了提供关系代数或关系演算的功能外，还提供了许多附加功能，例如，集函数、关系赋值、算术运算等。关系语言是一种高度非过程化的语言，用户不必请求DBA为他建立特殊的存取路径，存取路径的选择由DBMS的优化机制来完成，此外，用户不必求助循环结构就可以完成数据操作。

另外还有一种介于关系代数和关系演算之间的语言——结构化查询语言(structured query language，SQL)。SQL不仅具有丰富的查询功能，而且还具有数据定义和数据控制功能，是集查询、数据定义语言(DDL)、数据操纵语言(DML)和数据控制语言(data control language，DCL)于一体的关系数据语言。它充分体现了关系数据语言的特点和优点，是关系数据库的标准语言。

因此，关系数据语言可以分为3类：

关系数据语言
- 关系代数语言　　例如ISBL
- 关系演算语言
  - 元组关系演算语言　　例如APLHA，QUEL
  - 域关系演算语言　　例如QBE
- 具有关系代数和关系演算双重特点的语言　　例如SQL

这些关系数据语言的共同特点是：语言具有完备的表达能力，是非过程化的集合操纵语言，功能强，能够嵌入高级语言中使用。

3. 完整性约束

关系模型提供了丰富的完整性控制机制，允许定义3类完整性：实体完整性、参照完整性和用户定义的完整性。其中实体完整性和参照完整性是关系模型必须满足的完整性约束条件，应该由关系系统自动支持。

下面分别介绍关系模型的三个方面。其中2.2节介绍关系数据结构，包括关系的形式化定义及有关概念。2.3节介绍关系的3类完整性；2.4节介绍关系代数；2.5节介绍关系演算。2.4节和2.5节都属于关系操作。第3章和第4章将专门介绍SQL语言。

2.2 关系数据结构

在关系模型中，无论是实体还是实体间的联系均由单一的结构类型即关系(表)来表示。1.2.3节已经非形式化地介绍了关系模型及有关的基本概念。关系模型是建立在集合代数的基础上的，本节从集合论角度给出关系数据结构的形式化定义。

1. 关系

1) 域(domain)

定义2.1　域是一组具有相同数据类型的值的集合。

例如，非负整数、整数、实数、长度小于25字节的字符串集合、大于或等于0且小于或等于100的正整数等都可以是域。

2）笛卡儿积(Cartesian product)

定义 2.2 给定一组域 $D_1, D_2, \cdots, D_n$，这些域可以完全不同，也可以部分或全部相同。$D_1, D_2, \cdots, D_n$ 的**笛卡儿积**为

$$D_1 \times D_2 \times \cdots \times D_n = \{(d_1, d_2, \cdots, d_n) \mid d_i \in D_i, i=1,2,\cdots,n\}$$

其中每个元素$(d_1, d_2, \cdots, d_n)$称为一个 n 元组(n-tuple)，或简称元组(tuple)。元素中的每个值 d_i 称为一个分量(component)。

若 $D_i(i=1,2,\cdots,n)$为有限集，其基数(cardinal number)为 $m_i(i=1,2,\cdots,n)$，则 $D_1 \times D_2 \times \cdots \times D_n$ 的基数为

$$M = \prod_{i=1}^{n} m_i$$

笛卡儿积可表示为一个二维表。表中的每行对应一个元组，表中的每列对应一个域。

例如，给出3个域：

D_1＝导师集合 SUPERVISOR＝{张清玫，刘逸}

D_2＝专业集合 SPECIALITY＝{计算机专业，信息专业}

D_3＝研究生集合 POSTGRADUATE＝{李勇，刘晨，王名}

则 D_1, D_2, D_3 的笛卡儿积为

$D_1 \times D_2 \times D_3$＝{(张清玫,计算机专业,李勇)，(张清玫,计算机专业,刘晨)，
(张清玫,计算机专业,王名)，(张清玫,信息专业,李勇)，(张清玫,信息专业,刘晨)，
(张清玫,信息专业,王名)，(刘逸,计算机专业,李勇)，(刘逸,计算机专业,刘晨)，
(刘逸,计算机专业,王名)，(刘逸,信息专业,李勇)，(刘逸,信息专业,刘晨)，
(刘逸,信息专业,王名)}

其中(张清玫,计算机专业,李勇)，(张清玫,计算机专业,刘晨)，(张清玫,计算机专业,王名)等都是元组。张清玫、计算机专业、李勇、刘晨、王名等都是分量。该笛卡儿积的基数为 $2\times2\times3=12$，也就是说，$D_1 \times D_2 \times D_3$ 一共有 $2\times2\times3=12$ 个元组。这12个元组的总体可列成一张二维表(见表2-1)。

表 2-1 D_1, D_2, D_3 的笛卡儿积

SUPERVISOR	SPECIALITY	POSTGRADUATE
张清玫	计算机专业	李勇
张清玫	计算机专业	刘晨
张清玫	计算机专业	王名
张清玫	信息专业	李勇
张清玫	信息专业	刘晨
张清玫	信息专业	王名
刘逸	计算机专业	李勇
刘逸	计算机专业	刘晨
刘逸	计算机专业	王名
刘逸	信息专业	李勇
刘逸	信息专业	刘晨
刘逸	信息专业	王名

3）关系（relation）

定义 2.3　$D_1 \times D_2 \times \cdots \times D_n$ 的子集叫作在域 $D_1, D_2, \cdots, D_n$ 上的**关系**，用 $R(D_1, D_2, \cdots, D_n)$表示。这里 R 表示关系的名字，n 是关系的目或度（degree）。

关系中的每个元素是关系中的元组，通常用 t 表示。

当 $n=1$ 时，称该关系为单元关系（unary relation）。

当 $n=2$ 时，称该关系为二元关系（binary relation）。

关系是笛卡儿积的子集，所以关系也是一个二维表，表的每行对应一个元组，表的每列对应一个域。由于域可以相同，为了加以区分，必须对每列起一个名字，称为属性（attribute）。n 目关系必有 n 个属性。

若关系中的某一属性组的值能唯一地标识一个元组，而其真子集不行，则称该属性组为候选码（candidate key）。

若一个关系有多个候选码，则选定其中一个为主码（primary key）。候选码的诸属性称为主属性（prime attribute）。不包含在任何候选码中的属性称为非码属性（non-key attribute）。在最简单的情况下，候选码只包含一个属性。在最极端的情况下，关系模式的所有属性组是这个关系模式的候选码，称为全码（all-key）。

例如，可以在表 2-1 的笛卡儿积中取出一个子集来构造一个关系。由于一个研究生只师从于一个导师，学习某个专业，所以笛卡儿积中的许多元组是无实际意义的，从中取出有实际意义的元组来构造关系。该关系的名字为 SAP，属性名就取域名，即 SUPERVISOR，SPECIALITY 和 POSTGRADUATE。则这个关系可以表示为

SAP(SUPERVISOR，SPECIALITY，POSTGRADUATE)

假设导师与专业是一对一的，即一个导师只有一个专业；导师与研究生是一对多的，即一个导师可以带多名研究生，而一名研究生只有一个导师。这样 SAP 关系可以包含 3 个元组，如表 2-2 所示。

表 2-2　SAP 关系

SUPERVISOR	SPECIALITY	POSTGRADUATE
张清玫	信息专业	李勇
张清玫	信息专业	刘晨
刘逸	信息专业	王名

假设研究生不会重名（这在实际当中是不合适的，这里只是为了举例方便），则 POSTGRADUATE 属性的每个值都唯一地标识了一个元组，因此可以作为 SAP 关系的主码。

关系可以有 3 种类型：基本关系（通常又称基本表或基表）、查询表和视图表。基本表是实际存在的表，它是实际存储数据的逻辑表示。查询表是查询结果对应的表。视图表是由基本表或其他视图表导出的表，是虚表，不对应实际存储的数据。

基本关系具有以下 6 条性质。

（1）列是同质的（homogeneous），即每列中的分量是同一类型的数据，来自同一个域。

（2）不同的列可出自同一个域，称其中的每列为一个属性，不同的属性要给予不同的属性名。

例如，在上面的例子中，也可以只给出两个域：

人(PERSON)={张清玫，刘逸，李勇，刘晨，王名}

专业(SPECIALITY)={计算机专业，信息专业}

SAP关系的导师属性和研究生属性都从PERSON域中取值。为了避免混淆，必须给这两个属性取不同的属性名，而不能直接使用域名。例如，定义导师属性名为SUPERVISOR-PERSON，研究生属性名为POSTGRADUATE-PERSON。

(3) 列的顺序无所谓，即列的次序可以任意交换。

由于列的顺序是无关紧要的，因此在许多实际关系数据库产品(如Oracle)中插入新属性时，永远是插至最后一列。不过一些小型数据库产品(如FoxPro)仍然区分了属性顺序。

(4) 任意两个元组不能完全相同。

但在大多数实际关系数据库产品中，例如，Oracle，FoxPro等，如果用户没有定义有关的约束条件，它们都允许关系表中存在两个完全相同的元组。

(5) 行的顺序无所谓，即行的次序可以任意交换。

在Oracle等许多关系数据库产品中插入一个元组时，永远是插至最后一行。但FoxPro等小型数据库产品仍然区分了元组的顺序。

(6) 分量必须取原子值，即每个分量都必须是不可分的数据项。

关系模型要求关系必须是规范化的，即要求关系模式必须满足一定的规范条件，这些规范条件中最基本的一条就是，关系的每个分量必须是一个不可分的数据项。规范化的关系简称范式(normal form)。例如，表2-3虽然更好地表达了导师与研究生之间的一对多关系，但由于POSTGRADUATE分量可以取两个值，不符合规范化的要求，因此这样的关系在数据库中是不允许的。

表2-3 非规范化关系

SUPERVISOR	SPECIALITY	POSTGRADUATE	
		PG1	PG2
张清玫	信息专业	李勇	刘晨
刘逸	信息专业	王名	

2. 关系模式

关系模式是对关系的描述。那么一个关系需要描述哪些方面呢？

首先，我们已经知道，关系实质上是一张二维表，表的每行为一个元组，每列为一个属性。一个元组就是该关系所涉及的属性集的笛卡儿积的一个元素。关系是元组的集合，也就是笛卡儿积的一个子集。因此关系模式必须指出这个元组集合的结构，即它由哪些属性构成，这些属性来自哪些域，以及属性与域之间的映像关系。

其次，一个关系通常是由赋予它的元组语义来确定的，元组语义实质上是一个n目谓词(n是属性集中属性的个数)。凡使该n目谓词为真的笛卡儿积中的元素(或者说凡符合元组语义的元素)的全体就构成了该关系模式的关系。现实世界随着时间在不断变化，因而在不同的时刻，关系模式的关系也会有所变化。但是，现实世界的许多已有事实限定了关系模式所有可能的关系必须满足一定的完整性约束条件。这些约束可以通过对属性取值范围的限定，例如，职工年龄小于65岁(65以后必须退休)，也可以通过属性值间的相互关联(主要体现于值的相等与否)反映出来。关系模式应当刻画出这些完整性约束条件。

因此一个关系模式应当是一个五元组。

定义2.4 关系的描述称为**关系模式**(relation schema)。它可以形式化地表示为

$$R(U,\ D,\ \mathrm{DOM},\ F)$$

其中，R 为关系名；U 为组成该关系的属性名集合；D 为属性组 U 中属性所来自的域；DOM为属性向域的映像集合，F 为属性间数据的依赖关系集合。

属性间的数据依赖将在第6章讨论，本章的关系模式仅涉及关系名属性名、域名、属性向域的映像4部分。例如，在上面的例子中，由于导师和研究生出自同一个域，所以取了不同于域名的属性名，关系模式中必须给以映像，说明它们分别出自哪个域，如，

DOM(SUPERVISOR－PERSON)＝DOM(POSTGRADUATE－PERSON)＝PERSON

关系模式通常可以简记为

$$R(U)$$

或

$$R\ (A_1, A_2, \cdots, A_n)$$

其中，R 为关系名；$A_1, A_2, \cdots, A_n$ 为属性名。而域名及属性向域的映像常常直接说明为属性的类型、长度。

关系实际上就是关系模式在某一时刻的状态或内容。也就是说，关系模式是型，关系是它的值。关系模式是静态的、稳定的，而关系是动态的、随时间不断变化的，因为关系操作在不断地更新着数据库中的数据。但在实际当中，常常把关系模式和关系统称为关系，读者可以通过上下文加以区别。

3. 关系数据库

在关系模型中，实体以及实体间的联系都是用关系来表示的。例如，导师实体、研究生实体、导师与研究生之间的一对多联系都可以分别用一个关系来表示。在一个给定的现实世界领域中，所有实体及实体间的联系对应的关系的集合构成一个关系数据库。

关系数据库也有型和值之分。关系数据库的型也称关系数据库模式，是对关系数据库的描述，它包括若干域的定义以及在这些域上定义的若干关系模式。关系数据库的值也称为关系数据库，是这些关系模式在某一时刻对应的关系的集合。关系数据库模式与关系数据库通常统称为关系数据库。

2.3 关系的完整性

关系模型的完整性规则是对关系的某种约束条件。关系模型中可以有3类完整性约束：实体完整性、参照完整性和用户定义的完整性。其中实体完整性和参照完整性是关系模型必须满足的完整性约束条件，被称为关系的两个不变性，应该由关系系统自动支持。

1. 实体完整性(entity integrity)

一个基本关系通常对应现实世界的一个实体集。例如，学生关系对应于学生的集合。

现实世界中的实体是可区分的，即它们具有某种唯一性标识。相应地，关系模型中以主码作为唯一性标识。主码中的属性即主属性不能取空值。空值就是“不知道”或“无意义”的值。如果主属性取空值，就说明存在某个不可标识的实体，即存在不可区分的实体，这与现实世界的应用环境相矛盾，因此这个实体一定不是一个完整的实体。

规则 2.1　实体完整性规则：若属性 A 是基本关系 R 的主属性，则属性 A 不能取空值。

例如，在关系“SAP(SUPERVISOR，SPECIALITY，POSTGRADUATE)”中，研究生姓名 POSTGRADUATE 属性为主码(假设研究生不会重名)，则研究生姓名不能取空值。

实体完整性规则规定基本关系的所有主属性都不能取空值，而不仅是主码整体不能取空值。例如，学生选课关系“选修(学号，课程号，成绩)”中，(学号，课程号)为主码，则学号和课程号两属性都不能取空值。

2. 参照完整性(referential integrity)

现实世界中的实体间往往存在某种联系，在关系模型中实体及实体间的联系都是用关系来描述的。这样就自然存在着关系与关系间的引用。先来看 3 个例子。

例 2.1　学生实体和专业实体可以用下面的关系表示，其中主码用下画线标识：

学生(学号，姓名，性别，专业号，年龄)

专业(专业号，专业名)

这两个关系之间存在着属性的引用，即学生关系引用了专业关系的主码“专业号”。显然，学生关系中的专业号值必须是确实存在的专业的专业号，即专业关系中有该专业的记录。也就是说，学生关系中的某个属性的取值需要参照专业关系的属性取值。

例 2.2　学生、课程、学生与课程之间的多对多联系可用如下 3 个关系表示：

学生(学号，姓名，性别，专业号，年龄)

课程(课程号，课程名，学分)

选修(学号，课程号，成绩)

这 3 个关系之间也存在着属性的引用，即选修关系引用了学生关系的主码“学号”和课程关系的主码“课程号”。同样，选修关系中的学号值必须是确实存在的学生的学号，即学生关系中有该学生的记录；选修关系中的课程号值也必须是确实存在的课程的课程号，即课程关系中有该课程的记录。换句话说，选修关系中某些属性的取值需要参照其他关系的属性取值。

不仅两个或两个以上的关系间可以存在引用关系，同一关系内部属性之间也可能存在引用关系。

例 2.3　在关系学生 2(学号，姓名，性别，专业号，年龄，班长)中，“学号”属性是主码，“班长”属性表示该学生所在班级的班长的学号，它引用了本关系“学号”属性，即“班长”必须是确实存在的学生的学号。

定义 2.5　设 F 是基本关系 R 的一个或一组属性，但不是关系 R 的码，如果 F 与基本关系 S 的主码 K_s 相对应，则称 F 是基本关系 R 的**外码**(foreign key)，并称基本关系 R 为参照关系(referencing relation)，基本关系 S 为被参照关系(referenced relation)或目标关系

(target relation)。关系 R 和 S 不一定是不同的关系。

显然,目标关系 S 的主码 K_s 和参照关系的外码 F 必须定义在同一个(或一组)域上。

在例 2.1 中,学生关系的"专业号"属性与专业关系的主码"专业号"相对应,因此"专业号"属性是学生关系的外码。这里专业关系为被参照关系,学生关系为参照关系。如图 2-1(a)所示。

图 2-1 关系的参照图

在例 2.2 中,选修关系的"学号"属性与学生关系的主码"学号"相对应,"课程号"属性与课程关系的主码"课程号"相对应,因此"学号"和"课程号"属性是选修关系的外码。这里学生关系和课程关系均为被参照关系,选修关系为参照关系,如图 2-1(b)所示。

在例 2.3 中,"班长"属性与本关系主码"学号"属性相对应,因此"班长"是外码。这里学生 2 关系既是参照关系也是被参照关系。

需要指出的是,外码并不一定要与相应的主码同名(如例 2.3)。

不过,在实际应用当中,为了便于识别,当外码与相应的主码属于不同关系时,往往给它们取相当的名字。

参照完整性规则就是定义外码与主码之间的引用规则。

规则 2.2 参照完整性规则:若属性(或属性组)F 是基本关系 R 的外码,它与基本关系 S 的主码 K_s 相对应(基本关系 R 和 S 不一定是不同的关系),则对于 R 中每个元组在 F 上的值:

- 或者取空值(F 的每个属性值均为空值);
- 或者等于 S 中某个元组的主码值。

例如,对于例 2.1,学生关系中每个元组的专业号属性只能取下面两类值:

(1) 空值,表示尚未给该学生分配专业;

(2) 非空值,这时该值必须是专业关系中某个元组的专业号值,表示该学生不可能分配到一个不存在的专业中。即被参照关系"专业"中一定存在一个元组,它的主码值等于该参照关系"学生"中的外码值。

对于例 2.2,按照参照完整性规则,学号和课程号属性也可以取两类值:空值或目标关系中已经存在的值。但由于学号和课程号是选修关系中的主属性,按照实体完整性规则,它们均不能取空值。所以选修关系中的学号和课程号属性实际上只能取相应被参照关系中已经存在的主码值。

参照完整性规则中,R 与 S 可以是同一个关系。例如,对于例 2.3,按照参照完整性规则,班长属性值可以取两类值:

(1) 空值,表示该学生所在班级尚未选出班长;

(2) 非空值,这时该值必须是本关系中某个元组的学号值。

3. 用户定义的完整性(user-defined integrity)

实体完整性和参照性适用任何关系数据库系统。除此之外,不同的关系数据库系统根据其应用环境的不同,往往还需要一些特殊的约束条件。用户定义的完整性就是针对某一具体关系数据库的约束条件,它反映某一具体应用所涉及的数据必须满足的语义要求。例如,某个属性必须取唯一值、某个非主属性也不能取空值、某个属性的取值范围在 0～100 等。关系模型应提供定义和检验这类完整性的机制,以便用统一的、系统的方法处理它们,而不要由应用程序承担这一功能。

2.4 关系代数

关系代数是一种抽象的查询语言,是关系数据操纵语言的一种传统表达方式,它是用对关系的运算来表达查询的。

任何一种运算都是将一定的运算符作用于一定的运算对象上,得到预期的运算结果。所以运算对象、运算符、运算结果是运算的三大要素。

关系代数的运算对象是关系,运算结果也为关系。关系代数用到的运算符包括四类:集合运算符、专门的关系运算符、算术比较符和逻辑运算符,如表 2-4 所示。

表 2-4 关系代数运算符

运算符		含 义
集合运算符	$\cup$	并
	$-$	差
	$\cap$	交
	$\times$	广义笛卡儿积
专门的关系运算符	σ	选择
	Π	投影
	$\bowtie$	连接
	$\div$	除
算术比较符	$>$	大于
	$\geqslant$	大于或等于
	$<$	小于
	$\leqslant$	小于或等于
	$=$	等于
	$\neq$	不等于
逻辑运算符	$\neg$	非
	$\wedge$	与
	$\vee$	或

算术比较符和逻辑运算符是用来辅助专门的关系运算符进行操作的,所以关系代数的运算按运算符的不同主要分为传统的集合运算和专门的关系运算两类。其中传统的集合运算将关系看成元组的集合,其运算是从关系的“水平”方向即行的角度来进行。而专门的关系运算不仅涉及行而且涉及列。

为了叙述方便,先引入几个记号。

(1) 设关系模式为 $R(A_1, A_2, \cdots, A_n)$。它的一个关系设为 R。$t \in R$ 表示 t 是 R 的一个元组。$t[A_i]$则表示元组 t 中相应于属性 A_i 的一个分量。

(2) 若 $A=\{A_{i1}, A_{i2}, \cdots, A_{ik}\}$,其中 $A_{i1}, A_{i2}, \cdots, A_{ik}$ 是 $A_1, A_2, \cdots, A_n$ 中的一部分,则 A 称为属性列或域列。$\overline{A}$ 则表示$\{A_1, A_2, \cdots, A_n\}$中去掉$\{A_{i1}, A_{i2}, \cdots, A_{ik}\}$后剩余的属性组。$T[A]=(t[A_{i1}], t[A_{i2}], \cdots, t[A_{ik}])$表示元组 t 在属性列 A 上诸分量的集合。

(3) R 为 n 目关系,S 为 m 目关系。$t_r \in R$,$t_s \in S$。$t_r t_s$ 称为元组的连接(concatenation)。它是一个$(n+m)$列的元组,前 n 个分量为 R 中的一个 n 元组,后 m 个分量为 S 中的一个 m 元组。

(4) 给定一个关系 $R(X, Z)$,X 和 Z 为属性组。定义:当 $t[X]=x$ 时,x 在 R 中的象

集(images set)为

$$Z_x=\{t[Z] \mid t \in R, t[X]=x\}$$

它表示 R 中属性组 X 上值为 x 的诸元组在 Z 上分量的集合。

2.4.1　传统的集合运算

传统的集合运算是二目运算,包括并、差、交、广义笛卡儿积 4 种运算,如图 2-2 所示。

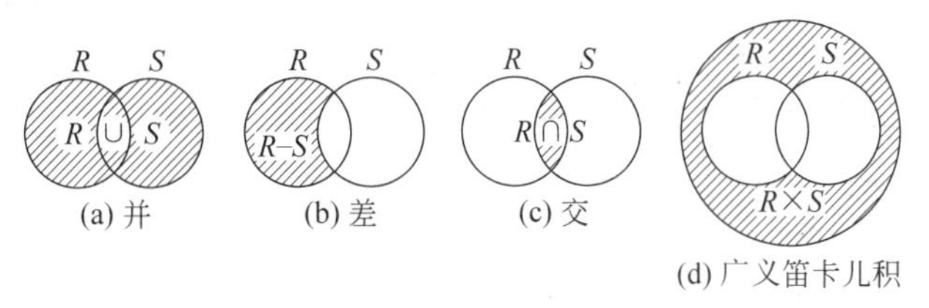

图 2-2　传统的集合运算

1. 并(union)

设关系 R 和关系 S 具有相同的目 n(即两个关系都有 n 个属性),且相应的属性取自同一个域,则关系 R 与关系 S 的并由属于 R 或属于 S 的元组组成。其结果关系仍为 n 目关系。记作:

$$R \cup S=\{t \mid t \in R \vee t \in S\}$$

2. 差(difference)

设关系 R 和关系 S 具有相同的目 n,且相应的属性取自同一个域,则关系 R 与关系 S 的差由属于 R 而不属于 S 的所有元组组成。其结果关系仍为 n 目关系。记作:

$$R-S=\{t \mid t \in R \wedge \neg t \in S\}$$

3. 交(intersection)

设关系 R 和关系 S 具有相同的目 n,且相应的属性取自同一个域,则关系 R 与关系 S 的交由既属于 R 又属于 S 的元组组成。其结果关系仍为 n 目关系。记作:

$$R \cap S=\{t \mid t \in R \wedge t \in S\}$$

4. 广义笛卡儿积(extended Cartesian product)

两个分别为 n 目和 m 目的关系 R 和 S 的广义笛卡儿积是一个 $(n+m)$ 列的元组的集合。元组的前 n 列是关系 R 的一个元组,后 m 列是关系 S 的一个元组。若 R 有 k_1 个元组,S 有 k_2 个元组,则关系 R 和关系 S 的广义笛卡儿积有 $k_1 \times k_2$ 个元组。记作:

$$R \times S=\{\widehat{t_r t_s} \mid t_r \in R \wedge t_s \in S\}$$

图 2-3(a)和图 2-3(b)分别为具有 3 个属性列的关系 R,S。图 2-3(c)为关系 R 与 S 的并。图 2-3(d)为关系 R 与 S 的交。图 2-3(e)为关系 R 和 S 的差。图 2-3(f)为关系 R 和 S 的广义笛卡儿积。

R

A	B	C
a_1	b_1	c_1
a_1	b_2	c_2
a_2	b_2	c_1

(a)

S

A	B	C
a_1	b_2	c_2
a_2	b_3	c_2
a_2	b_2	c_1

(b)

$R \cup S$

A	B	C
a_1	b_1	c_1
a_1	b_2	c_2
a_2	b_2	c_1
a_2	b_3	c_2

(c)

$R \cap S$

A	B	C
a_1	b_2	c_2
a_2	b_2	c_1

(d)

$R-S$

A	B	C
a_1	b_1	c_1

(e)

$R \times S$

A	B	C	A	B	C
a_1	b_1	c_1	a_1	b_2	c_2
a_1	b_1	c_1	a_1	b_3	c_2
a_1	b_1	c_1	a_2	b_2	c_1
a_1	b_2	c_2	a_1	b_2	c_2
a_1	b_2	c_2	a_1	b_3	c_2
a_1	b_2	c_2	a_2	b_2	c_1
a_2	b_2	c_1	a_1	b_2	c_2
a_2	b_2	c_1	a_1	b_3	c_2
a_2	b_2	c_1	a_2	b_2	c_1

(f)

图 2-3　传统的集合运算举例

2.4.2　专门的关系运算

专门的关系运算包括选择、投影、连接、除等。

1. 选择(selection)

选择又称限制(restriction),它是在关系 R 中选择满足给定条件的诸元组,记作:

$$\sigma_F(R)=\{t \mid t \in R \wedge F(t)=\text{'真'}\}$$

其中,F 表示选择条件,它是一个逻辑表达式,取逻辑值'真'或'假'。

逻辑表达式 F 的基本形式为

$$X_1\theta Y_1[\phi\ X_2\theta Y_2]\cdots$$

其中,θ 表示比较运算符,它可以是$>$、$\geqslant$、$<$、$\leqslant$、$=$或$\neq$。X_1,Y_1 等是属性名或常量或简单函数。属性名也可以用它的序号来代替。ϕ 表示逻辑运算符,它可以是$\neg$、$\wedge$或$\vee$。[ ]表示任选项,即[ ]中的部分可以要也可以不要,"…"表示上述格式可以重复下去。

因此选择运算实际上是从关系 R 中选取使逻辑表达式 F 为真的元组。这是从行的角度进行的运算,如图 2-4(a)所示。

设有一个学生-课程关系数据库,包括学生关系 Student、课程关系 Course 和选修关系 SC,如图 2-5 所示。下面的许多例子将对这 3 个关系进行运算。

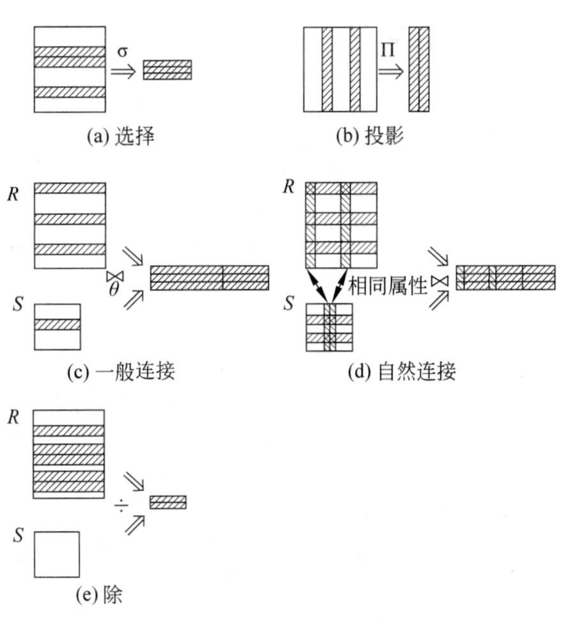

图 2-4　专门的关系运算

Student

学号 Sno	姓名 Sname	性别 Ssex	年龄 Sage	所在系 Sdept
2020001	李勇	男	20	CS
2020002	刘晨	女	19	IS
2020003	王名	女	18	MA
2020004	张立	男	18	IS

(a)

Course

课程号 Cno	课程名 Cname	先修课号 Cpno	学分 Ccredit
1	数据库	5	4
2	数学		2
3	信息系统	1	4
4	操作系统	6	3
5	数据结构	7	4
6	数据处理		2
7	PASCAL 语言	6	4
8	DB_Design	1	4
9	DB_Programing	1	2
10	DB_DBMS Design	1	4

(b)

SC

学号 Sno	课程号 Cno	成绩 Grade
2020001	1	92
2020001	2	85
2020001	3	88
2020002	2	90
2020002	3	80
2020004	3	

(c)

图 2-5　学生-课程关系数据库

例 2.4 查询信息系(IS 系)全体学生。

$\sigma_{Sdept='IS'}$(Student)

或

$\sigma_{5='IS'}$(Student)

↑

Sdept 的属性序号

结果如图 2-6(a)所示。

例 2.5 查询年龄小于 20 岁的元组。

$\sigma_{Sage<20}$(Student)

或

$\sigma_{4<20}$(Student)

结果如图 2-6(b)所示。

Sno	Sname	Ssex	Sage	Sdept
2020002	刘晨	女	19	IS
2020004	张立	男	18	IS

(a)

Sno	Sname	Ssex	Sage	Sdept
2020002	刘晨	女	19	IS
2020003	王名	女	18	MA
2020004	张立	男	18	IS

(b)

图 2-6 选择运算举例

2. 投影(projection)

关系 R 上的投影是从 R 中选择若干属性列组成新的关系。记作:

$$\Pi_A(R) = \{ t[A] \mid t \in R \}$$

其中,A 为 R 中的属性列。

投影操作是从列的角度进行的运算,如图 2-4(b)所示。

例 2.6 查询学生关系 Student 在学生姓名和所在系两个属性上的投影。

$\Pi_{Sname,Sdept}$(Student)或 $\Pi_{2,5}$(Student)

结果如图 2-7(a)。

投影之后不仅取消了原关系中的某些列,而且还可能取消某些元组,因为取消了某些属性列后,就可能出现重复行,应取消这些完全相同的行。

例 2.7 查询学生关系 Student 中都有哪些系,即查询学生关系 Student 在所在系属性上的投影。

Π_{Sdept}(Student)。

结果如图 2-7(b)。Student 关系原来有 4 个元组,而投影结果取消了重复的 CS 元组,因此只有 3 个元组。

Sname	Sdept
李勇	CS
刘晨	IS
王名	MA
张立	IS

(a)

Sdept
CS
IS
MA

(b)

图 2-7 投影运算举例

3. 连接(join)

连接也称 θ 连接。它是从两个关系的笛卡儿积中选取属性间满足一定条件的元组。记作：

$$R \underset{A\theta B}{\bowtie} S = \{\widehat{t_r t_s} \mid t_r \in R \land t_s \in S \land t_r[A]\theta t_s[B]\}$$

其中，A 和 B 分别为 R 和 S 上度数相等且可比的属性组；θ 是比较运算符。连接运算从 R 和 S 的笛卡儿积 $R \times S$ 中选取(R 关系)在 A 属性组上的值与(S 关系)在 B 属性组上的值满足比较关系 θ 的元组。

连接运算中有两种最为重要也最为常用的连接，一种是等值连接(equi-join)，另一种是自然连接(natural join)。θ 为"="的连接运算称为等值连接。它是从关系 R 与 S 的笛卡儿积中选取 A，B 属性值相等的那些元组。即等值连接为

$$R \underset{A=B}{\bowtie} S = \{\widehat{t_r t_s} \mid t_r \in R \land t_s \in S \land t_r[A]=t_s[B]\}$$

自然连接是一种特殊的等值连接，它要求两个关系中进行比较的分量必须是相同的属性组，并且要在结果中把重复的属性删除。即若 R 和 S 具有相同的属性组 B，则自然连接可记作：

$$R \bowtie S = \{\widehat{t_r t_s} \mid t_r \in R \land t_s \in S \land t_r[B]=t_s[B]\}$$

一般连接操作是从行的角度进行运算，如图 2-4(c)所示。但自然连接还需要取消重复列，所以是同时从行和列的角度进行运算。如图 2-4(d)所示。

例 2.8 设关系 R，S 分别为图 2-8 中的(a)和(b)，$R \underset{C<E}{\bowtie} S$ 的结果为图 2-8(c)，等值连接 $R \underset{R.B=S.B}{\bowtie} S$ 的结果为图 2-8(d)，自然连接 $R \bowtie S$ 的结果为图 2-8(e)。

R

A	B	C
a_1	b_1	5
a_1	b_2	6
a_2	b_3	8
a_2	b_4	12

(a)

S

B	E
b_1	3
b_2	7
b_3	10
b_3	2
b_5	2

(b)

A	$R.B$	C	$S.B$	E
a_1	b_1	5	b_2	7
a_1	b_1	5	b_3	10
a_1	b_2	6	b_2	7
a_1	b_2	6	b_3	10
a_2	b_3	8	b_3	10

(c)

A	$R.B$	C	$S.B$	E
a_1	b_1	5	b_1	3
a_1	b_2	6	b_2	7
a_2	b_3	8	b_3	10
a_2	b_3	8	b_3	2

(d)

A	B	C	E
a_1	b_1	5	3
a_1	b_2	6	7
a_2	b_3	8	10
a_2	b_3	8	2

(e)

图 2-8 连接运算举例

4. 除(division)

给定关系 $R(X,Y)$和 $S(Y,Z)$，其中 X，Y，Z 为属性组。R 中的 Y 与 S 中的 Y 可以有

不同的属性名，但必须出自相同的域集。R 与 S 的除运算得到一个新的关系 $P(X)$，P 是 R 中满足下列条件的元组在 X 属性列上的投影：元组在 X 上分量值 x 的象集 Y_X 包含 S 在 Y 上投影的集合。记作：

$$R \div S = \{t_r[X] \mid t_r \in R \wedge Y_X \supseteq \Pi_Y(S)\}$$

其中，Y_X 为 x 在 R 中的象集，$x = t_r[X]$。

除操作是同时从行和列角度进行运算，如图 2-4(e)所示。

例 2.9 设关系 R，S 分别为图 2-9 中的(a)和(b)，$R \div S$ 的结果为图 2-9(c)。

在关系 R 中，A 可以取 4 个值$\{a_1, a_2, a_3, a_4\}$。其中：

a_1 的象集为$\{(b_1,c_2), (b_2,c_3), (b_2,c_1)\}$

a_2 的象集为$\{(b_3,c_7), (b_2,c_3)\}$

a_3 的象集为$\{(b_4,c_6)\}$

a_4 的象集为$\{(b_6,c_6)\}$

S 在(B,C)上的投影为$\{(b_1,c_2), (b_2,c_3), (b_2,c_1)\}$

显然只有 a_1 的象集$(B,C)_{a_1}$ 包含 S 在(B,C)属性组上的投影，所以 $R \div S = \{a_1\}$

该过程示意图如图 2-10 所示。

R

A	B	C
a_1	b_1	c_2
a_2	b_3	c_7
a_3	b_4	c_6
a_1	b_2	c_3
a_4	b_6	c_6
a_2	b_2	c_3
a_1	b_2	c_1

(a)

S

B	C	D
b_1	c_2	d_1
b_2	c_1	d_1
b_2	c_3	d_2

(b)

$R \div S$

A
a_1

(c)

图 2-9 除运算举例

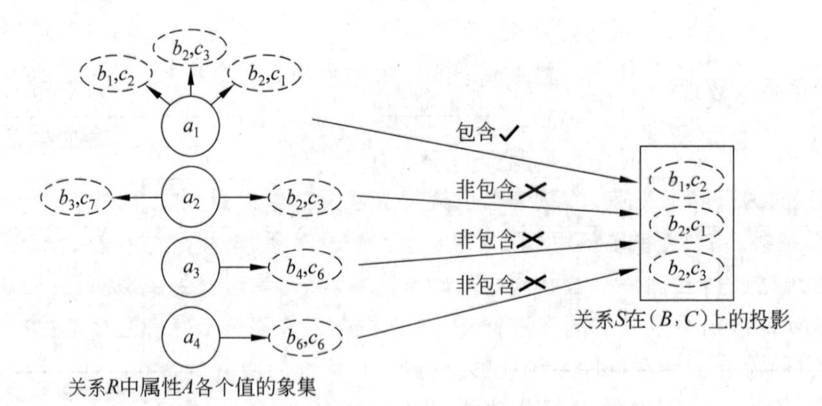

图 2-10 例 2.9 示意图

下面再以图 2-5 中的关系数据库为例，给出几个综合应用多种关系代数运算进行查询的例子。

例 2.10 查询至少选修 1 号课程和 3 号课程的学生的学号。

首先建立一个临时关系 K

Cno
1
3

然后求：

$\Pi_{Sno,Cno}(SC) \div K$

结果为{2020001}。

求解过程与例 2.9 类似，先对 SC 关系在 Sno 和 Cno 属性上投影，然后对其中每个元组逐一求出每一学生的象集，并依次检查这些象集是否包含 K。

例 2.11 查询选修了 2 号课程的学生的学号。

$$\Pi_{Sno}(\sigma_{Cno='2'}(SC))=\{2020001, 2020002\}$$

例 2.12 查询至少选修了一门其直接先修课为 6 号课程的学生姓名。

$$\Pi_{Sname}(\sigma_{Cpno='6'}(Course) \bowtie SC \bowtie \Pi_{Sno,Sname}(Student))$$

或

$$\Pi_{Sname}(\Pi_{Sno}(\sigma_{Cpno='6'}(Course) \bowtie SC) \bowtie \Pi_{Sno,Sname}(Student))$$

例 2.13 查询选修了全部课程的学生的学号和姓名。

$$\Pi_{Sno,Cno}(SC) \div \Pi_{Cno}(Course) \bowtie \Pi_{Sno,Sname}(Student)$$

本节介绍了 8 种关系代数运算，这些运算经有限次复合后形成的式子称为关系代数表达式。在 8 种关系代数运算中，并、差、笛卡儿积、投影和选择 5 种运算为基本的运算。其他 3 种运算，即交、连接和除，均可以用 5 种基本运算来表达。引进它们并不增加语言的能力，但可以简化表达。

关系代数语言中比较典型的例子是查询语言 ISBL(information system base language)。ISBL 由 IBM United Kingdom 研究中心研制，用于 PRTV(peterlee relational test vehicle)实验系统。

*2.5 关系演算

关系演算是以数理逻辑中的谓词演算为基础的。按谓词变元的不同，关系演算可分为元组关系演算和域关系演算。本节通过两个实际的关系演算语言介绍关系演算的思想。

2.5.1 元组关系演算语言 ALPHA

元组关系演算以元组变量作为谓词变元的基本对象。一种典型的元组关系演算语言是 E.F.Codd 提出的 ALPHA 语言，这一语言虽然没有实际实现，但关系数据库管理系统 INGRES 所用的 QUEL 语言是参照 ALPHA 语言研制的，与 ALPHA 十分类似。

ALPHA 语言主要有 GET、PUT、HOLD、UPDATE、DELETE、DROP 6 条语句，语句的基本格式：

操作语句　工作空间名(表达式)：操作条件

其中，表达式用于指定语句的操作对象，它可以是关系名或属性名，一条语句可以同时操作多个关系或多个属性；操作条件是一个逻辑表达式，用于将操作对象限定在满足条件的元组中，操作条件可以为空。除此之外，还可以在基本格式的基础上加上排序要求、定额要求等。

1. 检索操作

检索操作用 GET 语句实现。

1）简单检索(即不带条件的检索)

例 2.14 查询所有被选修课程的课程号码。

```
GET W (SC.Cno)
```

这里条件为空,表示没有限定条件。W 为工作空间名。

例 2.15 查询所有学生的数据。

```
GET W (Student)
```

2）限定的检索(即带条件的检索)

例 2.16 查询信息系(IS)中年龄小于 20 岁的学生的学号和年龄。

```
GET W (Student.Sno, Student.Sage): Student.Sdept='IS' ∧ Student.Sage<20
```

3）带排序的检索

例 2.17 查询计算机科学系(CS)学生的学号、年龄,并按年龄降序排序。

```
GET W (Student.Sno, Student.Sage): Student.Sdept='CS' DOWN Student.Sage
```

4）带定额的检索

例 2.18 取出一个信息系学生的学号。

```
GET W(1)(Student.Sno): Student.Sdept='IS'
```

带定额的检索是指指定检索出元组的个数,方法是在 W 后圆括号中加上定额数量。排序和定额可以一起使用。

例 2.19 查询信息系年龄最大的 3 个学生的学号及其年龄。

```
GET W(3) (Student.Sno, Student.Sage): Student.Sdept='IS' DOWN Student.Sage
```

5）用元组变量的检索

因为元组变量是在某一关系范围内变化的,所以元组变量又称范围变量(range variable)。元组变量主要有两方面的用途。

(1) 简化关系名。在处理实际问题时,如果关系名很长,使用起来就会感到不方便,这时可以设一个较短名字的元组变量来简化关系名。

(2) 操作条件中使用量词时必须用元组变量。

元组变量是动态的概念,一个关系可以设多个元组变量。

例 2.20 查询信息系学生的名字。

```
RANGE Student X
GET W (X.Sname): X.Sdept='IS'
```

这里元组变量 X 的作用是简化关系名 Student。

6）用存在量词的检索

例 2.21 查询选修 2 号课程的学生名字。

```
RANGE SC X
GET W (Student.Sname): ∃X(X.Sno=Student.Sno ∧ X.Cno='2')
```

例 2.22　查询选修了其直接先修课是 6 号课程的学生学号。

```
RANGE Course CX
GET W( SC.Sno): ∃CX (CX.Cno=SC.Cno ∧ CX.Pcno='6')
```

例 2.23　查询至少选修一门其先修课为 6 号课程的学生名字。

```
RANGE Course CX
      SC     SCX
GET W (Student.Sname): ∃SCX (SCX.Sno=Student.Sno ∧
                        ∃CX (CX.Cno=SC.Cno ∧ CX.Pcno='6'))
```

本例中的元组关系演算公式可以变换为前束范式(prenex normal form)的形式：

```
GET W (Student.Sname): ∃SCX ∃CX (SCX.Sno=Student.Sno ∧
                       CX.Cno=SCX.Cno ∧ CX.Pcno='6')
```

例 2.21～例 2.23 中的元组变量都是为存在量词而设的。其中例 2.23 需要对两个关系作用存在量词，所以设了两个元组变量。

7）带有多个关系的表达式的检索

上面所举的各例子中，虽然查询时可能涉及多个关系，即公式中可能涉及多个关系，但查询结果都只在一个关系中，即表达式中只有一个关系。实际上表达式中是可以有多个关系的。

例 2.24　查询成绩为 90 分以上的学生名字与课程名字。

本查询所要求的结果学生名字和课程名字分别在 Student 和 Course 两个关系中。

```
RANGE SC SCX
GET W (Student.Sname, Course.Cname): ∃SCX (SCX.Grade≥90 ∧
                                     SCX.Sno=Student.Sno ∧ Course.Cno=SCX.Cno)
```

8）用全称量词的检索

例 2.25　查询不选 1 号课程的学生名字。

```
RANGE Course CX
GETW (Student.Sname): ∀SCX (SCX.Sno≠Student.Sno ∨ SCX.Cno≠'1')
```

本例实际上也可以用存在量词来表示：

```
GET W (Student.Sname): ¬∃ SCX (SCX.Sno=Student.Sno ∧ SCX.Cno='1')
```

9）用两种量词的检索

例 2.26　查询选修了全部课程的学生姓名。

```
RANGE Course CX
      SC     SCX
GET W(Student.Sname): ∀CX ∃SCX (SCX.Sno=Student.Sno ∧ SCX.Cno=CX.Cno)
```

10）用蕴涵(implication)的检索

例 2.27　查询最少选修了 2020002 学生所选课程的学生的学号。

本例的求解思路是，对 Course 中的所有课程，依次检查每门课程，看 2020002 是否选修了该课程，如果选修了，则再看某个学生是否也选修了该门课。如果对于 2020002 所选的每门课程该学生都选修了，则该学生为满足要求的学生。把所有这样的学生全都找出来即完成了本题。

```
RANGE Couse CX
      SC    SCX
      SC    SCY
GET W (Student.Sno): ∀CX(∃SCX (SCX.Sno='2020002' ∧ SCX.Cno=CX.Cno)
                   ⇒∃SCY (SCY.Sno=Student.Sno ∧ SCY.Cno=CX.Cno))
```

11）集函数

用户在使用查询语言时，经常要做一些简单的计算，例如，求符合某一查询要求的元组数，求某个关系中所有元组在某属性上的值的总和或平均值等。为了方便用户，关系数据语言中建立了有关这类运算的标准函数库供用户选用。这类函数通常称为集函数(set function)或内部函数(intrinsic function)。关系演算中提供了 COUNT、TOTAL、MAX、MIN、AVG 等集函数，其功能如表 2-5 所示。

表 2-5　关系演算中的集函数

函数名	功　能
COUNT	对元组计数
TOTAL	求总和
MAX	求最大值
MIN	求最小值
AVG	求平均值

例 2.28　查询学生所在系的数目。

```
GET W (COUNT(Student.Sdept))
```

COUNT 函数在计数时会自动排除重复的 Sdept 值。

例 2.29　查询信息系学生的平均年龄。

```
GET W (AVG(Student.Sage): Student.Sdept='IS')
```

2. 更新操作

1）修改操作

修改操作用 UPDATE 语句实现。其步骤如下。

(1) 用 HOLD 语句将要修改的元组从数据库中读到工作空间中。

(2) 用宿主语言修改工作空间中元组的属性。

(3) 用 UPDATE 语句将修改后的元组送回数据库中。

需要注意的是，单纯检索数据使用 GET 语句即可，但为修改数据而读元组时必须使用 HOLD 语句，HOLD 语句是带上并发控制的 GET 语句。有关并发控制的概念将在第 5 章详细介绍。

例 2.30　将 2020007 学生从计算机科学系转到信息系。

```
HOLD W (Student.Sno, Student.Sdetp): Student.Sno='2020007'
                                  (从 Student 关系中读出 2020007 学生的数据)
MOVE 'IS' TO W.Sdept              (用宿主语言进行修改)
UPDATE W                          (把修改后的元组送回 Student 关系)
```

在该例中用 HOLD 语句来读 2020007 的数据，而不是用 GET 语句。

如果修改操作涉及两个关系，就要执行两次 HOLD—MOVE—UPDATE 操作序列。

修改主码的操作一般是不允许的。例如，不能用 UPDATE 语句将学号 2020001 改为 2020102。如果需要修改关系中某个元组的主码值，只能先用删除操作删除该元组，再把具有新主码值的元组插入关系中。

2）插入操作

插入操作用 PUT 语句实现。其步骤如下。

(1) 用宿主语言在工作空间中建立新元组。

(2) 用 PUT 语句把该元组存入指定的关系中。

例 2.31 学校新开设了一门 2 学分的课程“计算机组织与结构”，其课程号为 8，直接先修课为 6 号课程。插入该课程元组。

```
MOVE  '8' TO  W.Cno
MOVE  '计算机组织与结构'TO  W.Cname
MOVE  '6' TO  W.Cpno
MOVE  '2' TO  W.Ccredit
PUT W (Course)               (把 W 中的元组插入指定关系 Course 中)
```

PUT 语句只对一个关系操作，也就是说表达式必须为单个关系名。如果插入操作涉及多个关系，必须执行多次 PUT 操作。

3）删除

删除操作用 DELETE 语句实现。其步骤如下。

(1) 用 HOLD 语句把要删除的元组从数据库中读到工作空间中。

(2) 用 DELETE 语句删除该元组。

例 2.32 2020110 学生因故退学，删除该学生元组。

```
HOLD W (Student): Student.Sno='2020110'
DELETE W
```

例 2.33 将学号 2020001 改为 2020102。

```
HOLD W(Student): Student.Sno='2020001'
DELETE  W
MOVE  '2020102' TO  W.Sno
MOVE  '李勇' TO  W.Sname
MOVE  '男' TO  W.Ssex
MOVE  '20' TO  W.Sage
MOVE  'CS' TO  W.Sdept
PUT W (Student)
```

例 2.34 删除全部学生。

```
HOLD W (Student)
DELETE W
```

由于 SC 关系与 Student 关系之间具有参照关系，为保证参照完整性，删除 Student 关系中全部元组的操作将导致 DBMS 自动执行删除 SC 关系中全部元组的操作。

```
HOLD W (SC)
DELETE W
```

2.5.2 域关系演算语言 QBE

关系演算的另一种形式是域关系演算。域关系演算以元组变量的分量即域变量作为谓词变元的基本对象。1975 年由 IBM 公司的 M.M.Zloof 提出的 QBE 就是一个很有特色的域关系演算语言，该语言于 1978 年在 IBM 370 上得以实现。QBE 也指此关系数据库管理系统。

QBE 是 query by example（即通过例子进行查询）的简称，其最突出的特点是它的操作方式。它是一种高度非过程化的基于屏幕表格的查询语言，用户通过终端屏幕编辑程序以填写表格的方式构造查询要求，而查询结果也是以表格形式显示，因此非常直观，易学易用。

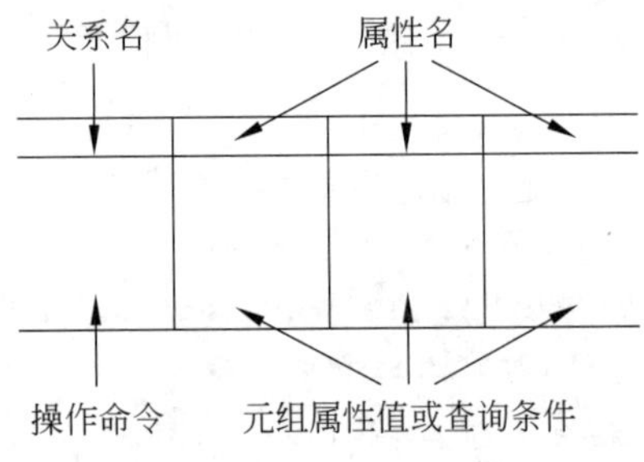

图 2-11　QBE 操作框架

QBE 中用示例元素来表示查询结果可能的例子，示例元素实质上就是域变量。QBE 操作框架如图 2-11 所示。

下面以 2.4.2 节学生-课程关系数据库为例，说明 QBE 的用法。

1. 检索操作

1）简单查询

例 2.35　求信息系全体学生的姓名。

操作步骤如下。

(1) 用户提出要求。

(2) 屏幕显示空白表格。

(3) 用户在最左边一栏输入关系名 Student。

Student			

（4）屏幕显示该关系的栏名，即 Student 关系的各个属性名。

Student	Sno	Sname	Ssex	Sage	Sdept

（5）用户在上面构造查询要求。

Student	Sno	Sname	Ssex	Sage	Sdept
		P.T			CI

这里 T 是示例元素，即域变量。QBE 要求示例元素下面一定要加下画线。CI 是查询条件，不用加下画线。P.是操作符，表示打印（print），实际上就是显示。

查询条件中可以使用比较运算符＞、≥、＜、≤、＝和≠。其中“＝”可以省略。

示例元素是这个域中可能的一个值，它不必是查询结果中的元素。例如查询信息系的学生，只要给出任意的一个学生名即可，而不必是信息系的某个学生名。

例如，对于本例，可如下构造查询要求：

Student	Sno	Sname	Ssex	Sage	Sdept
		P.李勇			IS

这里的查询条件是 Sdept＝'IS'，其中“＝”被省略。

（6）屏幕显示查询结果。

Student	Sno	Sname	Ssex	Sage	Sdept
		刘晨 张立			

根据用户构造的查询要求，这里只显示信息系的学生姓名属性值。

例 2.36 查询全体学生的全部数据。

Student	Sno	Sname	Ssex	Sage	Sdept
	P.2020001	P.李勇	P.男	P.20	P.CS

显示全部数据也简单地把 P.操作符作用在关系名上。因此本查询也可以简单地表示如下：

Student	Sno	Sname	Ssex	Sage	Sdept
P.					

2）条件查询

例 2.37　求年龄大于 19 岁的学生的学号。

Student	Sno	Sname	Ssex	Sage	Sdept
	P.2020001			>19	

注意，查询条件中只能省略“＝”比较运算符，其他比较运算符(如>)不能省略。

例 2.38　求计算机科学系年龄大于 19 岁的学生的学号。

本查询的条件是 Sdept＝'CS'和 Sage>19 两个条件的“与”。在 QBE 中，表示两个条件的“与”有两种方法。

(1) 把两个条件写在同一行上。

Student	Sno	Sname	Ssex	Sage	Sdept
	P.2020001			>19	CS

(2) 把两个条件写在不同行上，但使用相同的示例元素值。

Student	Sno	Sname	Ssex	Sage	Sdept
	P.2020001				CS
	P.2020001			>19	

例 2.39　查询计算机科学系或者年龄大于 19 岁的学生的学号。

本查询的条件是 Sdept＝'CS'和 Sage>19 两个条件的“或”。在 QBE 中，把两个条件写在不同行上，并且使用不同的示例元素值，即表示条件的“或”。

Student	Sno	Sname	Ssex	Sage	Sdept
	P.2020001				CS
	P.2020002			>19	

对于多行条件的查询，如例 2.38 中的(2)和例 2.39，先输入哪行是任意的，查询结果相同。这就允许查询者以不同的思考方式进行查询，十分灵活、自由。

例 2.40　查询既选修了 1 号课程又选修了 2 号课程的学生的学号。

本查询条件是在一个属性中的“与”关系，它只能用“与”条件的第 2)种方法表示，即写两行，但示例元素相同。

SC	Sno	Cno	Grade
	P.2020001	1	
	P.2020001	2	

例 2.41　查询选修 1 号课程的学生姓名。

本查询涉及两个关系：SC 关系和 Student 关系。在 QBE 中实现这种查询的方法是通过相同的连接属性值把多个关系连接起来。

Student	Sno	Sname	Ssex	Sage	Sdept
	2020001	P.李勇			

SC	Sno	Cno	Grade
	2020001	1	

这里示例元素 Sno 是连接属性，其值在两个表中要相同。

例 2.42 查询未选修 1 号课程的学生姓名。

这里的查询条件中用到逻辑非。在 QBE 中表示逻辑非的方法是将逻辑非写在关系名下面。

Student	Sno	Sname	Ssex	Sage	Sdept
	2020001	P.李勇			

SC	Sno	Cno	Grade
¬	2020001	1	

这个查询就是显示学号为 2020001 的学生名字，而该学生选修了 1 号课程的情况为假。

例 2.43 查询有两个人以上选修的课程。

本查询是在一个表内连接。

SC	Sno	Cno	Grade
	2020001	P.1	
	¬ 2020001	1	

这个查询是要显示这样的课程号 1，它不仅被 2020001 选修，而且另一个学生（¬ 2020001）也选修了。

3）集函数

为了方便用户，QBE 提供了一些集函数，主要包括 CNT、SUM、AVG、MAX、MIN 等，其功能如表 2-6 所示。

表 2-6 QBE 中的集函数

函数名	功　能
CNT	对元组计数
SUM	求总和
AGE	求平均值
MAX	求最大值
MIN	求最小值

例 2.44 查询信息系学生的平均年龄。

Student	Sno	Sname	Ssex	Sage	Sdept
				P.AVG.ALL.	IS

4）对查询结果排序

对查询结果按某个属性值的升序排序，只需在相应列中填入“AO.”，按降序排序则填“DO.”。如果按多列排序，用“AO(i).”或“DO(i).”表示，其中 i 为排序的优先级，i 值越小，优先级越高。

例 2.45 查询全体男生的姓名，要求查询结果按所在系升序排序，对相同系的学生按年龄降序排序。

Student	Sno	Sname	Ssex	Sage	Sdept
		P._李勇_	男	DO(2).	AO(1).

2. 更新操作

1）修改操作

修改操作符为“U.”。关系的主码不允许修改，如果需要修改某个元组的主码，只能间接进行，即首先删除该元组，然后再插入新的主码的元组。

例 2.46 把 2020001 学生的年龄改为 18 岁。

这是一个简单修改操作，不包含算术表达式，因此可以有两种表示方法。

(1) 将操作符“U.”放在值上。

Student	Sno	Sname	Ssex	Sage	Sdept
	2020001			U.18	

(2) 将操作符“U.”放在关系上。

Student	Sno	Sname	Ssex	Sage	Sdept
U.	2020001			18	

这里，码 2020001 标明要修改的元组。“U.”标明所在的行是修改后的新值。由于主码是不能修改的，所以即使在第(2)种写法中，系统也不会混淆要修改的属性。

例 2.47 把 2020001 学生的年龄增加 1 岁。

这个修改操作涉及表达式，所以只能将操作符“U.”放在关系上。

Student	Sno	Sname	Ssex	Sage	Sdept
	2020001			$\underline{x}$	
U.	2020001			$\underline{x}+1$	

例 2.48 将计算机科学系所有学生的年龄都增加 1 岁。

Student	Sno	Sname	Ssex	Sage	Sdept
	$\underline{2020001}$			$\underline{x}$	CS
U.	$\underline{2020001}$			$\underline{x}+1$	

2）插入操作

插入操作符为“I.”。新插入的元组必须具有码值，其他属性值可以为空。

例 2.49 把信息系女生 2020701，姓名张三，年龄 17 岁存入数据库中。

Student	Sno	Sname	Ssex	Sage	Sdept
I.	2020701	张三	女	17	IS

3）删除操作

删除操作符为“D.”。

例 2.50 删除学生 2020089。

Student	Sno	Sname	Ssex	Sage	Sdept
D.	2020089				

由于 SC 关系与 Student 关系之间具有参照关系，为保证参照完整性，删除 2020089 学生后，通常还应删除 2020089 学生选修的全部课程。

SC	Sno	Cno	Grade
D.	2020089		

2.6 关系数据库管理系统

2.2～2.5 节比较详细地讨论了关系模型的 3 个基本要素：关系数据结构、关系的完整性和 3 类等价的关系操作(关系代数、元组关系演算和域关系演算)。

关系数据库管理系统简称关系系统，是指支持关系模型的系统。由于关系模型中并非每部分都是同等重要的，所以并不苛求一个实际的关系系统必须完全支持关系模型。

不支持关系数据结构的系统显然不能称为关系系统。仅支持关系数据库，但没有选择、投影和连接运算功能的系统，用户使用起来仍不方便，不能提高用户的生产率，而提高用户生产率正是关系系统的主要目标之一，所以这种系统仍不能算作关系系统。

支持选择、投影和连接运算，但要求定义物理存取路径，例如，要求用户建立索引并打开索引才能按索引字段检索记录，也就是说，这 3 种运算依赖物理存取路径，这样就降低或丧失了数据的物理独立性，这种系统也不能算作真正的关系系统。

但是关系系统的选择、投影、连接运算并不要求与关系代数中的对应运算完全一样，只要求有等价的运算功能。

选择、投影、连接运算是最有用的运算，能解决绝大部分实际问题，所以要求关系系统只支持这 3 种最主要的运算即可，并不要求它必须提供关系代数的全部运算功能。

因此，一个数据库管理系统可定义为关系系统，当且仅当它至少支持以下两点。

(1) 支持关系数据库(即关系数据结构)。也就是说，从用户观点看，数据库是由表构成的，并且系统中只有表这种结构。

(2) 支持选择、投影和(自然)连接运算。对这些运算不要求用户定义任何物理存取路径。

上面关于系统的定义实际上是对关系系统的最低要求，许多实际系统都不同程度地超过了这些要求。按照 E.F.Codd 的思想，依据关系系统支持关系模型的程度不同，可以把关系系统分为 4 类，如图 2-12 所示。

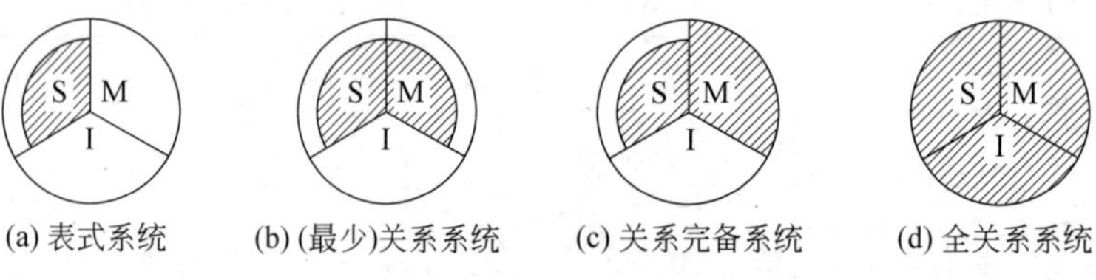

(a) 表式系统　(b) (最少)关系系统　(c) 关系完备系统　(d) 全关系系统

图 2-12　关系系统分类

图中的圆表示关系数据模型。每个圆分为 3 部分，分别表示模型的 3 个组成部分，其中 S 表示数据结构(structure)，I 表示完整性约束(integrity)，M 表示数据操纵(manipulation)。图中的阴影部分表示各类系统支持模型的程度。

(1) 表式系统。这类系统仅支持关系数据结构(即表)，不支持集合级的操作。表式系统实际上不能算关系系统。倒排表列(inverted list)系统就属于这一类。

(2) (最小)关系系统。它支持关系数据结构，以及选择、投影、连接 3 种关系操作。早期许多微型计算机关系系统(如 FoxBASE、FoxPro)等就属于这一类。

(3) 关系完备的系统。这类系统支持关系数据结构和所有的关系代数操作(功能上与关系代数等价的操作)。

(4) 全关系系统。这类系统支持关系模型的所有特征，特别是数据结构中域的概念，实体完整性和参照完整性。

目前，主流数据库系统(如 DB2、Oracle、SQL Server、KingbaseES)都支持实体完整性和参照完整性，其中 KingbaseES 等数据库还同时支持域的概念。

尽管不同的关系系统对关系模型的支持程度不同，但它们的体系结构都符合三级模式结构，提供了模式、外模式、内模式，以及模式与外模式之间的映像、模式与内模式之间的映像。表就是关系系统的模式，在表上面可以定义视图，这就是关系系统的外模式，关系系统通常都提供了定义视图即外模式的语句。内模式则是实际存储在磁盘或磁带上的文件。模式与外模式之间的映像、模式与内模式之间的映像由关系系统自动提供和维护。

习　题

1. 常用的关系数据语言有哪几种？

2. 解释下列概念，并说明它们之间的联系与区别。

(1) 码、候选码、外部码。

(2) 笛卡儿积、关系、元组、属性、域。

(3) 关系模式、关系模型、关系数据库

3. 关系模型的完整性规则有哪几类？

4. 在关系模型的参照完整性规则中，为什么外部码属性的值也可以为空？什么情况下才可以为空？

5. 等值连接与自然连接的区别是什么？

6. 关系代数的基本运算有哪些？如何用这些基本运算表示其他的关系基本运算？

7. 设有下列 4 个关系模式：

S(SNO,SNAME,CITY)；

P(PNO,PNAME,COLOR,WEIGHT)；

J(JNO,JNAME,CITY)；

SPJ(SNO,PNO,JNO,QTY)；

其中，供应商表 S 由供应商号(SNO)、供应商姓名(SNAME)、供应商所在城市(CITY)组成，记录各个供应商的情况。

SNO	SNAME	CITY
S1	精益	天津
S2	盛锡	北京
S3	东方红	北京
S4	丰泰盛	天津
S5	为民	上海

零件表 P 由零件号(PNO)、零件名称(PNAME)、零件颜色(COLOR)、零件重量(WEIGHT)组成，记录各种零件的情况。

PNO	PNAME	COLOR	WEIGHT
P1	螺母	红	12
P2	螺栓	绿	17
P3	螺丝刀	蓝	14
P4	螺丝刀	红	14
P5	凸轮	蓝	40
P6	齿轮	红	30

工程项目表 J 由项目号(JNO)、项目名(JNAME)、项目所在城市(CITY)组成，记录各

个工程项目的情况。

JNO	JNAME	CITY
J1	三建	北京
J2	一汽	长春
J3	弹簧厂	天津
J4	造船厂	天津
J5	机车厂	唐山
J6	无线电厂	常州
J7	半导体厂	南京

供应情况表 SPJ 由供应商号(SNO)、零件号(PNO)、项目号(JNO)、供应数量(QTY)组成,记录各供应商供应各种零件给各工程项目的数量。

SNO	PNO	JNO	QTY
S1	P1	J1	200
S1	P1	J3	100
S1	P1	J4	700
S1	P2	J2	100
S2	P3	J1	400
S2	P3	J2	200
S2	P3	J4	500
S2	P3	J5	400
S2	P5	J1	400
S2	P5	J2	100
S3	P1	J1	200
S3	P3	J1	200
S4	P5	J1	100
S4	P6	J3	300
S4	P6	J4	200
S5	P2	J4	100
S5	P3	J1	200
S5	P6	J2	200
S5	P6	J4	500

分别用关系代数、ALPHA 语言、QBE 语言完成下列操作。

(1) 求供应工程 J1 零件的供应商号 SNO。

(2) 求供应工程 J1 零件 P1 的供应商号 SNO。

(3) 求供应工程 J1 红色零件的供应商号 SNO。

(4) 求没有使用天津供应商生产的红色零件的工程号 JNO。

(5) 求至少用了 S1 供应商所供应的全部零件的工程号 JNO。

8. 关系系统可以分为哪几类?各类关系系统的定义是什么?

第3章 关系数据库标准语言SQL

结构化查询语言(structured query language,SQL)是关系数据库的标准语言。SQL包括数据查询,数据库模式创建,数据库数据的插入与修改,数据库安全性、完整性定义与控制等一系列功能。

本章详细介绍SQL最基本的功能,并进一步讲述关系数据库的基本概念。

3.1 SQL概述

SQL是1974年由Boyce和Chamberlin提出的。1975—1979年IBM公司San Jose Research Laboratory研制的关系数据库管理系统原型系统System R中实现了这种语言。由于它功能丰富,语言简洁,使用方法灵活,备受用户及计算机工业界欢迎,被众多计算机公司和软件公司所采用。后来经各公司不断修改、扩充和完善,SQL最终发展成为关系数据库的标准语言。

第一个SQL标准是1986年10月由美国国家标准局(American National Standard Institute,ANSI)公布的,所以也称该标准为SQL86。1987年国际标准化组织(International Organization for Standardization,ISO)也通过了这一标准。

随后ANSI不断修改和完善SQL标准,并于1989年第二次公布SQL标准(SQL89)。

1992年公布了SQL92标准(SQL2)。

1999年公布了SQL99标准(SQL3)。

2003年公布了SQL2003标准(SQL:2003)。

2008年公布了SQL2008标准(SQL:2008)。

2011年公布了SQL2011标准(SQL:2011)。

2016年公布了SQL2016标准(SQL:2016)。

2016年发布的SQL2016标准已经扩展到了12部分,陆续引入了XML类型、Window函数、TRUNCATE操作、时序数据及JSON类型等。

自SQL成为国际标准语言以后,各个数据库厂家纷纷推出各自支持的SQL软件或与SQL的接口软件。这就使得SQL可以作为数据库通用的数据存取语言和标准接口,使不同数据库系统之间的互操作有了共同的基础。此举意义十分重大。因此,有人把确立SQL为关系数据库标准语言及其后的发展称为一场革命。

但是,目前没有一个数据库系统能够支持SQL标准的所有概念和特性。大部分数据库系统能支持SQL92标准中的大部分功能以及SQL99、SQL2003、SQL2008中的部分新概念。同时,许多软件厂商对SQL基本命令集还进行了不同程度的扩充和修改,又会支持标准以外的一些功能特性。

SQL成为国际标准,对数据库以外的领域也产生了很大影响,有不少软件产品将SQL语言的数据查询功能与图形功能、软件工程工具、软件开发工具、人工智能程序结合起来。

SQL已成为关系数据库领域中一个主流语言。

本书不是介绍完整的SQL,而是介绍SQL的基本概念和基本功能。因此,在使用具体系统时,一定要阅读各产品的用户手册。

3.1.1 SQL的特点

SQL之所以能够为用户和业界所接受,成为国际标准,是因为它是一个综合的、通用的、功能极强的、简洁易学的语言。SQL集数据查询(data query)、数据操纵(data manipulation)、数据定义(data definition)和数据控制(data control)功能于一体,充分体现了关系数据库语言的特点和优点。其主要特点如下。

1. 综合统一

数据库的主要功能是通过数据库支持的数据语言来实现的。

格式化模型(层次模型、网状模型)的数据语言一般都分为模式数据定义语言(data definition language,DDL)、外模式DDL或子模式DDL、与数据存储有关的描述语言(data storage description language,DSDL)以及数据操纵语言(data manipulation language,DML),分别用于定义模式、外模式、内模式和进行数据的存取与处置。当用户数据库投入运行后,如果需要修改模式,必须停止现有数据库的运行,转储数据,修改模式并编译后再重装数据库,因此很麻烦。

而SQL则集数据定义语言(DDL)、数据操纵语言(DML)、数据控制语言(data control language,DCL)的功能于一体,语言风格统一,可以独立完成数据库生命周期中的全部活动,包括定义关系模式、录入数据、查询、更新、维护、数据库重构、数据库安全性控制等一系列操作的要求,这就为数据库应用系统开发提供了良好的环境。例如,用户在数据库投入运行后,还可根据需要随时地、逐步地修改模式,并不影响数据库的运行,从而使系统具有良好的可扩充性。

另外,在关系模型中,实体和实体间的联系均用关系表示,这种数据结构的单一性带来了数据操作符的统一性,查询、插入、删除、更新等每种操作都只需一种操作符,从而克服了格式化系统由于信息表示方式的多样性带来的操作复杂性。

2. 高度非过程化

格式化数据模型的数据操纵语言是面向过程的语言,用其完成某项请求,必须指定存取路径。而用SQL进行数据操作,用户只需提出“做什么”,而不必指明“怎么做”,因此用户无须了解存取路径,存取路径的选择以及SQL语句的操作过程由系统自动完成。这不但大大减轻了用户负担,而且有利于提高数据独立性。

3. 面向集合的操作方式

格式化数据模型采用的是面向记录的操作方式,任何一个操作其对象都是一条记录。例如,查询所有平均成绩在80分以上的学生姓名,用户必须说明完成该请求的具体处理过程,即如何用循环结构按照某条路径一条一条地把满足条件的学生记录读出来。而SQL采用集合操作方式,不仅查询结果可以是元组的集合,而且一次插入、删除、更新操作的对象也可以是元组的集合。

4. 以同一种语法结构提供两种使用方式

SQL 既是自含式语言，又是嵌入式语言。作为自含式语言，它能够独立地用于联机交互的使用方式，用户可以在终端键盘上直接输入 SQL 命令对数据库进行操作。作为嵌入式语言，SQL 语句能够嵌入高级语言(例如，C、COBOL、FORTRAN、PL/1、C++、Java 等)程序中，供程序员设计程序时使用。而在两种不同的使用方式下，SQL 的语法结构基本上是一致的。这种以统一的语法结构提供两种不同的使用方式的做法，为用户提供了极大的灵活性与方便性。

5. 语言简洁，易学易用

SQL 功能极强，但由于设计巧妙，语言十分简洁，完成数据定义、数据操纵、数据控制的核心功能只用了 9 个动词：SELECT、CREATE、DROP、ALTER、INSERT、UPDATE、DELETE、GRANT、REVOKE，如表 3-1 所示。SQL 语法简单，接近英语口语，因此容易学习，容易使用。

表 3-1　SQL 语言的 9 个动词

SQL 功能	动　词
数据查询	SELECT
数据定义	CREATE、DROP、ALTER
数据操纵	INSERT、UPDATE、DELETE
数据控制	GRANT、REVOKE

3.1.2　SQL 的基本概念

SQL 支持关系数据库三级模式结构，如图 3-1 所示。其中外模式对应于视图(view)和部分基本表(base table)，模式对应于基本表，内模式对应于存储文件。

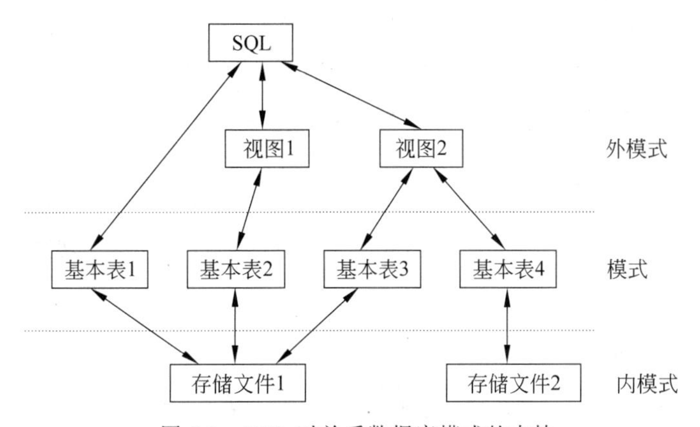

图 3-1　SQL 对关系数据库模式的支持

基本表是本身独立存在的表，在 SQL 中一个关系对应一个表。一些基本表对应一个存储文件,一个表可以带若干索引,索引存放在存储文件中。

存储文件的逻辑结构组成了关系数据库的内模式。存储文件的物理文件结构是由数据库管理系统设计确定的。

视图是从基本表或其他视图中导出的表,它本身不独立存储在数据库中,即数据库中只存放视图的定义而不存放视图对应的数据,这些数据仍存放在导出视图的基本表中,因此视图是一个虚表。

用户可以用 SQL 对视图和基本表进行查询。在用户眼中,视图和基本表都是关系,而存储文件对用户是隐蔽的,即用户并不能直接看到存储文件,不能直接用 SQL 对存储文件进行操作。

从 3.2 节开始,将逐一介绍各 SQL 语句的功能和格式。为了突出基本概念和语句功能,略去了许多语法细节。而各种 DBMS 产品在实现标准 SQL 时也各有差别,一般都做了某种扩充。因此,读者具体使用某个 DBMS 产品时,一定要仔细参阅系统提供的有关手册。

3.2 数据定义

关系数据库由模式、外模式和内模式组成,即关系数据库的基本对象是基本表、视图和索引。因此 SQL 的数据定义功能包括定义基本表、定义视图和定义索引,如表 3-2 所示。由于视图是基于基本表的虚表,索引是依附于基本表的,因此 SQL 通常不提供修改视图定义和修改索引定义的操作。用户如果想修改视图定义或索引定义,只能先将它们删除,然后再重建。不过有些关系数据库产品允许直接修改视图定义。

表 3-2 SQL 的数据定义语句

操作对象	操作方式		
	创建	删除	修改
基本表	CREATE TABLE	DROP TABLE	ALTER TABLE
视图	CREATE VIEW	DROP VIEW	
索引	CREATE INDEX	DROP INDEX	

本节只介绍如何定义基本表和索引,视图的概念及其定义方法将在 3.5 节讨论。

3.2.1 创建、修改与删除基本表

1. 创建基本表

建立数据库最重要的一步就是创建一些基本表。SQL 使用 CREATE TABLE 语句创建基本表,其一般格式为

```
CREATE TABLE <表名> (<列名><数据类型>[列级完整性约束条件]
[,<列名><数据类型>[列级完整性约束条件]…]
[,<表级完整性约束条件>]);
```

其中,＜表名＞是所要创建的基本表的名字,它可以由一个或多个属性(列)组成。创建表的

同时通常还可以定义与该表有关的完整性约束条件，这些完整性约束条件被存入系统的数据字典中，当用户操作表中数据时，由 DBMS 自动检查该操作是否违背这些完整性约束条件。如果完整性约束条件涉及该表的多个属性列，则必须定义在表级上，否则既可以定义在列级，也可以定义在表级。

本章以学生-课程数据库为例讲解 SQL 语句。

为此，首先定义一个学生-课程(S-T)模式。学生-课程数据库中包括以下 3 个表。

- 学生表：Student(Sno，Sname，Ssex，Sage，Sdept)。
- 课程表：Course(Cno，Cname，Cpno，Ccredit)。
- 学生选课表：SC(Sno，Cno，Grade)。

例 3.1 创建一个学生表 Student，它由学号 Sno、姓名 Sname、性别 Ssex、年龄 Sage、所在系 Sdept 5 个属性组成，其中学号属性 Sno 是主码，学生姓名不能重名，即其值是唯一的。

```
CREATE TABLE Student
       (Sno    CHAR(9)    PRIMARY KEY,       /* Sno 是主码,列级完整性约束条件 */
        Sname  CHAR(20)   UNIQUE,            /* Sname 取唯一值,即学生姓名不能重名 */
        Ssex   CHAR(2),
        Sage   INT,
        Sdept  CHAR(20)
        );
```

系统执行上面的 CREATE TABLE 语句后，就在数据库中创建一个新的空的学生表 Student，并将有关学生表的定义及有关约束条件存放在数据字典中，如表 3-3 所示。

表 3-3 Student 表定义

Sno	Sname	Ssex	Sage	Sdept
↑ 字符型 长度为 9 主码	↑ 字符型 长度为 20 取值唯一	↑ 字符型 长度为 2	↑ 整型	↑ 字符型 长度为 20

例 3.2 创建一个课程表 Course。

```
CREATE TABLE Course
       (Cno    CHAR(4)   PRIMARY KEY,        /* 列级完整性约束条件,Cno 是主码 */
        Cname  CHAR(40)  NOT NULL,           /* 列级完整性约束条件,Cname 不能取空值 */
        Cpno   CHAR(4),                      /* Cpno 的含义是某一门课程 Cno 的直接先修课 */
        Ccredit SMALLINT,                    /* Cno 的学分 */
        FOREIGN KEY (Cpno) REFERENCES Course(Cno)
                /* 表级完整性约束条件,Cpno 是外码,被参照表是 Course,被参照列是 Cno */
       );
```

本例说明参照表和被参照表可以是同一个表。

例 3.3 创建学生选课表 SC。

```
CREATE TABLE SC
      (Sno CHAR(9),
       Cno CHAR(4),
       Grade SMALLINT,
       PRIMARY KEY (Sno,Cno),
            /* 主码由两个属性构成,必须作为表级完整性进行定义 */
       FOREIGN KEY (Sno) REFERENCES Student(Sno),
            /* 表级完整性约束条件,Sno 是外码,被参照表是 Student */
       FOREIGN KEY (Cno) REFERENCES Course(Cno)
            /* 表级完整性约束条件,Cno 是外码,被参照表是 Course */
);
```

定义表的各个属性时需要指明其数据类型及长度。常用的主要有

SMALLINT	整型,长度为 2 字节。
INTEGER 或 INT	整型,长度为 4 字节。
BIGINT	整型,长度为 8 字节。
NUMERIC(p,s)	十进制数,共 p 位,其中小数点后有 s 位。s=0 时可以省略。p 和 s 的取值范围取决于不同数据库的实现。
DECIMAL(p,s)	与 NUMERIC(p,s)类似,但是数据值精度不受 p 和 s 的限制。
FLOAT(p)	浮点型,p 为小数点前后的总位数。
REAL	长度为 4 字节。
DOUBLE PRECISION	双精度浮点型,长度为 8 字节。
CHARTER(n)或 CHAR(n)	长度为 n 的定长字符串。
VARCHAR(n)	最大长度为 n 的变长字符串。
DATE	日期型,格式为年-月-日,YYYY-MM-DD。
TIMESTAMP	日期加时间,格式为 YYYY-MM-DD HH:MM:SS。
BLOB/CLOB	大对象类型,BLOB 中保存二进制文件,CLOB 中保存文本类型。
BOOLEN	布尔型,取值可以为 TRUE、FALSE、UNKNOW(NULL)。

注意:不同的数据库系统支持的数据类型会有细小的差别。使用时一定阅读产品手册。

2. 修改基本表

随着应用环境和应用需求的变化,有时需要修改已建立好的基本表,包括增加新列、增加新的完整性约束条件、修改原有的列定义或删除已有的完整性约束条件等。SQL 用 ALTER TABLE 语句修改基本表,其一般格式为

```
ALTER TABLE <表名>
[ADD <新列名><数据类型>[完整性约束]]
[DROP <完整性约束名>]
```

```
[MODIFY <列名><数据类型>];
```

其中,<表名>指定需要修改的基本表,ADD 子句用于增加新列和新的完整性约束条件,DROP 子句用于删除指定的完整性约束条件,MODIFY 子句用于修改原有的列定义。

例 3.4 向 Student 表增加“入学时间”列,其数据类型为日期型。

```
ALTER TABLE Student ADD Scome DATE;
```

不论基本表中原来是否已有数据,新增加的列一律为空值。

例 3.5 将年龄的数据类型改为 SMALLINT。

```
ALTER TABLE Student MODIFY Sage SMALLINT;
```

修改原有的列定义有可能会破坏已有数据。

例 3.6 删除关于学生姓名必须取唯一值的约束。

```
ALTER TABLE Student DROP UNIQUE(Sname);
```

经过上述修改后,Student 表如表 3-4 所示。

表 3-4 修改后的 Student 表定义

Sno	Sname	Ssex	Sage	Sdept	Scome
↑ 字符型 长度为 9 主码	↑ 字符型 长度为 20	↑ 字符型 长度为 2	↑ 整型	↑ 字符型 长度为 20	↑ 日期型

SQL 没有提供删除属性列的语句,用户只能间接实现这一功能,即先将原表中要保留的列及其内容复制到一个新表中,然后删除原表,并将新表的名称重新命名为原表名。

3. 删除基本表

当某个基本表不再需要时,可以使用 SQL 语句 DROP TABLE 进行删除。其一般格式为

```
DROP TABLE <表名>;
```

例 3.7 删除 Student 表。

```
DROP TABLE  Student;
```

基本表定义一旦删除,表中的数据和在此表上建立的索引都将自动被删除,而建立在此表上的视图虽仍然保留,但已无法引用。因此执行删除基本表的操作一定要格外小心。

3.2.2 创建与删除索引

创建索引是加快表的查询速度的有效手段。当需要在一本书中查询某些信息时,往往

首先通过目录找到所需信息的对应页码，然后再从该页码中找出所要的信息，这种做法比直接翻阅书的内容速度要快。如果把数据库表比作一本书，那么表的索引就是这本书的目录，可见通过索引可以大大加快表的查询。

SQL 支持用户根据应用环境的需要，在基本表上创建一个或多个索引，以提供多种存取路径，加快查询速度。一般说来，创建与删除索引由数据库管理员(DBA)或表的属主(即创建表的人)负责完成。系统在存取数据时会自动选择合适的索引作为存取路径，用户不必也不能选择索引。

1. 创建索引

在 SQL 中，创建索引使用 CREATE INDEX 语句，其一般格式为

```
CREATE [UNIQUE][CLUSTER] INDEX <索引名>
   ON <表名>(<列名>[<次序>][,<列名>[<次序>]]…);
```

其中，<表名>指定要创建索引的基本表的名字。索引可以建在该表的一列或多列上，各列名之间用逗号分隔。每个<列名>后面还可以用<次序>指定索引值的排列次序，包括升序(ASC)和降序(DESC)两种，默认值为 ASC。

UNIQUE 表示此索引的每个索引值只对应唯一的数据记录。

CLUSTER 表示要创建的索引是聚簇索引。聚簇索引是指索引项的顺序与表中记录的物理顺序一致的索引组织。例如，执行下面的 CREATE INDEX 语句：

```
CREATE CLUSTER INDEX Stusname ON Student(Sname);
```

将会在 Student 表的 Sname(姓名)列上创建一个聚簇索引，而且 Student 表中的记录将按照 Sname 值的升序存放。

用户可以在最常查询的列上创建聚簇索引以提高查询效率。显然在一个基本表上最多只能创建一个聚簇索引。创建聚簇索引后，更新索引列数据时，往往导致表中记录的物理顺序的变更，代价较大，因此对于经常更新的列不宜创建聚簇索引。

例 3.8 为学生-课程数据库中的 Student、Course、SC 3 个表创建索引。

Student 表按学号升序创建唯一索引，Course 表按课程号升序创建唯一索引，SC 表按学号升序和课程号降序创建唯一索引。

```
CREATE UNIQUE INDEX Stusno ON Student(Sno);
CREATE UNIQUE INDEX Coucno ON Course(Cno);
CREATE UNIQUE INDEX SCno ON SC(Sno ASC,Cno DESC);
```

2. 删除索引

索引一经创建，就由系统使用和维护它，无须用户干预。创建索引是为了减少查询操作的时间，但如果数据增加、删除、修改频繁，系统会花费许多时间来维护索引。这时，可以删除一些不必要的索引。

在 SQL 中，删除索引使用 DROP INDEX 语句，其一般格式为

```
DROP INDEX <索引名>;
```

例 3.9 删除 Student 表的 Stusname 索引。

```
DROP INDEX Stusname;
```

删除索引时，系统会同时从数据字典中删除有关该索引的描述。

3.3 查　　询

建立数据库的目的是存储数据、查询和处理分析数据。可以说数据库查询是数据库的核心操作。SQL 提供了 SELECT 语句进行数据库的查询，该语句具有灵活的使用方式和丰富的功能。其一般格式为

```
SELECT [ALL|DISTINCT] <目标列表达式>[,<目标列表达式>]…
FROM <表名或视图名>[,<表名或视图名>] …
[WHERE <条件表达式>]
[GROUP BY <列名 1>[HAVING <条件表达式>]]
[ORDER BY <列名 2>[ASC|DESC]];
```

SELECT 语句的含义是，根据 WHERE 子句的条件表达式，从 FROM 子句指定的基本表或视图中找出满足条件的元组，再按 SELECT 子句中的目标列表达式，选出元组中的属性值形成结果表。

如果有 GROUP 子句，则将结果按 GROUP BY 后的＜列名 1＞的值进行分组，该属性列值相等的元组为一组，每组产生结果表中的一条记录。通常会在每组中作用集函数。

如果 GROUP 子句带 HAVING 短语，则只有满足指定条件的组才予输出。

如果有 ORDER 子句，则结果表还要按＜列名 2＞的值的升序或降序排序。

SELECT 语句既可以完成简单的单表查询，也可以完成复杂的连接查询和嵌套查询。下面以学生-课程数据库为例说明 SELECT 语句的各种用法。

学生-课程数据库中包括以下 3 表。

(1) Student(Sno，Sname，Ssex，Sage，Sdept)，其中 Sno 为主码，用下画线表示。

学生表 Student 由学号(Sno)、姓名(Sname)、性别(Ssex)、年龄(Sage)、所在系(Sdept) 5 个属性组成。

(2) Course(Cno，Cname，Cpno，Ccredit)，其中 Cno 为主码。

课程表 Course 由课程号(Cno)、课程名(Cname)、先修课号(Cpno)、学分(Ccredit)4 个属性组成。

先修课是指在选修某课程之前，需要先选修的某门课程。因为该课程需要用到先选修的某些知识。

(3) SC(Sno，Cno，Grade)，其中(Sno，Cno)为主码。

学生选课表 SC 由学号(Sno)、课程号(Cno)、成绩(Grade)3 个属性组成。

限于篇幅，这里列出了这 3 个表的极其少量的样本数据，如表 3-5～表 3-7 所示。

表 3-5　Student 表的部分数据

Sno	Sname	Ssex	Sage	Sdept
2020001	李勇	男	20	CS
2020002	刘晨	女	19	IS
2020003	王名	女	18	MA
2020004	张立	男	18	IS
⋮	⋮	⋮	⋮	⋮

在表 3-5 中，CS 代表计算机系，IS 代表信息系，MA 代表数学系。

表 3-6　Course 表的部分数据

Cno	Cname	Cpno	Ccredit
1	数据库	5	4
2	数学		2
3	信息系统	1	4
4	操作系统	6	3
5	数据结构	7	4
6	数据处理		2
7	PASCAL 语言	6	4
8	DB_Design	1	4
9	DB_Programing	1	2
10	DB_DBMS Design	1	4
⋮	⋮	⋮	⋮

表 3-7　SC 表的部分数据

Sno	Cno	Grade
2020001	1	92
2020001	2	85
2020001	3	88
2020002	2	90
2020002	3	80
2020004	3	
⋮	⋮	⋮

3.3.1　单表查询

单表查询是指仅涉及一个数据库表的查询，例如选择一个表中的某些列值、选择一个表中的某些特定行等。单表查询是一种最简单的查询操作。

1. 选择表中的若干列

选择表中的全部列或部分列，这类运算又称为投影。其变化方式主要表现在 SELECT

子句的＜目标表达式＞上。

1）查询指定列

在很多情况下，用户只对表中的一部分属性列感兴趣，这时可以通过在 SELECT 子句的＜目标列表达式＞中指定要查询的属性，有选择地列出感兴趣的列。

例 3.10　查询全体学生的学号与姓名。

```
SELECT Sno, Sname
FROM Student;
```

＜目标列表达式＞中各个列的先后顺序可以与表中的顺序不一致。也就是说，用户在查询时可以根据应用的需要改变列的显示顺序。

例 3.11　查询全体学生的姓名、学号、所在系。

```
SELECT Sname, Sno, Sdept
FROM Student;
```

这时结果表中的列的顺序与基本表中不同，是按查询要求，先列出姓名属性，再列学号属性和所在系属性。

2）查询全部列

将表中的所有属性列都选出来，可以有两种方法。一种方法就是在 SELECT 关键字后面列出所有列名。如果列的显示顺序与其在基本表中的顺序相同，也可以简单地将＜目标列表达式＞指定为 * 。

例 3.12　查询全体学生的详细记录。

```
SELECT *
FROM Student;
```

该 SELECT 语句实际上是无条件地把 Student 表的全部信息都查询出来，所以也称全表查询，这是最简单的一种查询。

3）查询经过计算的值

SELECT 子句的＜目标列表达式＞不仅可以是表中的属性列，也可以是有关表达式，即可以将查询出来的属性列经过一定的计算后列出结果。

例 3.13　查询全体学生的姓名及其出生年份。假设提交查询的年份是 2020 年。

```
SELECT Sname, 2020-Sage
FROM Student;
```

本例中，＜目标列表达式＞中第二项不是通常的列名，而是一个计算表达式，是用当前的年份（假设为 2020 年）减学生的年龄，这样，所得的即是学生的出生年份。输出的结果为

```
Sname    2020-Sage
-----    ---------
李勇      2000
刘晨      2001
王名      2002
```

```
张立      2002
```

<目标列表达式>不仅可以是算术表达式,还可以是字符串常量、函数等。

例 3.14 查询全体学生的姓名、出生年份和所在系,要求用小写字母表示所在系名。

```
SELECT Sname,'Year of Birth:', 2020-Sage, ISLOWER(Sdept)
FROM Student;
```

输出的结果为

```
Sname  'Year of Birth:'    2020-Sage  ISLOWER(Sdept)
-----  --------------    --------   --------------
李勇     Year of Birth:        2000          cs
刘晨     Year of Birth:        2001          is
王名     Year of Birth:        2002          ma
张立     Year of Birth:        2002          is
```

用户可以通过指定别名来改变查询结果的列标题,这对于含算术表达式、常量、函数名的目标列表达式尤为有用。例如,对于例 3.14,可以如下定义列别名

```
SELECT Sname NAME, 'Year of Birth:'BIRTH, 2020-Sage BIRTHDAY, ISLOWER(Sdept)
DEPARTMENT FROM Student;
```

输出的结果为

```
NAME       BIRTH              BIRTHDAY      DEPARTMENT
-----     ------------      --------     -----------
李勇        Year of Birth:       2000             cs
刘晨        Year of Birth:       2001             is
王名        Year of Birth:       2002             ma
张立        Year of Birth:       2002             is
```

2. 选择表中的若干元组

通过<目标列表达式>的各种变换,可以根据实际需要,从一个指定的表中选择所有元组的全部或部分列。如果只想选择部分元组的全部或部分列,则还需要指定 DISTINCT 短语或指定 WHERE 子句。

1) 消除取值重复的行

两个本来并不完全相同的元组,投影到指定的某些列上后,可能变成完全相同的行了。

例 3.15 查询所有选修过课程的学生的学号。

```
SELECT Sno
FROM SC;
```

执行上面的 SELECT 语句后,输出的结果为

```
Sno
-------
2020001
```

```
2020001
2020001
2020002
2020002
2020004
```

该查询结果里包含了许多重复的行。如果想去掉结果表中重复的行,必须指定 DISTINCT 短语:

```
SELECT DISTINCT Sno
FROM SC;
```

输出的结果为

```
Sno
-------
2020001
2020002
2020004
```

如果没有指定 DISTINCT 短语,则默认为 ALL,即要求结果表中保留取值重复的行。也就是说

```
SELECT Sno
FROM SC;
```

与

```
SELECT ALL Sno
FROM SC;
```

完全等价。

2) 查询满足条件的元组

查询满足指定条件的元组可以通过 WHERE 子句实现。WHERE 子句常用的查询条件如表 3-8 所示。

表 3-8 常用的查询条件

查询条件	谓 词
比较大小	=,>,<,>=,<=,!=,<>,!>,!<,NOT+上述比较运算符
确定范围	BETWEEN…AND…, NOT BETWEEN…AND…
确定集合	IN, NOT IN
字符匹配	LIKE, NOT LIKE
空值	IS NULL, IS NOT NULL
多重条件	AND, OR

(1) 比较大小。

用于进行比较的运算符一般包括

```
=              等于
```

```
>           大于
<           小于
>=          大于或等于
<=          小于或等于
!=或<>      不等于
```

有些产品中还包括

```
!>          不大于
!<          不小于
```

逻辑运算符 NOT 可与比较运算符同用，对条件求非。

例 3.16 查计算机系全体学生的名单。

```
SELECT Sname
FROM  Student
WHERE Sdept ='CS';
```

例 3.17 查所有年龄在 20 岁以下的学生姓名及其年龄。

```
SELECT Sname, Sage
FROM Student
WHERE Sage <20;
```

或

```
SELECT Sname, Sage
FROM Student
WHERE NOT Sage >=20;
```

例 3.18 查考试成绩有不及格的学生的学号。

```
SELECT DISTINCT Sno
FROM SC
WHERE Grade <60;
```

这里使用了 DISTINCT 短语，当一个学生有多门课程不及格，他的学号也只列一次。

(2) 确定范围。

谓词 BETWEEN … AND …和 NOT BETWEEN … AND …可以用来查询属性值在(或不在)指定范围内的元组，其中 BETWEEN 后是范围的下限(即低值)，AND 后是范围的上限(即高值)。

例 3.19 查询年龄在 20～23 岁(包括 20 岁和 23 岁)的学生的姓名、所在系和年龄。

```
SELECT Sname, Sdept, Sage
FROM Student
WHERE Sage BETWEEN 20 AND 23;
```

与 BETWEEN…AND…相对的谓词是 NOT BETWEEN…AND…

例 3.20 查询年龄不在 20～23 岁的学生姓名、所在系和年龄。

```
SELECT Sname, Sdept, Sage
FROM Student
WHERE Sage NOT BETWEEN 20 AND 23;
```

(3) 确定集合。

谓词 IN 可以用来查找属性值属于指定集合的元组。

例 3.21 查信息系(IS)、数学系(MA)和计算机科学系(CS)的学生的姓名和性别。

```
SELECT Sname, Ssex
FROM Student
WHERE Sdept IN ('IS', 'MA', 'CS');
```

与 IN 相对的谓词是 NOT IN,用于查询属性值不属于指定集合的元组。

例 3.22 查既不是信息系、数学系,也不是计算机科学系的学生的姓名和性别。

```
SELECT Sname, Ssex
FROM Student
WHERE Sdept NOT IN ('IS','MA','CS');
```

(4) 字符匹配。

谓词 LIKE 可以用来进行字符串的匹配。其一般语法格式如下:

```
[NOT] LIKE '<匹配串>' [ESCAPE '<换码字符>']
```

其含义是查询指定的属性列值与<匹配串>相匹配的元组。<匹配串>可以是一个完整的字符串,也可以含有通配符%和_。其中:

① %(百分号):代表任意长度(长度可以为 0)的字符串。例如 a%b 表示以 a 开头,以 b 结尾的任意长度的字符串。acb,addgb,ab 等都满足该匹配串。

② _(下画线):代表任意单个字符。例如 a_b 表示以 a 开头,以 b 结尾的长度为 3 的任意字符串。acb,afb 等满足该匹配串。

例 3.23 查询学号为 2020001 的学生的详细情况。

```
SELECT *
FROM Student
WHERE Sno LIKE '2020001';
```

该语句实际上与下面的语句完全等价:

```
SELECT *
FROM Student
WHERE Sno ='2020001';
```

也就是说,如果 LIKE 后面的匹配串中不含通配符,则可以用=(等于)运算符取代 LIKE 谓词,用!=或<>(不等于)运算符取代 NOT LIKE 谓词。

例 3.24 查所有姓刘的学生的姓名、学号和性别。

```
SELECT Sname, Sno, Ssex
FROM Student
```

```
WHERE Sname LIKE '刘%';
```

例 3.25 查姓"欧阳"且全名为 3 个汉字的学生的姓名。

```
SELECT Sname
FROM Student
WHERE Sname LIKE '欧阳__';
```

注意,由于一个汉字占两个字符的位置,所以匹配串欧阳后面需要跟两个_。

例 3.26 查名字中第二个字为"阳"字的学生的姓名和学号。

```
SELECT Sname,Sno
FROM Student
WHERE Sname LIKE '__阳%';
```

例 3.27 查所有不姓刘的学生姓名。

```
SELECT Sname
FROM Student
WHERE Sname NOT LIKE '刘%';
```

如果用户要查询的匹配字符串本身就含有%或_,例如要查名字为 DB_Design 的课程的学分,应如何实现呢?这时就要使用 ESCAPE '<换码字符>'短语对通配符进行转义了。

例 3.28 查 DB_Design 课程的课程号和学分。

```
SELECT Cno, Ccredit
FROM Course
WHERE Cname LIKE 'DB\_Design' ESCAPE '\';
```

ESCAPE '\'短语表示\为换码字符,这样匹配串中紧跟在\后面的字符_不再具有通配符的含义,而是取其本身含义,被转义为普通的_字符。

例 3.29 查以"DB_"开头,且倒数第 3 个字符为 i 的课程的详细情况。

```
SELECT *
FROM Course
WHERE Cname LIKE 'DB\_%i__' ESCAPE '\';
```

注意这里的匹配字符串'DB_%i__'。第一个_前面有换码字符\,所以它被转义为普通的_字符。而%、第 2 个_和第 3 个_前面均没有换码字符\,所以它们仍作为通配符。其输出的结果为

```
Cno          Cname                    Ccredit
------     ------------            ---------
8           DB_Design                4
9           DB_Programing            2
10          DB_DBMS Design           4
```

(5) 空值。

谓词 IS NULL 和 IS NOT NULL 可用来查询空值和非空值。

例 3.30 某些学生选修某门课程后没有参加考试,所以有选课记录,但没有考试成绩,

下面来查一下缺少成绩的学生的学号和相应的课程号。

```
SELECT Sno, Cno
FROM SC
WHERE Grade IS NULL;
```

注意,这里的 IS 不能用等号(=)代替。

例 3.31 查所有有成绩的记录的学生学号和课程号。

```
SELECT Sno, Cno
FROM SC
WHERE Grade IS NOT NULL;
```

(6) 多重条件。

逻辑运算符 AND 和 OR 可用来连接多个查询条件。如果这两个运算符同时出现在同一个 WHERE 条件子句中,则 AND 的优先级高于 OR,但用户可以用圆括号改变优先级。

例 3.32 查计算机科学系(CS)年龄在 20 岁以下的学生姓名。

```
SELECT Sname
FROM Student
WHERE Sdept='CS' AND Sage<20;
```

例 3.21 中查信息系(IS)、数学系(MA)和计算机科学系(CS)的学生的姓名和性别。其中的 IN 谓词实际上是多个 OR 运算符的缩写,因此,例 3.21 中的查询也可以用 OR 运算符写成如下等价形式:

```
SELECT Sname, Ssex
FROM Student
WHERE Sdept='IS' OR Sdept='MA' OR Sdept='CS';
```

3. 对查询结果排序

如果没有指定查询结果的显示顺序,DBMS 将按其最方便的顺序(通常是元组在表中的先后顺序)输出查询结果。用户也可以用 ORDER BY 子句指定按照一个或多个属性列的升序(ASC)或降序(DESC)重新排列查询结果,其中 ASC 为默认值。

例 3.33 查询选修了 3 号课程的学生的学号及其成绩,查询结果按分数的降序排列。

```
SELECT Sno, Grade
FROM SC
WHERE Cno='3'
ORDER BY Grade DESC;
```

输出结果为

```
  Sno       Grade
-------   -------
2020004                         /* 注意,有的数据库系统显示空值为 NULL,有的不显示任何值 */
2020001     88
```

```
2020002      80
```

前面已经提到,可能有些学生(例如表 3-7 中的 2020004)选修了 3 号课程后没有参加考试,即成绩列为空值。用 ORDER BY 子句对查询结果按成绩排序时,若按升序排,成绩为空值的元组将最后显示;若按降序排,成绩为空值的元组将最先显示。

例 3.34 查询全体学生情况,查询结果按所在系升序排列,对同一系中的学生按年龄降序排列。

```
SELECT *
FROM Student
ORDER BY Sdept, Sage DESC;
```

4. 使用集函数

为了进一步方便用户,增强检索功能,SQL 提供了许多集函数,主要包括

```
COUNT([DISTINCT|ALL] *)            统计元组个数
COUNT([DISTINCT|ALL] <列名>)       统计一列中值的个数
SUM([DISTINCT|ALL] <列名>)         计算一列值的总和(此列必须是数值型)
AVG([DISTINCT|ALL] <列名>)         计算一列值的平均值(此列必须是数值型)
MAX([DISTINCT|ALL] <列名>)         求一列值中的最大值
MIN([DISTINCT|ALL] <列名>)         求一列值中的最小值
```

如果指定 DISTINCT 短语,则表示在计算时要取消指定列中的重复值。如果不指定 DISTINCT 短语或指定 ALL 短语(ALL 为默认值),则表示不取消重复值。

例 3.35 查询学生总人数。

```
SELECT COUNT(*)
FROM Student;
```

例 3.36 查询选修了课程的学生人数。

```
SELECT COUNT(DISTINCT Sno)
FROM SC;
```

学生每选修一门课,在 SC 中都有一条相应的记录,而一个学生一般都要选修多门课程,为避免重复计算学生人数,必须在 COUNT 函数中用 DISTINCT 短语。

例 3.37 计算选修了 1 号课程的学生的平均成绩。

```
SELECT AVG(Grade)
FROM SC
WHERE Cno='1';
```

例 3.38 查询学习 1 号课程的学生最高分数。

```
SELECT MAX(Grade)
FROM SC
WHERE Cno='1';
```

5. 对查询结果分组

GROUP BY 子句可以将查询结果表的各行按一列或多列取值相等的原则进行分组。

对查询结果分组的目的是细化集函数的作用对象。如果未对查询结果分组，集函数将作用于整个查询结果，即整个查询结果只有一个函数值，如上面的例 3.35～3.38。而集函数可以作用于每个组，即每组都有一个函数值。

例 3.39 查询各个课程号与相应的选课人数。

```
SELECT Cno, COUNT(Sno)
FROM SC
GROUP BY Cno;
```

该 SELECT 语句对 SC 表按 Cno 的取值进行分组，所有具有相同 Cno 值的元组为一组，然后对每组作用集函数 COUNT，以求得该组的学生人数。按照表 3-7，一种可能的查询结果为

```
 Cno        COUNT(Sno)
------    ----------
  1            42
  2            34
  3            44
  4            33
  5            48
  6            33
  7            30
  8            42
  9            40
  10           30
```

如果分组后还要求按一定的条件对这些组进行筛选，最终只输出满足指定条件的组，则可以使用 HAVING 短语指定筛选条件。

例 3.40 查询信息系(IS)选修了 3 门以上课程的学生的学号。为简单起见，这里假设 SC 表中有一列 Dept，它记录了学生所在系。

```
SELECT Sno
FROM  SC
WHERE Dept='IS';
GROUP BY Sno
HAVING COUNT(*)>3;
```

查选修课程超过 3 门的信息系学生的学号，首先需要通过 WHERE 子句从基本表中求出信息系的学生。然后求其中每个学生选修了几门课，为此需要用 GROUP BY 子句按 Sno 进行分组，再用集函数 COUNT 对每组计数。如果某一组的元组数目大于 3，则表示此学生选修的课程超过 3 门，应将他的学号选出。HAVING 短语指定选择组的条件，只有满足条件(即元组个数＞3)的组才会被选出。

WHERE 子句与 HAVING 短语的根本区别在于作用对象不同。WHERE 子句作用于基本表或视图，从中选择满足条件的元组。HAVING 短语作用于组，从中选择满足条件的组。

3.3.2 连接查询

一个数据库中的多个表之间一般都存在某种内在联系，它们共同提供有用的信息。前面的查询都是针对一个表进行的。若一个查询同时涉及两个以上的表，则称为连接查询。连接查询实际上是关系数据库中最主要的查询，主要包括等值连接查询、非等值连接查询、自身连接查询、外连接查询和复合条件连接查询等。

1. 等值与非等值连接查询

当用户的一个查询请求涉及数据库的多个表时，必须按照一定的条件把这些表连接在一起，以便能够共同提供用户需要的信息。用来连接两个表的条件称为连接条件或连接谓词，其一般格式为

```
[<表名 1>.]<列名 1><比较运算符>[<表名 2>.]<列名 2>
```

其中比较运算符主要有=、>、<、>=、<=、!=

此外，连接谓词还可以使用下面形式：

```
[<表名 1>.]<列名 1>BETWEEN [<表名 2>.]<列名 2>AND [<表名 2>.]<列名 3>
```

当连接运算符为=时，称为等值连接。使用其他运算符称为非等值连接。

例 3.41 查询每个学生及其选修课程的情况。

学生情况存放在 Student 表中，学生选课情况存放在 SC 表中，所以本查询实际上同时涉及 Student 与 SC 两个表中的数据。这两个表之间的联系是通过两个表都具有的属性 Sno 实现的。要查询学生及其选修课程的情况，就必须将这两个表中学号相同的元组连接起来。这是一个等值连接。完成本查询的 SQL 语句为

```
SELECT Student.*, SC.*
FROM Student, SC
WHERE Student.Sno=SC.Sno;
```

本例的连接条件是 Student.Sno=SC.Sno，该连接是等值连接。

连接谓词中的列名称为连接字段。连接条件中的各连接字段类型必须是可比的，但不必是相同的。例如，可以都是字符型，或都是日期型；也可以一个是整型，另一个是实型，整型和实型都是数值型，因此是可比的。但若一个是字符型，另一个是整型就不允许了，因为它们是不可比的类型。

从概念上讲，DBMS 执行连接操作的过程是，首先在表 1 中找到第一个元组，然后从头开始顺序扫描或按索引扫描表 2，查询满足连接条件的元组，每找到一个元组，就将表 1 中的第一个元组与该元组拼接起来，形成结果表中的一个元组。表 2 全部扫描完毕后，再到表 1 中找第二个元组，然后从头开始顺序扫描或按索引扫描表 2，查询满足连接条件的元组，每找到一个元组，就将表 1 中的第二个元组与该元组拼接起来，形成结果表中的一个元组。

重复上述操作,直到表1全部元组都处理完毕为止。

例如对于例3.41,DBMS首先在Student表中找到第一个元组,即Sno=2020001,然后从头开始扫描SC表,查询SC表中所有Sno=2020001的元组,共找到3个元组,每找到一个元组都将表Student中的第一个元组与其拼接起来,这样就形成了结果表中的前三个元组。再到Student表中找第二个元组,其中Sno=2020002,同样方法可以在SC关系找到两个Sno=2020002的元组,拼接后形成结果表的第四、五个元组。依次执行,该查询的执行结果为

```
Student.Sno    Sname   Ssex   Sage   Sdept   SC.Sno    Cno    Grade
 -------       ------- ----   ----   ----    -----     -----  -----
2020001        李勇     男     20     CS      2020001   1      92
2020001        李勇     男     20     CS      2020001   2      85
2020001        李勇     男     20     CS      2020001   3      88
2020002        刘晨     女     19     IS      2020002   2      90
2020002        刘晨     女     19     IS      2020002   3      80
2020004        张立     男     18     IS      2020004   3
```

从例3.41中可以看到,进行多表连接查询时,SELECT子句与WHERE子句中的属性名前都加上了表名前缀,这是为了避免混淆。如果属性名在参加连接的各表中是唯一的,则可以省略表名前缀。

连接运算中有两种特殊情况:一种称为卡氏积连接;另一种称为自然连接。

卡氏积是不带连接谓词的连接。两个表的卡氏积即是两个表中元组的交叉乘积,也即其中一个表中的每一元组都要与另一个表中的每一元组拼接,因此结果表往往很大。例如Student表和SC表的卡氏积:

```
SELECT Student.* , SC.*
FROM Student, SC;
```

将会产生4×6=24个元组。卡氏积连接的结果通常会产生一些没有意义的元组,例如,学号为2020001的学生记录与学号为2020002的选课记录的连接就没有任何实际意义,所以这种运算很少使用。

如果是按照两个表中的相同属性进行等值连接,且目标列中去掉了重复的属性列,但保留了所有不重复的属性列,则称其为自然连接。

例3.42 自然连接Student表和SC表。

```
SELECT Student.Sno, Sname, Ssex, Sage, Sdept, Cno, Grade
FROM Student, SC
WHERE Student.Sno=SC.Sno;
```

在本查询中,由于Sname,Ssex, Sage,Sdept,Cno和Grade属性列在Student表与SC表中是唯一的,因此引用时可以去掉表名前缀。而Sno在两个表中都出现了,因此,引用时必须加上表名前缀。该查询的执行结果为

```
Student.Sno    Sname   Ssex   Sage   Sdept   Cno    Grade
 -------      ------  ----   ----   ----    -----   -----
2020001       李勇     男      20     CS      1       92
2020001       李勇     男      20     CS      2       85
2020001       李勇     男      20     CS      3       88
2020002       刘晨     女      19     IS      2       90
2020002       刘晨     女      19     IS      3       80
2020004       张立     男      18     IS      3
```

2. 自身连接查询

连接操作不仅可以在两个表之间进行,也可以是一个表与其自己进行连接,这种连接称为表的自身连接。

例 3.43 查询每门课的间接先修课(即先修课的先修课)。

分析:题目要求查询每门课程的先修课的先修课,在 Course 表关系中,只有每门课的直接先修课信息,而没有先修课的先修课信息,要得到这个信息,必须先对一门课找到其先修课,再按此先修课的课程号,查询它的先修课,这相当于将 Course 表与其自身连接后,取第一个副本的课程号与第二个副本的先修课号作为目标列中的属性。

具体写 SQL 语句时,为清楚起见,可以为 Course 表取两个别名,一个是 FIRST,另一个是 SECOND;也可以在考虑问题时就把 Course 表想成是两个完全一样的表,一个是 FIRST 表,另一个是 SECOND 表。如表 3-9 和表 3-10 所示。

表 3-9 FIRST 表(Course 表)

Cno	Cname	Cpno	Ccredit
1	数据库	5	4
2	数学		2
3	信息系统	1	4
4	操作系统	6	3
5	数据结构	7	4
6	数据处理		2
7	PASCAL 语言	6	4
8	DB_Design	1	4
9	DB_Programing	1	2
10	DB_DBMS Design	1	4

表 3-10 SECOND 表(Course 表)

Cno	Cname	Cpno	Ccredit
1	数据库	5	4
2	数学		2
3	信息系统	1	4
4	操作系统	6	3
5	数据结构	7	4
6	数据处理		2
7	PASCAL 语言	6	4
8	DB_Design	1	4
9	DB_Programing	1	2
10	DB_DBMS Design	1	4

完成该查询的 SQL 语句:

```
SELECT FIRST.Cno, SECOND.Cpno
FROM Course FIRST, Course SECOND
WHERE FIRST.Cpno= SECOND.Cno;
```

在 FROM 子句中为 Course 表定义了两个不同的别名,这样就可以在 SELECT 子句和 WHERE 子句中的属性名前分别用这两个别名加以区分。结果表如下:

```
 Cno      Cpno
-------  -------
  1        7
  3        5
  5        6
  8        5
  9        5
  10       5
```

3. 外连接查询

在通常的连接操作中,只有满足连接条件的元组才能作为结果输出,如在例 3.41 和例 3.42 的结果表中没有关于 2020003 学生的信息,原因在于他们没有选课,在 SC 表中没有相应的元组。

但是,有时我们想以 Student 表为主体列出每个学生的基本情况及其选课情况,若某个学生没有选课,则只输出其基本情况信息,其选课信息填空值(NULL)即可,这时就需要使用外连接(outer join)。

这样,就可以如下改写例 3.42。

例 3.44 以 Student 表为主体列出每个学生的基本情况及其选课情况。

```
SELECT Student.Sno,Sname,Ssex,Sage,Sdept,Cno,Grade
FROM Student LEFT OUTER JOIN SC ON (Student.Sno=SC.Sno);
```

执行结果如下:

Student.Sno	Sname	Ssex	Sage	Sdept	Cno	Grade
2020001	李勇	男	20	CS	1	92
2020001	李勇	男	20	CS	2	85
2020001	李勇	男	20	CS	3	88
2020002	刘晨	女	21	IS	2	90
2020002	刘晨	女	21	IS	3	80
2020003	王名	女	18	MA		
2020004	张立	男	19	IS	3	

左外连接(left outer join)列出左边关系(如本例 Student)中所有的元组,**右外连接**(right outer join)列出右边关系(如本例 SC)中所有的元组。

4. 复合条件连接查询

上面各个连接查询中,WHERE 子句中只有一个条件,即用于连接两个表的谓词。WHERE 子句中有多个条件的连接操作,称为复合条件连接。

例 3.45 查询选修 2 号课程且成绩在 90 分以上的所有学生。

本查询涉及 Student 与 SC 两个表的信息,这两个表之间的联系是通过两个表都具有的属性 Sno 实现的。Student 表与 SC 表以 Sno 为连接属性做自然连接得到的结果就是每个学生选修课程的情况。在此之上再加上题目中的限定条件——选修 2 号课程且成绩在 90 分以上,即可得到满足要求的元组。SQL 语句如下:

```
SELECT Student.Sno, Sname
FROM Student, SC
WHERE Student.Sno=SC.Sno AND
      SC.Cno='2' AND
      SC.Grade≥90;
```

执行该查询后的结果表为

```
Student.Sno     Sname
-----------    -------
  2020002        刘晨
```

连接操作除了可以是两个表的连接,一个表与其自身的连接外,还可以是两个以上的表进行连接,后者通常称为多表连接。

例 3.46 查询每个学生选修的课程名及其成绩。

本例与例 3.42 的区别在于,例 3.42 中只要查出学生选修课程的课程号即可,而这里要求查出课程名。所以本查询实际上涉及 3 个表,存放关于学生数据的学生表 Student、存放关于学生选修课程信息的学生选课表 SC 和存放关于课程信息的课程表 Course,完成该查询的 SQL 语句如下:

```
SELECT Student.Sno, Sname, Course.Cname, SC.Grade
FROM Student, SC, Course
WHERE Student.Sno=SC.Sno and SC.Cno=Course.Cno;
```

执行该查询后的结果表为

```
Student.Sno     Sname      Cname       Grade
-----------    -------    -------     -------
  2020001       李勇       数据库       92
  2020001       李勇       数学         85
  2020001       李勇       信息系统     88
  2020002       刘晨       数学         90
  2020002       刘晨       信息系统     80
```

3.3.3 嵌套查询

在 SQL 中,一个 SELECT-FROM-WHERE 语句称为一个查询块。将一个查询块嵌套在另一个查询块的 WHERE 子句或 HAVING 短语的条件中的查询称为嵌套查询或子查询。

例 3.47 查询选修 2 号课程的所有学生姓名。

```
SELECT Sname
FROM Student
```

```
WHERE Sno IN
    ( SELECT Sno
      FROM SC
      WHERE Cno='2');
```

在这个例子中，下层查询块

```
SELECT Sno
FROM SC
WHERE Cno='2'
```

是嵌套在上层查询块

```
SELECT Sname
FROM Student
WHERE Sno IN
```

的 WHERE 条件中的。上层的查询块又称外层查询、父查询或主查询，下层查询块又称内层查询或子查询。SQL 允许多层嵌套查询。即一个子查询中还可以嵌套其他子查询。需要特别指出的是，子查询的 SELECT 语句中不能使用 ORDER BY 子句，ORDER BY 子句永远只能对最终查询结果排序。

嵌套查询的求解方法是由里向外处理。即每个子查询在其上一级查询处理之前求解，子查询的结果用于建立其父查询的查询条件。

嵌套查询使得可以用一系列简单查询构成复杂的查询，从而明显地增强了 SQL 的查询能力。以层层嵌套的方式构造程序正是 SQL 中"结构化"的含义所在。

1. 带有 IN 谓词的子查询

带有 IN 谓词的子查询是指父查询与子查询之间用 IN 进行连接，判断某个属性列值是否在子查询的结果中。由于在嵌套查询中，子查询的结果往往是一个集合，所以谓词 IN 是嵌套查询中最经常使用的谓词。

例 3.48 查询与"刘晨"在同一个系学习的学生。

查询与"刘晨"在同一个系学习的学生，可以首先确定"刘晨"所在系名，然后再查询所有在该系学习的学生。所以可以分步来完成此查询：

（1）确定"刘晨"所在系名。

```
SELECT Sdept
FROM Student
WHERE Sname='刘晨';
```

结果为

```
Sdept
-----
IS
```

(2) 查询所有在 IS 系学习的学生。

```
SELECT Sno, Sname, Sdept
FROM Student
WHERE Sdept='IS';
```

结果为

```
  Sno            Sname       Sdept
--------       ------      ------
  2020002         刘晨         IS
  2020004         张立         IS
```

分步写查询毕竟比较麻烦,上述查询实际上可以用子查询来实现,即将第一步查询嵌入第二步查询中,用以构造第二步查询的条件。SQL 语句如下:

```
SELECT Sno, Sname, Sdept
FROM Student
WHERE Sdept IN
      (SELECT Sdept
      FROM Student
      WHERE Sname='刘晨');
```

DBMS 求解该查询时,实际上也是分步去做的,类似于我们自己写的分步过程。即首先求解子查询,确定"刘晨"所在系,得到结果 IS,然后求解父查询,查所有在 IS 系学习的学生。这也就是说,用子查询构造查询语句,实际上是把分步过程留给 DBMS 了。

本例中的查询也可以用前面学过的表的自身连接查询来完成:

```
SELECT S1.Sno, S1.Sname, S1.Sdept
FROM Student S1, Student S2
WHERE S1.Sdept =S2.Sdept AND S2.Sname='刘晨';
```

可见,实现同一个查询可以有多种方法,当然不同的方法其执行效率可能会有差别,甚至会差别很大。

本例中父查询和子查询均引用了 Student 表,也可以像表的自身连接查询那样用别名将父查询中的 Student 表与子查询中的 Student 表区分开:

```
SELECT Sno, Sname, Sdept
FROM Student S1
WHERE S1.Sdept IN
      (SELECT Sdept
      FROM Student S2
      WHERE S2.Sname='刘晨');
```

例 3.49 查询选修了课程名为"信息系统"的学生学号和姓名。

经过分析可以知道,本查询涉及学号、姓名和课程名 3 个属性。有关学号和姓名的信息存放在 Student 表中,有关课程名的信息存放在 Course 表中,但 Student 与 Course 两个表之间没有直接联系,必须通过 SC 表建立它们二者之间的联系。所以本查询实际上涉及 3 个关系:Student、SC 和 Course。

完成此查询的基本思路:

(1) 在 Course 关系中找出“信息系统”课程的课程号 Cno。

(2) 在 SC 关系中找出 Cno 等于第一步给出的 Cno 集合中某个元素的 Sno。

(3) 在 Student 关系中选出 Sno 等于第二步中求出的 Sno 集合中某个元素的元组,取出 Sno 和 Sname 送入结果表列。

将上述想法写成 SQL 语句:

```
SELECT Sno, Sname
FROM Student
WHERE Sno IN
       (SELECT Sno
       FROM SC
       WHERE Cno IN
            (SELECT Cno
            FROM Course
            WHERE Cname='信息系统'));
```

DBMS 按照由内向外的原则求解此 SQL 语句。首先处理最内层查询块,即课程名为“信息系统”的课程号:

```
SELECT Cno
FROM Course
WHERE Cname='信息系统'
```

查询结果为 3。从而可以把上面的 SQL 语句简化为

```
SELECT Sno, Sname
FROM Student
WHERE Sno IN
     (SELECT Sno
     FROM SC
     WHERE Cno IN ('3'));
```

对此 SQL 语句再处理内层查询,

```
SELECT Sno
FROM SC
WHERE Cno IN ('3');
```

结果为 2020001 和 2020002。

从而可以把上面的 SQL 语句进一步简化为

```
SELECT Sno, Sname
FROM Student
WHERE Sno IN ('2020001', '2020002');
```

这样就可以求解到最终结果：

```
Sno          Sname
-------      -----
2020001      李勇
2020002      刘晨
```

本查询同样可以用连接查询实现：

```
SELECT Student.Sno, Sname
FROM Student, SC, Course
WHERE Student.Sno=SC.Sno AND
      SC.Cno=Course.Cno AND
      Course.Cname='信息系统';
```

从例 3.48 和例 3.49 可以看到，查询涉及多个关系时，用嵌套查询逐步求解，层次清楚，易于理解，具备结构化程序设计的优点。当然有些嵌套查询是可以用连接查询替代(有些是不能替代的)。到底采用哪种方法用户可以根据自己的习惯以及执行效率确定。

例 3.48 和例 3.49 中的各个子查询都只执行一次，其结果用于父查询，子查询的查询条件不依赖父查询，这类子查询称为不相关子查询。不相关子查询是最简单的一类子查询。

2. 带有比较运算符的子查询

带有比较运算符的子查询是指父查询与子查询之间用比较运算符进行连接。当用户能确切知道内层查询返回的是单值时，可以用＞、＜、＝、＞＝、＜＝、!＝或＜＞等比较运算符。

例如，在例 3.48 中，由于一个学生只可能在一个系学习，也就是说内查询刘晨所在系的结果是一个唯一值，因此该查询也可以用比较运算符来实现，其 SQL 语句如下：

```
SELECT Sno, Sname, Sdept
FROM Student
WHERE Sdept =
      (SELECT Sdept
      FROM Student
      WHERE Sname='刘晨');
```

需要注意的是，子查询一定要跟在比较符之后，下列写法是错误的：

```
SELECT Sno, Sname, Sdept
FROM Student
WHERE  (SELECT Sdept
        FROM Student
        WHERE Sname='刘晨') =Sdept;
```

例 3.49 中信息系统的课程号是唯一的，但选修该课程的学生并不只一人，所以例 3.49 也可以用＝运算符和 IN 谓词共同完成：

```
SELECT Sno, Sname
```

```
FROM Student
WHERE Sno IN
      (SELECT Sno
      FROM SC
      WHERE  Cno =
             (SELECT Cno
             FROM Course
             WHERE Cname='信息系统'));
```

3. 带有 ANY 或 ALL 谓词的子查询

子查询返回单值时可以用比较运算符，而使用 ANY 或 ALL 谓词时则必须同时使用比较运算符。其语义为：

>ANY	大于子查询结果中的某个值
<ANY	小于子查询结果中的某个值
>=ANY	大于或等于子查询结果中的某个值
<=ANY	小于或等于子查询结果中的某个值
=ANY	等于子查询结果中的某个值
!=ANY 或<>ANY	不等于子查询结果中的某个值
>ALL	大于子查询结果中的所有值
<ALL	小于子查询结果中的所有值
>=ALL	大于或等于子查询结果中的所有值
<=ALL	小于或等于子查询结果中的所有值
=ALL	等于子查询结果中的所有值(通常没有实际意义)
!=ALL 或<>ALL	不等于子查询结果中的任何一个值

例 3.50 查询其他系中比 IS 系任一学生年龄小的学生的姓名和年龄，并按照年龄的降序排列。

```
SELECT Sname, Sage
FROM Student
WHERE Sage <ANY
      (SELECT Sage
      FROM Student
      WHERE Sdept='IS')
AND Sdept <>'IS'
ORDER BY Sage DESC;
```

注意，Sdept <> 'IS'条件是父查询块中的条件，不是子查询块中的条件。查询结果为

```
Sname      Sage
-------    ------
王名        18
```

DBMS 执行此查询时，首先处理子查询，找出 IS 系中所有学生的年龄，构成一个集合

(19,18)；然后处理父查询，找所有不是 IS 系(Sdept <> 'IS')且年龄小于 19 或 18 的元组，从中取姓名和年龄属性列，按年龄的降序排列，构造查询结果表。

本查询实际上也可以用集函数实现，即首先用子查询找出 IS 系的最大年龄(19)，然后在父查询中查所有非 IS 系且年龄小于 19 岁的学生姓名及其年龄。SQL 语句如下：

```
SELECT Sname, Sage
FROM Student
WHERE  Sage <
       (SELECT MAX(Sage)
       FROM Student
       WHERE Sdept='IS')
AND Sdept <>'IS'
ORDER BY Sage DESC;
```

例 3.51 查询其他系中比 IS 系所有学生年龄都小的学生的姓名和年龄，并按照年龄的降序排列。

```
SELECT Sname, Sage
FROM Student
WHERE Sage <ALL
      (SELECT Sage
      FROM Student
      WHERE Sdept='IS')
AND Sdept <>'IS'
ORDER BY Sage DESC;
```

查询结果为空：

```
Sname          Sage
-------      ------
```

DBMS 执行此查询时，首先处理子查询，找出 IS 系中所有学生的年龄，构成一个集合(19,18)；然后处理父查询，找所有非 IS 系且年龄既小于 19 也小于 18 的元组，从中取姓名和年龄属性列，按年龄的降序排列，构造查询结果表。

本查询同样也可以用集函数实现，即首先用子查询找出 IS 系的最小年龄(18)，然后在父查询中查所有非 IS 系且年龄小于 18 岁的学生姓名及其年龄。SQL 语句如下：

```
SELECT Sname, Sage
FROM Student
WHERE Sage <
      (SELECT MIN(Sage)
       FROM Student
       WHERE Sdept='IS')
AND Sdept <>'IS'
ORDER BY Sage DESC;
```

事实上,用集函数实现子查询通常比直接用 ANY 或 ALL 查询效率要高。ANY 和 ALL 谓词与集函数及 IN 谓词的等价转换关系如表 3-11 所示。

表 3-11　ANY 和 ALL 谓词与集函数及 IN 谓词的等价转换关系

谓词	=	<>或!=	<	<=	>	>=
ANY	IN	—	< MAX	<= MAX	> MIN	>= MIN
ALL	—	NOT IN	< MIN	<= MIN	> MAX	>= MAX

4. 带有 EXISTS 谓词的子查询

EXISTS 代表存在量词∃。带有 EXISTS 谓词的子查询不返回任何实际数据,它只产生逻辑真值 TRUE 或逻辑假值 FALSE。

例 3.52　查询所有选修了 1 号课程的学生姓名。

查询所有选修了 1 号课程的学生姓名涉及 Student 关系和 SC 关系,可以在 Student 关系中依次取每个元组的 Sno 值,用此 Student.Sno 值去检查 SC 关系,若 SC 中存在这样的元组,其 SC.Sno 值等于用来检查的 Student.Sno 值,并且其 SC.Cno='1',则取此 Student.Sname 送入结果关系。将此想法写成 SQL 语句:

```
SELECT Sname
FROM Student
WHERE EXISTS
      (SELECT *
      FROM SC
      WHERE Sno=Student.Sno AND Cno='1');
```

使用存在量词 EXISTS 后,若内层查询结果非空,则外层的 WHERE 子句返回真值,否则返回假值。

由 EXISTS 引出的子查询,其目标列表达式通常都用 *,因为带 EXISTS 的子查询只返回真值或假值,给出列名也无实际意义。

这类查询与前面的不相关子查询有一个明显区别,即子查询的查询条件依赖外层父查询的某个属性值(在本例中是依赖 Student 表的 Sno 值),这类查询被称为相关子查询(correlated subquery)。求解相关子查询不能像求解不相关子查询那样,一次将子查询求解出来,然后求解父查询。相关子查询的内层查询由于与外层查询有关,因此必须反复求值。从概念上讲,相关子查询的一般处理过程如下。

① 取外层查询中 Student 表的第一个元组,根据它与内层查询相关的属性值(即 Sno 值)处理内层查询,若 WHERE 子句返回值为真(即内层查询结果非空),则取此元组放入结果表;②检查 Student 表的下一个元组;③重复这一过程,直至 Student 表全部检查完毕为止。

本例中的查询也可以用连接运算来实现,读者可以参照有关的例子,自己给出相应的 SQL 语句。

与 EXISTS 谓词相对应的是 NOT EXISTS 谓词。使用存在量词 NOT EXISTS 后,若内层查询结果为空，则外层的 WHERE 子句返回真值，否则返回假值。

例 3.53 查询所有未选修 1 号课程的学生姓名。

```
SELECT Sname
FROM Student
WHERE NOT EXISTS
     (SELECT *
     FROM SC
     WHERE Sno=Student.Sno AND Cno='1');
```

一些带 EXISTS 或 NOT EXISTS 谓词的子查询不能被其他形式的子查询等价替换，但所有带 IN 谓词、比较运算符、ANY 谓词和 ALL 谓词的子查询都能用带 EXISTS 谓词的子查询等价替换。例如，带有 IN 谓词的例 3.48 可以用如下带 EXISTS 谓词的子查询替换：

```
SELECT Sno, Sname, Sdept
FROM Student S1
WHERE EXISTS
     (SELECT *
     FROM Student S2
     WHERE S2.Sdept=S1.Sdept AND S2.Sname='刘晨');
```

由于带 EXISTS 量词的相关子查询只关心内层查询是否有返回值，并不需要查具体值，因此其效率并不一定低于不相关子查询，甚至有时是最高效的方法。

SQL 中没有全称量词(for all) ∀ 。因此必须利用谓词演算将一个带有全称量词的谓词转换为等价的带有存在量词的谓词：

$$(\forall x)p \equiv \neg(\exists x(\neg p))$$

例 3.54 查询选修了全部课程的学生姓名。

由于没有全称量词，我们将题目的意思转换成等价的存在量词的形式：查询这样的学生姓名，没有一门课程是他不选的。该查询涉及 3 个关系，存放学生姓名的 Student 表，存放所有课程信息的 Course 表，存放学生选课信息的 SC 表。其 SQL 语句如下：

```
SELECT Sname
FROM Student
WHERE NOT EXISTS
     (SELECT *
     FROM Course
     WHERE NOT EXISTS
          (SELECT *
          FROM SC
          WHERE Sno=Student.Sno
          AND Cno=Course.Cno));
```

SQL 中也没有蕴涵逻辑运算。因此必须利用谓词演算将一个逻辑蕴涵的谓词转换为等价的带有存在量词的谓词：

$$p \rightarrow q \equiv \exists p \vee q$$

例 3.55 查询至少选修了学生 2020002 选修的全部课程的学生的学号。

本题的查询要求可以做如下解释，查询这样的学生，凡是 2020002 选修的课程，他都选修。换句话说，若有一个学号为 x 的学生，对所有的课程 y，只要学号为 2020002 的学生选修了课程 y，则 x 也选修了 y；那么就将他的学号选出来。该查询可以形式化地表示如下：

```
用 p 表示谓词 '学生 2020002 选修了课程 y'
用 q 表示谓词 '学生 x 选修了课程 y'
则上述查询可表示为 (∀y)(p→q)
```

该查询可以转换为如下等价形式：

$$(\forall y)(p \rightarrow q) \equiv \neg \exists y(\neg(p \rightarrow q)) \equiv \neg \exists y(\neg(\neg p \vee q)) \equiv \neg \exists y(p \wedge \neg q)$$

它所表达的语义：不存在这样的课程 y，学生 2020002 选修了 y，而学生 x 没有选。用 SQL 可表示如下：

```
SELECT DISTINCT Sno
FROM SC SCX
WHERE NOT EXISTS
      (SELECT *
      FROM SC SCY
      WHERE  SCY.Sno='2020002' AND
      NOT EXISTS
          (SELECT *
          FROM SC SCZ
          WHERE  SCZ.Sno=SCX.Sno AND
          SCZ.Cno=SCY.Cno));
```

3.3.4 集合查询

每个 SELECT 语句都能获得一个或一组元组。若要把多个 SELECT 语句的结果合并为一个结果，可用集合操作来完成。集合操作主要包括并操作 UNION、交操作 INTERSECT 和差操作 MINUS。

使用 UNION 将多个查询结果合并起来，形成一个完整的查询结果时，系统会自动去掉重复的元组。需要注意的是，参加 UNION 操作的各数据项数目必须相同；对应项的数据类型也必须相同。

例 3.56 查询计算机科学系(CS)的学生及年龄不大于 19 岁的学生。

```
SELECT *
FROM Student
WHERE Sdept='CS'
UNION
SELECT *
FROM Student
WHERE Sage<=19;
```

本查询实际上是求计算机科学系的所有学生与年龄不大于 19 岁的学生的并集。第一个 SELECT 语句可查出 2020001，第二个 SELECT 语句可查出 2020002、2020003 和

2020004 三个元组,取并集并去掉重复的元组,得到结果表:

Sno	Sname	Ssex	Sage	Sdept
2020001	李勇	男	20	CS
2020002	刘晨	女	19	IS
2020003	王名	女	18	MA
2020004	张立	男	18	CS

例 3.57 查询选修了 1 号课程或者选修了 2 号课程的学生。

本例实际上是查选修 1 号课程的学生集合与选修 2 号课程的学生集合的并集。

```
SELECT Sno
FROM SC
WHERE Cno='1'
UNION
SELECT Sno
FROM SC
WHERE Cno='2';
```

假设 SC 表中有如下数据:

Sno	Cno	Grade
2020001	1	92
2020001	2	85
2020001	3	88
2020002	2	90
2020002	3	80
2020004	3	

则查询结果为:

Sno
2020001
2020002

标准 SQL 中没有直接提供集合交操作和集合差操作,但可以用其他方法来实现。具体实现方法依查询不同而不同。

例 3.58 查询计算机科学系(CS)的学生与年龄不大于 19 岁的学生的交集。

本查询换种说法就是,查询计算机科学系中年龄不大于 19 岁的学生。

```
SELECT *
FROM Student
WHERE Sdept='CS'AND
Sage<=19;
```

例 3.59 查询选修 1 号课程的学生集合与选修 2 号课程的学生集合的交集。

本例实际上是查询既选修了 1 号课程又选修了 2 号课程的学生。

```
SELECT Sno
FROM SC
WHERE Cno='1' AND
      Sno IN
        (SELECT Sno
        FROM SC
        WHERE Cno='2');
```

例 3.60 查询计算机科学系(CS)的学生与年龄不大于 19 岁的学生的差集。

本查询换种说法就是,查询计算机科学系中年龄大于 19 岁的学生。

```
SELECT *
FROM Student
WHERE Sdept='CS' AND
      Sage>19;
```

例 3.61 查询选修 1 号课程的学生集合与选修 2 号课程的学生集合的差集。

本例实际上是查询选修了 1 号课程但没有选修 2 号课程的学生。

```
SELECT Sno
FROM SC
WHERE  Cno='1' AND
       Sno  NOT IN
            (SELECT Sno
            FROM SC
            WHERE Cno='2');
```

3.3.5 小结

SELECT 语句是 SQL 的核心语句,其语句成分多样,尤其是目标列表达式和条件表达式,可以有多种可选形式,这里总结一下它们的一般格式。

SELECT 语句的一般格式:

```
SELECT [ALL|DISTINCT] <目标列表达式>[别名] [,<目标列表达式>[别名]]…
FROM <表名或视图名>[别名] [,<表名或视图名>[别名]] …
[WHERE <条件表达式>]
[GROUP BY <列名 1>[HAVING <条件表达式>]]
[ORDER BY <列名 2>[ASC|DESC]];
```

1. 目标列表达式有以下可选格式

```
(1) *
(2) <表名>.*
(3) COUNT([DISTINCT|ALL] *)
(4) [<表名>.]<属性列名表达式>[,[<表名>.]<属性列名表达式>]…
```

其中,<属性列名表达式>可以是由属性列、作用于属性列的聚集函数和常量的任意算术运算(+、-、*、/)组成的运算公式。

集函数的一般格式为

```
⎧COUNT⎫
⎪SUM  ⎪
⎨AVG  ⎬  ([DISTINCT|ALL] <列名>)
⎪MAX  ⎪
⎩MIN  ⎭
```

2. WHERE 子句的条件表达式有以下可选格式

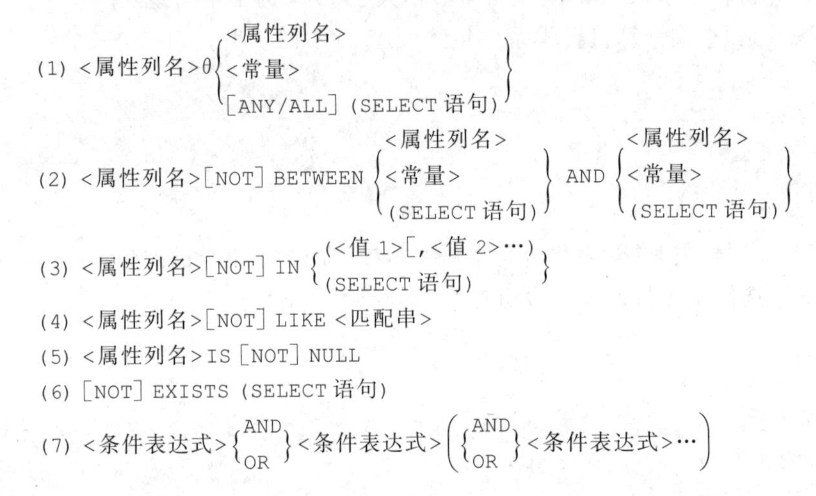

(1) <属性列名>θ{<属性列名> | <常量> | [ANY/ALL] (SELECT 语句)}

(2) <属性列名>[NOT] BETWEEN {<属性列名> | <常量> | (SELECT 语句)} AND {<属性列名> | <常量> | (SELECT 语句)}

(3) <属性列名>[NOT] IN {(<值 1>[,<值 2>…) | (SELECT 语句)}

(4) <属性列名>[NOT] LIKE <匹配串>

(5) <属性列名>IS [NOT] NULL

(6) [NOT] EXISTS (SELECT 语句)

(7) <条件表达式>{AND | OR}<条件表达式>({AND | OR}<条件表达式>…)

3.4 数据更新

SQL 中数据更新包括插入数据、修改数据和删除数据 3 条语句。

3.4.1 插入数据

SQL 的插入数据语句 INSERT 通常有两种形式：一种是插入一个元组；另一种是插入子查询结果。后者可以一次插入多个元组。

1. 插入单个元组

插入单个元组的 INSERT 语句的格式：

```
INSERT
INTO <表名>[(<属性列 1>[,<属性列 2>…)]
VALUES (<常量 1>[,<常量 2>]…);
```

其功能是将新元组插入指定表中。其中新记录属性列 1 的值为常量 1，属性列 2 的值为常量 2……如果某些属性列在 INTO 子句中没有出现，则新记录在这些列上将取空值。

但必须注意的是，在表定义时说明了 NOT NULL 的属性列不能取空值，否则会出错。如果 INTO 子句中没有指明任何列名，则新插入的记录必须在每个属性列上均有值。

例 3.62 将一个新学生记录(学号：2020020；姓名：陈冬；性别：男；年龄：18 岁；所在系：

IS)插入 Student 表中。

```
INSERT
INTO Student
VALUES ('2020020', '陈冬', '男', 18, 'IS');
```

例 3.63 插入一条选课记录('2020020','1')。

```
INSERT
INTO SC(Sno, Cno)
VALUES ('2020020', '1');
```

系统会在新插入的记录 Grade 列上取空值。

2. 插入子查询结果

子查询不仅可以嵌套在 SELECT 语句中,用以构造父查询的条件(如 3.3.3 节所述),也可以嵌套在 INSERT 语句中,用以生成要插入的数据。

插入子查询结果的 INSERT 语句的格式:

```
INSERT
INTO <表名>[(<属性列 1>[,<属性列 2>…)]
子查询;
```

其功能是以批量插入,一次将子查询的结果全部插入指定表中。

例 3.64 对每个系,求学生的平均年龄,并把结果存入数据库。

对于这道题,首先要在数据库中建立一个有两个属性列的新表,其中一列存放系名,另一列存放相应系的学生平均年龄。

```
CREATE TABLE Deptage
      (Sdept CHAR(20)
      Avgage SMALLINT);
```

然后对数据库的 Student 表按系分组求平均年龄,再把系名和平均年龄存入新表中。

```
INSERT
INTO Deptage(Sdept, Avgage)
SELECT Sdept, AVG(Sage)
FROM Student
GROUP BY Sdept;
```

3.4.2 修改数据

修改操作又称更新操作,其语句的一般格式:

```
UPDATE<表名>
SET <列名>=<表达式>[,<列名>=<表达式>]…
[WHERE <条件>];
```

其功能是修改指定表中满足 WHERE 子句条件的元组。其中 SET 子句用于指定修改方法，即用<表达式>的值取代相应的属性列值。如果省略 WHERE 子句，则表示要修改表中的所有元组。

1. 修改某个元组的值

例 3.65 将学生 2020001 的年龄改为 22 岁。

```
UPDATE Student
SET Sage=22
WHERE Sno='2020001';
```

2. 修改多个元组的值

例 3.66 将所有学生的年龄增加 1 岁。

```
UPDATE Student
SET Sage=Sage+1;
```

3. 带子查询的修改语句

子查询也可以嵌套在 UPDATE 语句中，用以构造执行修改操作的条件。

例 3.67 将计算机科学系(CS)全体学生的成绩置零。

```
UPDATE SC
SET Grade=0
WHERE 'CS'=
(SELETE Sdept
FROM Student
WHERE Student.Sno=SC.Sno);
```

4. 修改操作与数据库的一致性

UPDATE 语句一次只能操作一个表。这会带来一些问题。例如，学号为 2020007 的学生因病休学一年，复学后需要将其学号改为 2021089，由于 Student 表和 SC 表都有关于 2020007 的信息，因此两个表都需要修改，这种修改只能通过两条 UPDATE 语句进行。

第一条 UPDATE 语句修改 Student 表：

```
UPDATE Student
SET Sno='2021089'
WHERE Sno='2020007';
```

第二条 UPDATE 语句修改 SC 表：

```
UPDATE SC
SET Sno='2021089'
WHERE Sno='2020007';
```

在执行了第一条 UPDATE 语句之后，数据库中的数据已处于不一致状态，因为这时实际上已没有学号为 2020007 的学生了，但 SC 表中仍然记录着关于 2020007 学生的选课信息，即数据的参照完整性受到破坏。只有执行了第二条 UPDATE 语句之后，数据才重新处于一致状态。但如果执行完第一条语句之后，机器突然出现故障，无法再继续执行第二条 UPDATE 语句，则数据库中的数据将永远处于不一致状态。因此必须保证这两条 UPDATE 语句要么都做，要么都不做。为解决这一问题，数据库系统通常都引入了事务（transaction）的概念，将在第 5 章详细介绍。

3.4.3 删除数据

删除语句的一般格式：

```
DELETE
FROM <表名>
[WHERE <条件>];
```

DELETE 语句的功能是从指定表中删除满足 WHERE 子句条件的所有元组。如果省略 WHERE 子句，表示删除表中全部元组，但表的定义仍在字典中。也就是说，DELETE 语句删除的是表中的数据，而不是关于表的定义。

1. 删除某个元组的值

例 3.68 删除学号为 2020019 的学生记录。

```
DELETE
FROM Student
WHERE Sno='2020019';
```

DELETE 操作也是一次只能操作一个表，因此同样会遇到 UPDATE 操作中提到的数据不一致问题。例如 2020019 学生被删除后，有关他的选课信息也应同时删除，而这必须用另一条独立的 DELETE 语句完成，并且把这两条语句组成一个事务。

2. 删除多个元组的值

例 3.69 删除所有学生的选课记录。

```
DELETE
FROM SC;
```

这条 DELETE 语句将使 SC 成为空表，它删除了 SC 的所有元组。

3. 带子查询的删除语句

子查询同样也可以嵌套在 DELETE 语句中，用以构造执行删除操作的条件。

例 3.70 删除计算机科学系所有学生的选课记录。

```
DELETE
FROM SC
WHERE 'CS'=
      (SELETE Sdept
```

```
    FROM Student
    WHERE Student.Sno=SC.Sno);
```

3.5 视 图

视图是关系数据库系统提供给用户以多种角度观察数据库中数据的重要机制。

视图是从一个或几个基本表(或视图)导出的表,它与基本表不同,是一个虚表。换句话说,数据库中只存放视图的定义,而不存放视图对应的数据,这些数据仍存放在原来的基本表中。基本表中的数据发生变化,从视图中查询出的数据也就随之改变了。从这个意义上讲,视图就像一个窗口,透过它可以看到数据库中自己感兴趣的数据及其变化。

视图一经定义,就可以和基本表一样被查询和删除,也可以在一个视图之上再定义新的视图,但对视图的更新(增加、删除、修改)操作则有一定的限制。

已在3.1.2节简单介绍过视图的基本概念。本节将专门讨论视图的定义、操作及优点。

3.5.1 定义视图

1. 创建视图

SQL用CREATE VIEW命令创建视图,其一般格式:

```
CREATE VIEW <视图名>[(<列名>[,<列名>]…)]
AS <子查询>
[WITH CHECK OPTION];
```

其中,子查询可以是任意复杂的SELECT语句,但通常不允许含有ORDER BY子句和DISTINCT短语。

WITH CHECK OPTION表示对视图进行UPDATE、INSERT和DELETE操作时要保证更新、插入或删除的行满足视图定义中的谓词条件(即子查询中的条件表达式)。

如果CREATE VIEW语句仅指定了视图名,省略了组成视图的各个属性列名,则隐含该视图由子查询中SELECT子句目标列中的诸字段组成。但在下列3种情况下必须明确指定组成视图的所有列名。

- 某个目标列不是单纯的属性名,而是集函数或列表达式。
- 多表连接时选出了几个同名列作为视图的字段。
- 需要在视图中为某个列启用新的更合适的名字。

需要说明的是,组成视图的属性列名必须依照上面的原则,或者全部省略或者全部指定,没有第三种选择。

例3.71 创建信息系学生的视图。

```
CREATE VIEW IS_Student
       AS
       SELECT Sno, Sname, Sage
       FROM Student
       WHERE Sdept='IS';
```

本例中省略了视图 IS_Student 的列名，隐含了该视图由子查询中 SELECT 子句中的 3 个目标列名组成。DBMS 执行此语句就相当于创建表 3-12(虚表)。

表 3-12　IS_Student 表

Sno	Sname	Sage
2020002	刘晨	19
2020004	张立	18
↑ 字符型 长度为 9 主码	↑ 字符型 长度为 20	↑ 整型

但实际上，DBMS 执行 CREATE VIEW 语句的结果只是把对视图的定义存入数据字典，并不执行其中的 SELECT 语句。只是在对视图查询时，才按视图的定义从基本表中将数据查出。

例 3.72　创建信息系学生的视图，并要求进行修改和插入操作时仍须保证该视图只有信息系的学生。

```
CREATE VIEW IS_Student
       AS
       SELECT Sno, Sname, Sage
       FROM Student
       WHERE Sdept='IS'
       WITH CHECK OPTION;
```

由于在定义 IS_Student 视图时加上了 WITH CHECK OPTION 子句，以后对该视图进行插入、修改和删除操作时，DBMS 会自动加上 Sdept='IS'的条件。

若一个视图是从单个基本表导出的，并且只删除了基本表的某些行和某些列，但保留了码，称这类视图为行列子集视图。IS_Student 视图就是一个行列子集视图。

视图不仅可以建立在单个基本表上，也可以建立在多个基本表上。

例 3.73　创建信息系选修了 1 号课程的学生的视图。

```
CREATE VIEW IS_S1(Sno, Sname, Grade)
       AS
       SELECT Student.Sno, Sname, Grade
       FROM Student, SC
       WHERE Sdept='IS' AND
             Student.Sno=SC.Sno AND
             SC.Cno='1';
```

由于视图 IS_S1 的属性列中包含了 Student 表与 SC 表的同名列 Sno，所以必须在视图名后面明确说明视图的各个属性列名。

视图不仅可以建立在一个或多个基本表上，也可以建立在一个或多个已定义好的视图上，或同时建立在基本表和视图上。

例 3.74　创建信息系选修了 1 号课程且成绩在 90 分以上的学生的视图。

```
CREATE  VIEW IS_S2
    AS
    SELECT Sno, Sname, Grade
    FROM IS_S1
    WHERE Grade>=90;
```

这里的视图 IS_S2 就是建立在视图 IS_S1 之上的。

定义基本表时，为了减少数据库中的冗余数据，表中只存放基本数据，由基本数据经过各种计算派生出的数据一般是不存储的。但由于视图中的数据并不实际存储，所以定义视图时可以根据应用的需要，设置一些派生属性列。这些派生属性由于在基本表中并不实际存在，所以有时也称它们为虚拟列。这种带虚拟列的视图称为带表达式的视图。

例 3.75 定义一个反映学生出生年份的视图。

```
CREATE  VIEW BT_S(Sno, Sname, Sbirth)
        AS SELECT Sno, Sname, 2020-Sage
        FROM Student;
```

由于 BT_S 视图中的出生年份值是通过一个表达式计算得到的，不是单纯的属性名，所以定义视图时必须明确定义该视图的各个属性列名。BT_S 视图是一个带表达式的视图。

还可以用带有集函数和 GROUP BY 子句的查询来定义视图。这种视图称为分组视图。

例 3.76 将学生的学号及其平均成绩定义为一个视图。

假设 SC 表中"成绩"列 Grade 为数字型，否则无法求平均值。

```
CREAT   VIEW S_G(Sno, Gavg)
        AS SELECT Sno, AVG(Grade)
        FROM SC
        GROUP BY Sno;
```

由于 AS 子句中 SELECT 语句的目标列平均成绩是通过作用集函数得到的，所以 CREATE VIEW 中必须明确定义组成 S_G 视图的各个属性列名。S_G 是一个分组视图。

例 3.77 将 Student 表中所有女生记录定义为一个视图。

```
CREATE VIEW F_Student(stdnum,name,sex,age,dept)
        AS SELECT *
        FROM Student
        WHERE Ssex='女';
```

这里视图 F_Student 是由子查询"SELECT *"创建的。该视图一旦创建，Student 表就构成了视图定义的一部分，如果以后修改了基本表 Student 的结构，则 Student 表与 F_Student 视图的映像关系受到破坏，因而该视图就不能正确工作了。为避免出现这类问题，可以采用下列两种方法。

(1) 创建视图时明确指明属性列名，而不是简单地用 SELECT *。即

```
CREATE VIEW F_Student(stdnum,name,sex,age,dept)
        AS
```

```
SELECT Sno, Sname, Ssex, Sage, Sdept
FROM Student
WHERE Ssex='女';
```

这样，如果为 Student 表增加新列，原视图仍能正常工作，只是新增的列不在视图中而已。

(2) 在修改基本表之后删除原来的视图，然后重新创建视图。这是最保险的方法。

2. 删除视图

视图创建好后，若导出此视图的基本表被删除了，该视图将失效，但一般不会被自动删除。删除视图通常需要显式地使用 DROP VIEW 语句进行。该语句的格式：

```
DROP VIEW <视图名>;
```

一个视图被删除后，由该视图导出的其他视图也将失效，用户应该使用 DROP VIEW 语句将它们一一删除。

例 3.78 删除视图 IS_S1。

```
DROP VIEW IS_S1;
```

执行此语句后，IS_S1 视图的定义将从数据字典中删除。由 IS_S1 视图导出的 IS_S2 视图的定义虽仍在数据字典中，但该视图已无法使用，因此应该同时删除。

3. 小结

定义视图包括创建视图和删除视图。在 SQL 中，CREATE VIEW 语句用于创建视图，DROP VIEW 语句用于删除视图。

CREATE VIEW 语句中的子查询可以有多种形式，从而可以创建多种不同类型的视图。概括起来，视图的主要类型如图 3-2 所示。

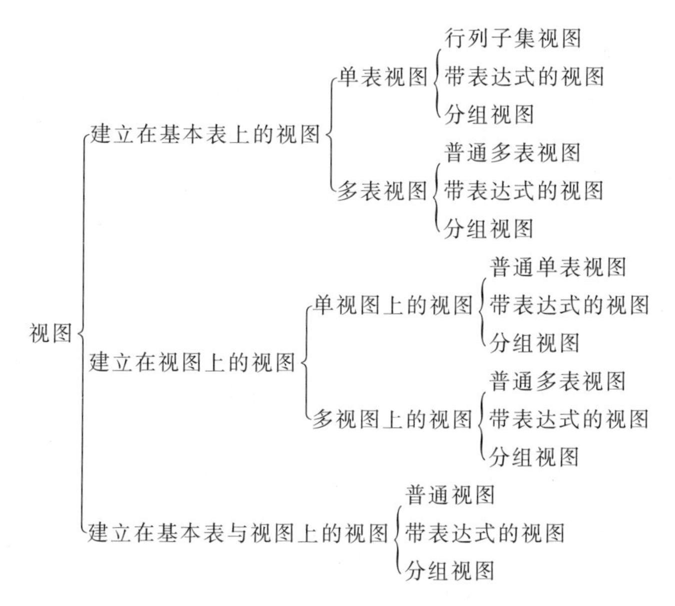

图 3-2　视图的主要类型

对用户而言，不同类型的视图区别仅在于系统对更新视图时的某些限制上，除此之外，无差别。

3.5.2 查询视图

视图定义后，用户就可以像对基本表进行查询一样对视图进行查询了。也就是说，在3.3.1节介绍的对基本表的各种查询操作一般都可以作用于视图。

DBMS执行对视图的查询时，首先进行有效性检查，检查查询涉及的表、视图等是否在数据库中存在，如果存在，则从数据字典中取出查询涉及的视图的定义，把定义中的子查询和用户对视图的查询操作结合起来，转换成对基本表的查询，然后再执行这个经过修正的查询工作。将对视图的查询转换为对基本表的查询的过程称为视图的消解（view resolution）。

例3.79 在信息系学生的视图中找出年龄小于20岁的学生。

```
SELECT Sno, Sage
FROM IS_Student
WHERE Sage<20;
```

DBMS执行此查询时，将其与IS_Student视图定义中的子查询

```
SELECT Sno, Sname, Sage
FROM Student
WHERE Sdept='IS';
```

结合起来，转换成对基本表Student的查询。修正后的查询语句为

```
SELECT Sno, Sage
FROM Student
WHERE Sdept='IS' AND Sage<20;
```

视图是定义在基本表上的虚表，它可以和其他基本表一起使用，实现连接查询或嵌套查询。也就是说，在关系数据库的三级模式结构中，外模式不仅包括视图，而且还可以包括一些基本表。

例3.80 查询信息系选修了1号课程的学生。

```
SELECT Sno, Sname
FROM IS_Student, SC
WHERE IS_Student.Sno=SC.Sno AND
      SC.Cno='1';
```

本查询涉及虚表IS_Student和基本表SC，通过这两个表的连接来完成用户请求。

在一般情况下，视图查询的转换是直截了当的。但在有些情况下，这种转换不能直接进行，查询时就会出现问题。例如，在S_G视图中查询平均成绩在90分以上的学生学号和成绩，SQL语句为

```
SELECT *
FROM S_G
```

```
WHERE Gavg>=90;
```

将此 SQL 语句与 S_G 视图定义中的子查询

```
SELECT Sno, AVG(Grade)
FROM SC
GROUP BY Sno;
```

结合后，形成下列查询语句：

```
SELECT Sno, AVG(Grade)
FROM SC
WHERE AVG(Grade)>=90
GROUP BY Sno;
```

但实际上，WHERE 子句中是不能用集函数作为条件表达式的，因此执行此修正后的查询将会出现语法错误。正确的查询语句：

```
SELECT Sno, AVG(Grade)
FROM SC
GROUP BY Sno
HAVING AVG(Grade)>=90;
```

但目前多数关系数据库系统不能做这种转换，即在这些系统中上述查询是不允许的。

一般来说，DBMS 对行列子集视图的查询均能进行正确转换。但对非行列子集的查询就不一定能够保证转换的正确性了，因此对这类视图进行查询时应尽量避免视图中的特殊属性出现在查询条件中。

3.5.3 更新视图

更新视图是指用户通过视图对数据库中的数据进行插入(INSERT)、删除(DELETE)和修改(UPDATE)操作。

由于视图是不实际存储数据的虚表，因此对视图的更新，最终要转换为对基本表的更新。

为防止用户通过视图对数据进行增加、删除、修改时，无意或故意操作不属于视图范围内的基本表数据，可在定义视图时加上 WITH CHECK OPTION 子句，这样在视图上增加、删除、修改数据时，DBMS 会进一步检查视图定义中的条件，若不满足条件，则拒绝执行该操作。

例 3.81 将信息系学生视图 IS-Student 中学号为 2020002 的学生姓名改为刘辰。

```
UPDATE IS_Student
SET Sname='刘辰'
WHERE Sno='2020002';
```

与查询视图类似，DBMS 执行此语句时，首先进行有效性检查，检查更新所涉及的表、视图等是否在数据库中存在，如果存在，则从数据字典中取出该语句涉及的视图的定义，把定义中的子查询和用户对视图的更新操作结合起来，转换成对基本表的更新，然后再执行这个经过修正的更新操作。转换后的更新语句：

```
UPDATE Student
SET Sname='刘辰'
WHERE Sno='2020002' AND Sdept='IS';
```

例 3.82 向信息系学生视图 IS_Student 中插入一个新的学生记录，其中学号为 2020029，姓名为赵新，年龄为 20 岁。

```
INSERT
INTO IS_Student
VALUES('2020029', '赵新', 20);
```

DBMS 将其转换为对基本表的更新：

```
INSERT
INTO Student(Sno,Sname,Sage,Sdept)
VALUES('2020029', '赵新', 20, 'IS');
```

这里系统自动将系名 IS 放入 VALUES 子句中。

例 3.83 删除信息系学生视图 IS_Student 中学号为 2020029 的记录。

```
DELETE
FROM IS_Student
WHERE Sno='2020029';
```

DBMS 将其转换为对基本表的更新：

```
DELETE
FROM Student
WHERE Sno='2020029' AND Sdept='IS';
```

在关系数据库中，并不是所有的视图都是可更新的，因为有些视图的更新不能唯一地、有意义地转换成对相应基本表的更新。

例 3.84 前面定义的视图 S_G 是由学号和平均成绩两个属性列组成的，其中平均成绩一项是由 Student 表中多个元组分组后计算平均值得来的。把视图 S_G 中学号为 2020001 的学生的平均成绩改成 90 分。

```
UPDATE S-G
SET Gavg=90
WHERE Sno='2020001';
```

但是，例 3.84 对视图的更新是无法转换成对基本表 SC 的更新的，因为系统无法修改各科成绩，以使平均成绩成为 90。所以 S_G 视图是不可更新的。

一般对所有行列子集视图都可以执行修改和删除元组的操作，如果基本表中所有不允许空值的列都出现在视图中，则也可以对其执行插入操作。除行列子集视图外，还有些视图理论上是可更新的，但它们的确切特征还是尚待研究的课题。另外，还有些视图从理论上是不可更新的。

目前各个关系数据库系统一般都只允许对行列子集视图的更新，而且各个系统对视图的更新还有更进一步的规定，由于各系统实现方法上的差异，这些规定也不尽相同。因此，在具体操作时一定要阅读所用产品的手册。

3.5.4 视图的用途

视图最终是定义在基本表之上的，对视图的一切操作最终也要转换为对基本表的操作。而且对于非行列子集视图进行查询或更新时还有可能出现问题。既然如此，为什么还要定义视图呢？这是因为合理使用视图能够带来许多好处。

1. 视图能够简化用户的操作

视图机制使用户可以将注意力集中在他所关心的数据上。如果这些数据不是直接来自基本表，则可以通过定义视图，使用户眼中的数据库结构简单、清晰，并且可以简化用户的数据查询操作。例如，那些定义了若干表连接的视图，就将表与表之间的连接操作对用户隐蔽起来了。换句话说，也就是用户所做的只是对一个虚表的简单查询，而这个虚表是怎样得来的，用户无须了解。

2. 视图使用户能以多种角度看待同一数据

视图机制能使不同的用户以不同的方式看待同一数据，当许多不同种类的用户使用同一个数据库时，这种灵活性是非常重要的。

3. 视图对重构数据库提供了一定程度的逻辑独立性

第1章已经介绍过数据的物理独立性与逻辑独立性的概念。数据的物理独立性是指用户和用户程序不依赖数据库的物理结构；数据的逻辑独立性是指当数据库重构造时，如增加新的关系或对原有关系增加新的字段等，用户和用户程序不会受影响。层次数据库和网状数据库一般能较好地支持数据的物理独立性，而对于逻辑独立性则不能完全支持。

在关系数据库中，数据库的重构往往是不可避免的。重构数据库最常见的是将一个表垂直地分成多个表。例如，将学生关系 Student(Sno, Sname, Ssex, Sage, Sdept)分为 SX(Sno, Sname, Sage)和 SY(Sno, Ssex, Sdept)两个关系。这时原表 Student 为 SX 表和 SY 表自然连接的结果。如果建立一个视图 Student：

```
CREATE VIEW Student(Sno, Sname, Ssex, Sage, Sdept)
        AS
        SELECT SX.Sno, SX.Sname, SY.Ssex, SX.Sage, SY.Sdept
        FROM SX, SY
        WHERE SX.Sno=SY.Sno;
```

这样尽管数据库的逻辑结构改变了，但应用程序并无须修改，因为新建立的视图定义了用户原来的关系，使用户的外模式保持不变，用户的应用程序通过视图仍然能够查询数据。

当然，视图只能在一定程度上提供数据的逻辑独立性。例如，由于对视图的更新是有条件的，因此应用程序中修改数据的语句可能仍会因基本表结构的改变而改变。

4. 视图能够对机密数据提供安全保护

有了视图机制，就可以在设计数据库应用系统时，对不同的用户定义不同的视图，使机密数据不出现在不应看到这些数据的用户视图上，这样就由视图的机制自动提供了对机密数据的安全保护功能。例如，Student 表涉及 3 个系的学生数据，可以在其上定义 3 个视图，每个视图只包含 1 个系的学生数据，并只允许某个系的学生查询自己所在系的学生视图。

习　题

1. SQL 有哪些特点？

2. 用 SQL 建立第 2 章习题 7 中的 4 个表。

3. 针对第 2 题创建的表，用 SQL 完成第 2 章习题 7 中的各项操作。

4. 针对第 2 题创建的表，用 SQL 进行下列各项操作。

(1) 统计每种零件的供应总量。

(2) 求零件供应总量在 1000 种以上的供应商名字。

(3) 在 S 表中插入一条供应商信息：(S6，华天，深圳)。

(4) 把全部红色零件的颜色改为粉红色。

(5) 将 S1 供应给 J1 的零件 P1 改为由 P2 供给。

(6) 删除全部蓝色零件及相应的 SPJ 记录。

5. 视图有哪些优点？

6. 在第 2 题各表的基础上创建视图 VSJ，它记录了给“三建”工程项目供应零件的情况，包括供应商号、零件号和零件数量，并对该视图查询 S1 供应商的供货情况。

第4章 数据库编程

基于数据库的应用系统可以使用数据库编程技术来按需访问和管理数据库中的数据。这些技术都是通过增强交互式SQL的流程控制来提高应用系统和数据库管理系统间的互操作性，实现复杂的应用逻辑。

标准SQL是非过程的结构化查询语言，具有操作统一、面向集合、功能丰富、使用简单等多项优点，但与面向过程或对象的高级程序语言相比，高度非过程化语言也有它的显著弱点：缺少交互性，难以实现真实应用业务中的逻辑控制。例如银行、金融交易、税务征管等系统中复杂的业务逻辑。数据库编程技术的发明和使用恰好可以有效地消除这个缺点，满足这类应用需求。

本章将逐一说明几种典型的数据库编程方法，主要有：PL/SQL、ODBC编程和JDBC编程[①]。

4.1 PL/SQL

SQL 99标准扩展了过程和函数的概念，SQL引擎可以访问用程序设计语言定义的过程和函数，也可以用RDBMS自己的过程语言PL(procedural language)/SQL来定义。Oracle的PL/SQL、Microsoft SQL Server的Transact-SQL、IBM DB2的SQL PL、Kingbase的PL/SQL都是过程化的SQL。本节介绍后一种情况，即RDBMS的过程语言PL/SQL。

4.1.1 PL/SQL的块结构

基本的SQL是高度非过程化的语言。PL/SQL是对SQL的扩展，使其增加了过程化语句功能。

PL/SQL程序的基本结构是块。所有的PL/SQL程序都是由块组成的。这些块之间可以互相嵌套，每个块完成一个逻辑操作。图4-1是PL/SQL块的基本结构。

4.1.2 变量和常量的定义

变量和常量需要在PL/SQL块的声明部分定义。

1. 变量的定义

```
变量名 数据类型 [[NOT NULL]:=初值表达式]
```

或

① 在实际应用中也可以使用嵌入式SQL、OLE DB等技术来进行数据库编程，但目前使用较少，本章不再赘述，读者可以自行查阅相关资料。

```
定义部分 { DECLARE                          /* 定义的变量、常量等只能在该基本块中使用 */
         { 变量、常量、游标、异常等          /* 当基本块执行结束时，定义就不再存在 */

         ┌ BEGIN
         │     SQL 语句、过程化SQL的流程控制语句
执行部分 ┤ EXCEPTION              /* 遇到不能继续执行的情况称为异常 */
         │     异常处理部分       /* 在出现异常时，采取措施来纠正错误或报告 */
         └ END;
```

图 4-1　PL/SQL 块的基本结构

```
变量名 数据类型 [[NOT NULL]初值表达式]
```

2. 常量的定义

```
常量名 数据类型 CONSTANT:=常量表达式
```

常量必须要给一个值,并且该值在存在期间或常量的作用域内不能改变。如果试图修改它,PL/SQL 将返回一个异常。

3. 赋值语句

```
变量名:=表达式
```

把表达式的值赋给变量。如果表达式的结果类型和变量类型不同,会发生类型转换。

4.1.3　流程控制

PL/SQL 提供了流程控制语句,主要有条件控制语句和循环控制语句。这些语句的语法、语义和一般的高级语言(如 C、C++ 语言)类似,这里只做概要的介绍。

1. 条件控制语句

一般有 3 种形式的 IF 语句：IF-THEN、IF-THEN-ELSE 和嵌套的 IF 语句。

(1) IF-THEN：

```
IF-THEN
    Sequence_of_statements;        /*条件为真时语句序列才被执行*/
END IF;                            /*条件为假或 NULL 时什么也不做,控制转移至下一个语
句*/
```

(2) IF-THEN-ELSE：

```
IF condition THEN
    Sequence_of_statements1;       /*条件为真时执行语句序列 1*/
ELSE
    Sequence_of_statements2;       /*条件为假或 NULL 时执行语句序列 2*/
END IF;
```

(3) 嵌套码 IF 语句：在 THEN 和 ELSE 子句中还可以再包括 IF 语句。

2. 循环控制语句

PL/SQL 有 3 种循环结构：LOOP、WHILE-LOOP 和 FOR-LOOP。

(1) LOOP(最简单的循环语句)：

```
LOOP
  Sequence_of_statements;              /* 循环体,一组 PL/SQL 语句 */
END LOOP;
```

多数数据库服务器的 PL/SQL 都提供 EXIT、BREAK 或 LEAVE 等循环结束语句,以保证 LOOP 语句块能够在适当的条件下提前结束。

(2) WHILE-LOOP：

```
WHILE condition LOOP
  Sequence_of_statements;              /* 条件为真时执行循环体内的语句序列 */
END LOOP;
```

每次执行循环体语句之前,首先对条件进行求值。如果条件为真,则执行循环体内的语句序列;如果条件为假,则跳过循环并把控制传递给下一个语句。

(3) FOR-LOOP：

```
FOR count IN [REVERSE]bound1…bound2 LOOP
  Sequence_of_statements;
END LOOP;
```

FOR 循环的基本执行过程：将 count 设置为循环的下界 bound1,检查它是否小于上界 bound 2。当指定 REVERSE 时则将 count 设置为循环的上界 bound 2,检查 count 是否大于下界 bound 1。如果越界则执行跳出循环,否则执行循环体,然后按照步长(+1 或-1)更新 count 的值,重新判断条件。

3. 错误处理

如果 PL/SQL 在执行时出现异常,则应该让程序在产生异常的语句处停下来,根据异常的类型去执行异常处理语句。

SQL 标准对数据库服务器提供什么样的异常处理做出了建议,要求 PL/SQL 管理器提供完善的异常处理机制。读者要根据具体系统的支持情况来进行错误处理。

4.1.4 游标

SQL 是面向集合的,一条 SQL 语句可以产生或处理多条记录。而变量常规是面向记录的,一次只能存放一条记录(或记录的若干列)。这就带来了数据存储失配的问题,为此 PL/SQL 引入了游标(cursor)的概念,用游标来协调这两种不同的处理方式。游标是系统为用户开设的一个管理查询结果集的数据缓冲区,可以存放 SQL 语句的执行结果。每个游标区都有一个名字。游标将一个命名缓冲区和一个查询语句绑定在一起,查询执行后的结果集数据通过游标把面向集合的操作转换成面向元组的操作,用户可以用 PL/SQL 语句逐一从游标中获取记录,并赋给主变量,交给过程语言进一步处理每个元组。

使用游标之前必须首先在存储过程块的声明部分定义游标,控制游标状态的 3 个基本命令是 OPEN、FETCH 和 CLOSE。声明的游标可以使用 OPEN 语句执行和游标相关的查询，生成结果集，并将游标指针定位于首条记录。然后可以使用 FETCH 语句检索当前记录，并将游标移至下条记录。处理完所有记录后，CLOSE 语句可用来关闭游标。

在 PL/SQL 中，如果 SELECT 语句只返回一条记录，可以将该结果存放到变量中。当查询返回多条记录时，就要使用游标对结果集进行处理。一个游标与一个 SQL 语句相关联。在存储过程中可以定义普通游标、REFCURSOR 类型游标、带参数的游标等。

数据库服务器执行 SQL 查询时可能返回不同的执行状态，这些状态信息保存在 SQLCODE 或 SQLSTATE 中，但它们所传递的只能是最近操作的状态信息，为了描述各个游标所对应的 SQL 查询的状态信息，许多数据库系统的 PL/SQL 引擎都支持游标属性。游标属性是记录游标当前执行状态的内置标记。多数系统支持的游标属性有 NOTFOUND、FOUND 和 ISOPEN，有的还支持 ROWCOUNT。这些属性一般只能在过程语句中使用，不可用在 SQL 语句中。

此外，游标还有一个重用特性就是可以定义为带参数游标，通过设置不同参数来生成不同的 SQL 结果集。

关于游标使用的详细说明可以参考所使用系统的手册。考虑到带参数游标更为灵活，下面给出带参数游标的示例。

例 4.1 使用不同参数多次打开游标并获取游标的当前记录。

假设已经创建临时表 TEMP(CNO,CNAME)。

```
…
DECLARE
  cno CHAR(3);
  cname CHAR(18);
  CURSOR mycursor (courseno CHAR(3)) FOR          /* 说明带参数游标 mycursor */
      SELECT cno, cname FROM course WHERE cno = courseno;
                              /* mycursor 能检索 course 表中具有参数 courseno 的记录 */
BEGIN
  OPEN mycursor('C01');                            /* 使用参数 C01 打开游标 */
  FETCH mycursor INTO cno, cname;                  /* 获取 cno = 'C01'游标元组 */
  INSERT INTO temp (cno, cname) VALUES(cno, cname);  /* 将游标元组插入临时表中 */
  CLOSE mycursor;                                  /* 关闭游标 */
  OPEN mycursor('C02');                            /* 使用新的参数 C02 重新打开游标 */
  FETCH mycursor INTO cno, cname;
  INSERT INTO temp (cno, cname) VALUES(cno, cname);
  CLOSE mycursor;
END;
```

该程序段打开 mycursor 后将检索到的游标记录插入临时表中，两次打开使用的游标参数不同，临时表中先后增加了'C01'和'C02'对应的 course 记录。

4.2 存储过程和函数

PL/SQL 块主要有两种类型，即命名块和匿名块。前面介绍的是匿名块。匿名块每次执行时都要进行编译，它不能被存储到数据库中，也不能在其他的 PL/SQL 块中调用。对应地，过程和函数是命名块，它们被编译后保存在数据库中，称为持久性存储模块(persistent stored module,PSM)，可以被反复调用，运行速度较快。SQL 2003 及以后标准均支持 SQL/PSM。

4.2.1 存储过程

存储过程是由 PL/SQL 语句书写的过程，这个过程经编译和优化后存储在数据库服务器中，因此称它为存储过程，使用时只要调用即可。

1. 存储过程的优点

使用存储过程具有以下优点。

(1) 由于存储过程不像解释执行的 SQL 语句那样，在提出操作请求时才进行语法分析和优化工作，因此运行效率高，提供了在服务器端快速执行 SQL 语句的有效途径。

(2) 存储过程降低了客户机和服务器之间的通信量。客户机上的应用程序只要通过网络向服务器发出调用存储过程的名字和参数，就可以让 RDBMS 执行其中的许多条 SQL 语句，并进行数据处理。只有最终的处理结果才返回客户端。

(3) 方便实施企业规则。可以把实施企业规则的程序写成存储过程放入数据库服务器中，由 RDBMS 管理，既有利于集中控制，又能够方便地进行维护。当企业规则发生变化时只要修改存储过程，无须修改其他应用程序。

2. 存储过程的用户接口

用户通过下面的 SQL 语句创建、重新命名、执行和删除存储过程。

1) 创建存储过程

格式如下：

```
CREATE OR REPLACE PROCEDURE 过程名([参数1,参数2,…])     /*存储过程首部*/
  AS  <PL/SQL 块>;                              /*存储过程体,描述该存储过程的操作*/
```

存储过程包括过程首部和过程体。过程名是数据库服务器合法的对象标识。参数列表是用名字来标识调用时给出的参数值，必须指定值的数据类型。可以定义输入参数、输出参数或输入输出参数，默认为输入参数，也可以无参数。

过程体是一个＜PL/SQL 块＞。包括声明部分和可执行语句部分。＜PL/SQL 块＞的基本结构已经在 4.1 中介绍。

例 4.2 利用存储过程来实现下面的银行转账：从账户 1 转指定数额的款项到账户 2 中。

```
假设账户关系表为 Account(Accountnum,Total)。
CREATE OR REPLACE PROCEDURE TRANSFER (inAccount INT,outAccount INT,amount FLOAT)
                        /*定义存储过程 TRANSFER,其参数为转入账户、转出账户、转账额度 */
  AS DECLARE                                                  /* 定义变量 */
        totalDepositOut Float;
        totalDepositIn Float;
        inAccountnum INT;
  BEGIN                                                       /* 检查转出账户的余额 */
```

```
    SELECT Total INTO totalDepositOut FROM Account WHERE accountnum=outAccount;
    IF totalDepositOut IS NULL THEN          /* 如果转出账户不存在或账户中没有存款 */
        ROLLBACK;                                      /* 回滚事务 */
        RETURN;
    END IF;
    IF totalDepositOut <amount THEN                    /* 如果账户存款不足 */
        ROLLBACK;                                      /* 回滚事务 */
        RETURN;
    END IF;
    SELECT Accountnum INTO inAccountnum FROM Account WHERE accountnum=inAccount;
    IF inAccountnum IS NULL THEN                       /* 如果转入账户不存在 */
        ROLLBACK;                                      /* 回滚事务 */
        RETURN;
    END IF;
    UPDATE Account SET total=total-amount WHERE accountnum=outAccount;
                                             /* 修改转出账户的余额,减去转出额 */
    UPDATE Account SET total=total +amount WHERE accountnum=inAccount;
                                             /* 修改转入账户的余额,增加转入额 */
  COMMIT;                                              /* 提交转账事务 */
END;
```

特别是,在过程体中也可以定义游标,例子可以参见前面介绍过的例 4.1。下面再给一个存储过程中使用游标的简单例子。

例 4.3 利用存储过程从选课表中找出特定课程中成绩最好的学生学号和成绩并将其插入临时表 TOP1。

```
假设最好成绩学生表为 TOP1(CNO,SNO, SCORE)。
CREATE OR REPLACE PROCEDURE SAVETOP1(courseno CHAR(3))
                                   /* 定义存储过程 SAVETOP1,其参数为课程号 */
  AS DECLARE                              /* 定义变量 */
        cno    CHAR(3);
        sno    CHAR(8);
        score  INT;
        CURSOR csrtop1 (courseno CHAR(3)) FOR       /*说明带参数游标 mycursor */
            SELECT cno, sno, grade FROM sc WHERE cno =courseno ORDER BY grade DESC;
  BEGIN                  /* csrtop1 能检索 course 表中具有参数 courseno 的记录 */
    OPEN csrtop1 (courseno);              /* 使用输入参数 courseno 打开游标 */
    FETCH csrtop1 INTO cno,sno, score;   /* 获取 cno =courseno 游标的第 1 条元组 */
    INSERT INTO top1 VALUES(cno,sno, score);   /* 将游标元组插入临时表中 */
    CLOSE csrtop1;
END;
```

上例游标和存储过程的功能可以考虑使用嵌套查询来实现,感兴趣的读者可以自行尝试。

2) 执行存储过程

格式如下:

```
CALL/PERFORM PROCEDURE 过程名([参数 1,参数 2,…]);
```

使用 CALL 或者 PERFORM 等方式能够激活存储过程的执行。在 PL/SQL 中,数据库服务器支持在存储过程中调用其他存储过程。

例 4.4 从账户 01003815868 转 10 000 元到 01003813828 账户中。

```
CALL PROCEDURE TRANSFER(01003815868, 01003813828, 10000);
```

3) 修改存储过程

可以使用 ALTER PROCEDURE 重命名一个存储过程:

```
ALTER PROCEDURE 过程名1RENAME TO 过程名2;
```

可以使用 ALTER PROCEDURE 重新编译一个存储过程:

```
ALTER PROCEDURE 过程名 COMPILE;
```

4) 删除存储过程

格式如下:

```
DROP PROCEDURE 过程名();
```

4.2.2 函数

本节讲解的函数 FUNCTION 也称自定义函数(user-defined function,UDF),因为是用户自己使用 PL/SQL 设计定义的。函数和存储过程类似,都是持久性存储模块,函数的定义和存储过程也类似,不同之处是函数必须指定返回的类型。

1. 函数的定义

格式如下:

```
CREATE OR REPLACE FUNCTION 函数名([参数1,参数2,…]) RETURNS <类型>
AS  <PL/SQL 块>;
```

2. 执行函数

格式如下:

```
CALL/SELECT 函数名([参数1,参数2,…]);
```

3. 修改函数

可以使用 ALTER FUNCTION 重命名一个自定义函数:

```
ALTER FUNCTION 函数名1 RENAME TO 函数名2;
```

可以使用 ALTER FUNCTION 重新编译一个函数:

```
ALTER FUNCTION 函数名 COMPILE;
```

函数的概念与存储过程类似这里就不再赘述。

因为函数可以返回数据,能够提供附加信息,下面用函数来重写例 4.3,返回更多查询信息。

例 4.5 利用自定义函数从选课表中找出特定课程中成绩最好的学生学号和成绩并将其插入临时表 TOP1。同时返回得最高分的人数。

```
假设最好成绩学生表为 TOP1(CNO,SNO, SCORE)。
CREATE OR REPLACE FUNCTION SAVETOP1_FN(courseno CHAR(3)) RETURNS INT
                          /*定义函数 SAVETOP1_FN,其参数为课程号,返回得最高分的人数 */
  AS DECLARE                                   /* 定义变量 */
      cno    CHAR(3);
      sno    CHAR(8);
      score  INT;
      score2  INT;
      CURSOR csrtop1 (courseno CHAR(3)) FOR  /*说明带参数游标 mycursor */
         SELECT cno, sno, grade FROM sc WHERE cno =courseno ORDER BY grade DESC;
      rc      INT;
    BEGIN                        /* csrtop1 能检索 course 表中具有参数 courseno 的记录 */
    OPEN csrtop1 (courseno);                /* 使用输入参数 courseno 打开游标 */
    rc :=0;
    LOOP
       FETCH csrtop1 INTO cno,sno, score;  /* 获取 cno =courseno 游标的第 1 条元组 */
       IF csrtop1%FOUND THEN
          IF rc=0 THEN
             score2 :=score;
          ELSE
             IF score !=score2 THEN
               EXIT;
             END IF;
          END IF;
             INSERT INTO top1 VALUES(cno,sno, score);
                                                        /* 将游标元组插入临时表中 */
             rc :=rc +1;
       ELSE
          EXIT;
       END IF;
    END LOOP;
    CLOSE csrtop1;
    RETURN rc;
END;
```

上例游标和存储过程的功能可以考虑使用多个查询来实现,感兴趣的读者可以自行尝试。

4.3 ODBC 编程

目前广泛使用的 RDBMS 有多种,尽管这些系统都属于关系数据库,也都遵循 SQL 标准,但是不同的系统还是存在若干差异。因此,在某个 RDBMS 下编写的应用程序有可能无法在另一个 RDBMS 系统下运行，适应性和可移植性较差。更加重要的是，许多应用程序需要共享多个部门的数据资源，访问不同的 RDBMS。因此应用程序可移植性好，能同时访问不同的数据库，共享多个数据资源，成为一个重要的应用需求。为此，人们研究和开发了连接不同 RDBMS 的方法、技术和软件，使数据库系统“开放”，能够实现“数据库互连”。

4.3.1 开放式数据库互连概述

目前常用的开放式数据库互连接口标准有 3 个：ODBC、JDBC 和 OLE DB。

ODBC(open database connectivity)是微软公司开放服务体系(Windows open services architecture，WOSA)中有关数据库的一个组成部分，它建立了一组规范，并提供一组访问数据库的应用程序接口(application program interface，API)。作为规范它具有两重功效或约束力：一方面规范应用开发；另一方面规范 RDBMS 应用接口。

JDBC(Java database connectivity)是 Java 的开发者 Sun 制定的 Java 数据库互连技术的简称，为 DBMS 提供支持无缝连接应用的技术。JDBC 在应用程序中的作用和 ODBC 类似，是 Java 实现数据库访问的 API，是建立在 X/Open SQL CLI 基础上的。

OLE DB (object linking and embedding database)是微软公司提出的数据库连接访问标准，是基于 COM 来访问各种数据源的 ActiveX 的通用接口。与 ODBC 和 JDBC 类似，OLE DB 支持的数据源可以是数据库，也可以是文本文件、Excel 表格、ISAM 等各种不同格式的数据存储。OLE DB 可以在不同的数据源中进行转换。客户端的开发人员利用 OLE DB 进行数据访问时，不必关心大量不同数据库的访问协议。

本章仅介绍 ODBC 和 JDBC，对 OLE DB 感兴趣的读者可以自行查询相关资料。

4.3.2 ODBC 工作原理

ODBC 应用系统的体系结构如图 4-2 所示，它包括 4 部分：应用程序、驱动程序管理器(driver manager)、驱动程序(driver)、数据源(data source)。

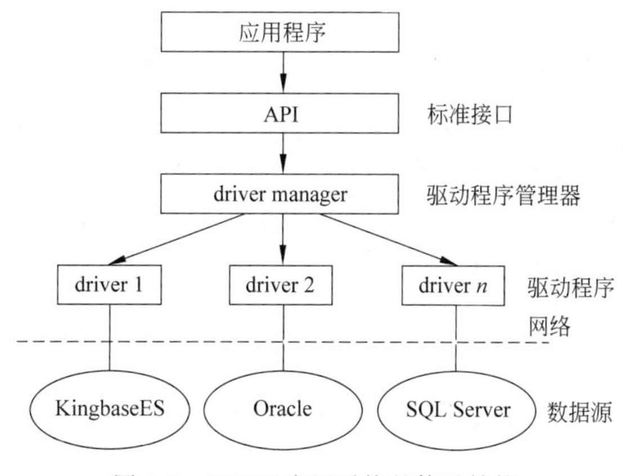

图 4-2　ODBC 应用系统的体系结构

1. 应用程序

应用程序提供用户界面、应用逻辑和事务逻辑。使用 ODBC 开发数据库应用程序时，应用程序调用的是标准的ODBC函数和SQL语句。应用层使用ODBC API调用接口与数据库进行交互。使用ODBC来开发应用系统的程序简称ODBC应用程序,包括以下内容。

(1) 请求连接数据库。

(2) 向数据源发送SQL语句。

(3) 为SQL语句执行结果分配存储空间,定义所读取的数据格式。

(4) 获取数据库操作结果,或处理错误。

(5) 进行数据处理并向用户提交处理结果。

(6) 请求事务的提交和回滚操作。

(7) 断开与数据源的连接。

2. 驱动程序管理器

驱动程序管理器负责管理各种驱动程序。它由微软公司提供,对用户透明。它管理应用程序和驱动程序之间的通信。驱动程序管理器的主要功能包括装载驱动程序、选择和连接正确的驱动程序、管理数据源、检查ODBC调用参数的合法性及记录ODBC函数的调用等,当应用层需要时返回驱动程序的有关信息。

驱动程序管理器可以建立、配置或删除数据源,并查看系统当前所安装的驱动程序。

3. 驱动程序

ODBC通过驱动程序来提供应用系统与数据库平台的独立性。

ODBC应用程序不能直接存取数据库,其各种操作请求由驱动程序管理器提交给某个RDBMS的ODBC驱动程序,通过调用驱动程序所支持的函数来存取数据库。数据库的操作结果也通过驱动程序返回给应用程序。如果应用程序要操纵不同的数据库,就要链接到不同的驱动程序上。

目前的ODBC驱动程序主要有单束和多束两类。单束驱动程序一般是数据源和应用程序在同一台机器上,驱动程序直接完成对数据文件的I/O操作,这时驱动程序相当于数据管理器。多束驱动程序支持客户-服务器、客户-应用服务器-数据库服务器等网络环境下的数据访问,这时由驱动程序完成数据库访问请求的提交和结果集接收,应用程序使用驱动程序提供的结果集管理接口操纵执行后的结果数据。

4. 数据源

数据源是最终用户需要访问的数据,包含了数据库位置和数据库类型等信息,实际上是一种数据连接的抽象。

ODBC给每个被访问的数据源指定唯一的数据源名(data source name,DSN),并映射到所有必要的、用来存取数据的底层软件。在连接中,用数据源名来代表用户名、服务器名、所连接的数据库名等。最终用户无须知道DBMS或其他数据管理软件、网络以及有关ODBC驱动程序的细节,数据源对最终用户是透明的,可以是RDBMS和数据库。

例如，假设某个学校在 SQL Server 和 KingbaseES 上创建了两个数据库：学校人事数据库和教学科研数据库。学校的信息系统要从这两个数据库中存取数据。为了方便与这两个数据库连接，为学校人事数据库创建一个数据源名 PERSON，PERSON 就是一个 DSN。同样，为教学科研数据库创建一个名为 EDU 的数据源。此后，当要访问每一个数据库时，只要与 PERSON 和 EDU 连接即可，不需要记住使用的驱动程序、服务器名称、数据库名等。所以在开发 ODBC 数据库应用程序时首先要建立数据源并给它命名。

4.3.3 ODBC 编程

1. 函数概述

ODBC 3.0 标准提供了 76 个函数接口，大致可以分为如下类型。

(1) 分配和释放环境句柄、连接句柄、语句句柄。

(2) 连接函数(SQLDriverConnect 等)。

(3) 与信息相关的函数(如获取描述信息函数 SQLGetInfo、SQLGetFuction)。

(4) 事务处理函数(如 SQLEndTran)。

(5) 执行相关函数(SQLExecdirect、SQLExecute 等)。

(6) 编目函数，ODBC 3.0 提供了 11 个编目函数，如 SQLTables、SQLColumn 等。应用程序可以通过对编目函数的调用来获取数据字典的信息，如权限、表结构等。

2. 句柄及其属性

句柄是 32 位整数值，代表一个指针。ODBC 3.0 中句柄可以分为环境句柄、连接句柄、语句句柄或描述符句柄 4 类，对于每种句柄不同的驱动程序有不同的数据结构，这 4 种句柄的关系如图 4-3 所示。

(1) 每个 ODBC 应用程序需要建立一个 ODBC 环境，分配一个环境句柄，存取数据的全局性背景，如环境状态、当前环境状态诊断、当前在环境上分配的连接句柄等。

(2) 一个环境句柄可以建立多个连接句柄，每个连接句柄实现与一个数据源之间的连接。

(3) 在一个连接中可以建立多个语句句柄，它不只是一个 SQL 语句，还包括 SQL 语句产生的结果集以及相关的信息等。

(4) 在 ODBC 3.0 中又提出了描述符句柄的概念，它是描述 SQL 语句的参数、结果集列的元数据集合。

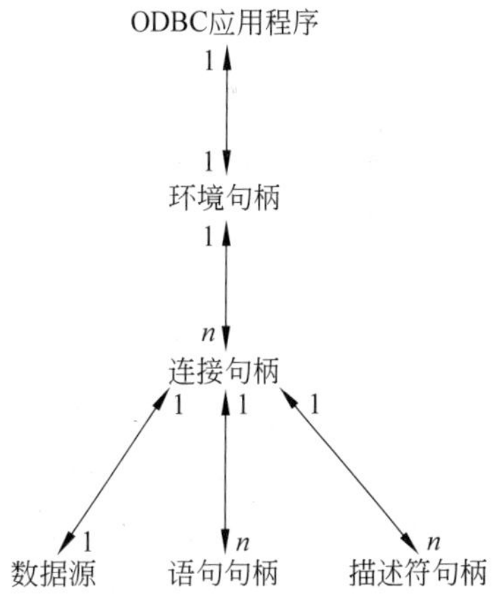

图 4-3　应用程序句柄之间的关系

3. 数据类型

ODBC 定义了两套数据类型，即 SQL 数据类型和 C 数据类型。SQL 数据类型用于数据源，而 C 数据类型用于应用程序的 C 代码。它们之间的转换规则如表 4-1 所示。应用程序可以通过 SQLGetTypeInfo 来获取不同的驱动程序对于数据类型的支持情况。

表 4-1　SQL 数据类型和 C 数据类型之间的转换规则

	SQL 数据类型	C 数据类型
SQL 数据类型	数据源之间转换	应用程序变量传送到语句参数(SQLBindParameter)
C 数据类型	从结果集列中返回到应用程序变量(SQLBindCol)	应用程序变量之间转换

4.3.4　ODBC 的工作流程

使用 ODBC 的应用系统大致的工作流程，从开始配置数据源到回收各种句柄，如图 4-4 所示。下面将结合具体的应用实例来介绍如何使用 ODBC 开发应用系统。

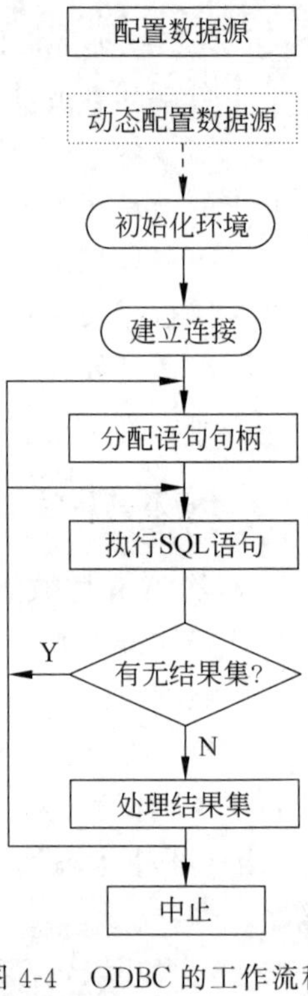

例 4.6　将 KingbaseES 数据库中 Student 表的数据备份到 SQL Server 数据库中。

该应用涉及两个不同的 RDBMS 中的数据源，因此使用 ODBC 来开发应用程序，只要改变应用程序中连接函数(SQLConnect)的参数，就可以连接不同 RDBMS 的驱动程序，连接两个数据源。

在应用程序运行前，已经在 KingbaseES 和 SQL Server 中分别建立了 Student 关系表。应用程序要执行的操作：在 KingbaseES 上执行 SELECT * FROM Student;把获取的结果集，通过多次执行 INSERT 语句把数据插入 SQL Server 的 Student 表中。

配置数据源

动态配置数据源

初始化环境

建立连接

分配语句句柄

执行SQL语句

有无结果集?

Y

N

处理结果集

中止

图 4-4　ODBC 的工作流程

1. 配置数据源

配置数据源有两种方法：①运行数据源管理工具来进行配置；②使用驱动程序管理器提供的 ConfigDsn 函数来增加、修改或删除数据源。这种方法特别适用在应用程序中创建的临时使用的数据源。

采用第一种方法创建数据源。因为要同时用到 KingbaseES 和 SQL Server，所以分别建立两个数据源，将其取名为 KingbaseES ODBC 和 SQL Server。不同的驱动器厂商提供了不同的配置数据源界面，建立这两个数据源的具体步骤略。C/C++ 程序源码如下：

```
#include <stdlib.h>
#include <stdio.h>
#include <windows.h>
#include <sql.h>
#include <sqlext.h>
#include <Sqltypes.h>
#define SNO_LEN 30
#define NAME_LEN 50
```

```
#define DEPART_LEN 100
#define SSEX_LEN 5
int main()
{
    /* Step 1: 定义句柄和变量 */
    /*以 king 开头的表示的是连接 KingbaseES 的变量*/
    /*以 server 开头的表示的是连接 SQL Server 的变量*/
    SQLHENV     kinghenv, serverhenv;                    /*环境句柄*/
    SQLHDBC     kinghdbc,serverhdbc;                     /*连接句柄*/
    SQLHSTMT   kinghstmt,serverhstmt;                   /*语句句柄*/
    SQLRETURN ret;
    SQLCHAR   sName[NAME_LEN],sDepart[DEPART_LEN],
              sSex[SSEX_LEN],sSno[SNO_LEN];
    SQLINTEGER  sAge;
    SQLINTEGER  cbAge=0,cbSno=SQL_NTS,cbSex=SQL_NTS,
                cbName=SQL_NTS,cbDepart=SQL_NTS;
    /* Step 2: 初始化环境 */
    ret=SQLAllocHandle(SQL_HANDLE_ENV,SQL_NULL_HANDLE,&kinghenv);
    ret=SQLAllocHandle(SQL_HANDLE_ENV,SQL_NULL_HANDLE,&serverhenv);
    ret=SQLSetEnvAttr(kinghenv,SQL_ATTR_ODBC_VERSION,(void*)SQL_OV_ODBC3,0);
    ret=SQLSetEnvAttr(serverhenv,SQL_ATTR_ODBC_VERSION,(void*)SQL_OV_ODBC3,0);
    /* Step 3 :建立连接 */
    ret=SQLAllocHandle(SQL_HANDLE_DBC,kinghenv,&kinghdbc);
    ret=SQLAllocHandle(SQL_HANDLE_DBC,serverhenv,&serverhdbc);
    vret=SQLConnect(kinghdbc,"KingbaseES ODBC",SQL_NTS,"SYSTEM",
                    SQL_NTS,"MANAGER",SQL_NTS);
    if (!SQL_SUCCEEDED(ret))                             /*连接失败时返回错误值*/
        return-1;
    ret=SQLConnect(serverhdbc,"SQLServer",SQL_NTS,"sa",
                   SQL_NTS,"sa",SQL_NTS);
    if (!SQL_SUCCEEDED(ret) )                            /*连接失败时返回错误值*/
        return-1;
    /* Step 4 :分配语句句柄 */
    ret=SQLAllocHandle(SQL_HANDLE_STMT, kinghdbc, &kinghstmt);
    ret=SQLSetStmtAttr(kinghstmt,SQL_ATTR_ROW_BIND_TYPE, (SQLPOINTER)
                       SQL_BIND_BY_COLUMN,SQL_IS_INTEGER );
    ret=SQLAllocHandle(SQL_HANDLE_STMT, serverhdbc, &serverhstmt);
    /* Step 5 :两种方式执行语句 */
    /* 预编译带有参数的语句 */
        ret= SQLPrepare (serverhstmt,"INSERT INTO STUDENT (SNO, SNAME, SSEX, SAGE,
        SDEPT) VALUES (?, ?, ?, ?, ?)",SQL_NTS);
    if (ret==SQL_SUCCESS || ret==SQL_SUCCESS_WITH_INFO)
    {
        ret=SQLBindParameter(serverhstmt,1,SQL_PARAM_INPUT,SQL_C_CHAR,
                             SQL_CHAR,SNO_LEN,0,sSno,0,&cbSno);
        ret=SQLBindParameter(serverhstmt,2,SQL_PARAM_INPUT, SQL_C_CHAR,
                             SQL_CHAR, NAME_LEN, 0, sName, 0, &cbName);
        ret=SQLBindParameter(serverhstmt,3,SQL_PARAM_INPUT,SQL_C_CHAR,
```

```
                              SQL_CHAR, 2, 0, sSex, 0, &cbSex);
        ret=SQLBindParameter(serverhstmt,4,SQL_PARAM_INPUT,
                              SQL_C_LONG,SQL_INTEGER, 0, 0, &sAge, 0, &cbAge);
        ret=SQLBindParameter(serverhstmt,5,SQL_PARAM_INPUT,SQL_C_CHAR,
                              SQL_CHAR,DEPART_LEN,0,sDepart,0,&cbDepart);
    }
    /* 执行 SQL 语句 */
    ret=SQLExecDirect(kinghstmt,"SELECT * FROM STUDENT",SQL_NTS);
    if (ret==SQL_SUCCESS || ret==SQL_SUCCESS_WITH_INFO)
    {
        ret=SQLBindCol(kinghstmt, 1, SQL_C_CHAR,sSno,SNO_LEN,&cbSno);
        ret=SQLBindCol(kinghstmt, 2, SQL_C_CHAR,sName,NAME_LEN,&cbName);
        ret=SQLBindCol(kinghstmt, 3, SQL_C_CHAR,sSex,SSEX_LEN,&cbSex);
        ret=SQLBindCol(kinghstmt, 4, SQL_C_LONG,&sAge,0,&cbAge);
        ret=SQLBindCol(kinghstmt, 5, SQL_C_CHAR,sDepart,DEPART_LEN,&cbDepart);
    }
    /* Step 6 : 处理结果集并执行预编译后的语句 */
    while ( (ret=SQLFetch(kinghstmt) ) !=SQL_NO_DATA_FOUND)
    {  if(ret==SQL_ERROR) printf("Fetch error\n");
       else ret=SQLExecute(serverhstmt);
    }
    /* Step 7: 中止处理 */
    SQLFreeHandle(SQL_HANDLE_STMT,kinghstmt);
    SQLDisconnect(kinghdbc);
    SQLFreeHandle(SQL_HANDLE_DBC,kinghdbc);
    SQLFreeHandle(SQL_HANDLE_ENV,kinghenv);
    SQLFreeHandle(SQL_HANDLE_STMT,serverhstmt);
    SQLDisconnect(serverhdbc);
    SQLFreeHandle(SQL_HANDLE_DBC,serverhdbc);
    SQLFreeHandle(SQL_HANDLE_ENV,serverhenv);
    return 0;
}
```

2. 初始化环境

由于还没有和具体的驱动程序相关联,不是由具体的数据库管理系统驱动程序来进行管理,而是由驱动程序管理器来进行控制,并配置环境属性。直到应用程序通过调用连接函数和某个数据源进行连接后,驱动程序管理器才调用所连的驱动程序中的 SQLAllocHandle,来真正分配环境句柄的数据结构。

3. 建立连接

应用程序调用 SQLAllocHandle 分配连接句柄,通过 SQLConnect、SQLDriverConnect 或 SQLBrowseConnect 与数据源连接。其中 SQLConnect 是最简单的连接函数,输入参数为配置好的数据源名称、用户 ID 和口令。例 4.6 中 KingbaseES ODBC 为数据源名字,SYSTEM 为用户名,而 MANAGER 为用户密码,注意系统对用户名和密码大小写有要求。

4. 分配语句句柄

在处理任何 SQL 语句之前，应用程序还需要首先分配一个语句句柄。语句句柄含有具体的 SQL 语句以及输出的结果集等信息。在后面的执行函数中，语句句柄都是必要的输入参数。例 4.6 中分配了两个语句句柄，一个用来从 KingbaseES 中读取数据产生结果集（kinghstmt），另一个用来向 SQL Server 插入数据（serverhstmt）。

应用程序还可以通过 SQLtStmtAttr 来设置语句属性（也可以使用默认值）。

5. 执行 SQL 语句

应用程序处理 SQL 语句的方式有两种：预处理（SQLPrepare、SQLExecute 适用语句的多次执行）或直接执行（SQLExecdirect）。如果 SQL 语句含有参数，应用程序为每个参数调用 SQLBindParameter，并把它们绑定至应用程序变量。这样应用程序可以直接通过改变应用程序缓冲区的内容在程序中动态地改变 SQL 语句的具体执行。接下来的操作则会根据语句的类型来进行相应处理。

- 对有结果集的语句（select 或是编目函数），进行结果集处理。
- 对没有结果集的函数，可以直接利用本语句句柄继续执行新的语句或获取行计数（本次执行所影响的行数）之后继续执行。

在例 4.6 中，使用 SQLExecdirect 获取 KingbaseES 中的结果集，并将结果集根据各列不同的数据类型绑定到用户程序缓冲区。

在插入数据时，采用了预编译的方式，首先通过 SQLPrepare 来预处理 SQL 语句，将每列绑定到用户缓冲区。

6. 处理结果集

应用程序可以通过 SQLNumResultCols 来获取结果集中的列数；通过 SQLDescribeCol 或是 SQLColAttrbute 函数来获取结果集每列的名称、数据类型、精度和范围。以上两步对于信息明确的函数是可以省略的。

ODBC 中使用游标来处理结果集数据。游标可以分为 Forward-only 游标和可滚动（scroll）游标。Forward-only 游标只能在结果集中向前滚动，它是 ODBC 的默认游标类型。可滚动游标又可以分为静态（static）、动态（dynamic）、码集驱动（keyset-driven）和混合型（mixed）4 种。

ODBC 游标的打开方式不同于嵌入式 SQL，不是显式声明而是系统自动产生一个游标，当结果集刚刚生成时，游标指向第一行数据之前。应用程序通过 SQLBindCol，把查询结果绑定到应用程序缓冲区中，通过 SQLFetch 或 SQLFetchScroll 来移动游标获取结果集中的每行数据。对于图像等特别的数据类型，当一个缓冲区不足以容纳所有的数据时，可以通过 SQLGetData 分多次获取。最后通过 SQLCloseCursor 来关闭游标。

7. 中止

处理结束后，应用程序将首先释放语句句柄，然后释放数据库连接，并与数据库服务器断开，最后释放 ODBC 环境。

4.4 JDBC 编程

JDBC 由一组用 Java 语言编写的类组成，是一种供数据库应用开发者使用的工业标准 API。通过 JDBC 本身提供的一系列类和接口，Java 编程开发人员能够很方便地编写有关数据库方面的应用程序。本节简要介绍 JDBC 的基本概念、一个很简单的实用例子及标准接口的基本分类。

4.4.1 概念

1. 什么是 JDBC

JDBC 是 Java 的开发商 Sun 制定的 Java 数据库连接技术的简称，为数据库管理系统提供支持无缝连接应用的技术。JDBC 在 Web 和 Internet 应用程序中的作用和 ODBC 在数据库相关应用程序中的作用类似，是 Java 实现数据库访问的 API，也是建立在 X/Open SQL CLI 基础上的。

JDBC 是面向对象的接口标准，一般由具体的数据库厂商提供，它的主要功能是管理存放在数据库中的数据，通过对象定义了一系列与数据库系统进行交互的类和接口。通过接口对象，应用程序可以完成与数据库的连接、执行 SQL 语句、从数据库中获取结果、获取状态及错误信息、终止事务和连接等。

JDBC 与 ODBC 类似，它为 Java 程序提供统一、无缝地操作各种数据库的接口。事实上，无法确定 Internet 用户想访问什么类型的数据库，程序员使用 JDBC 编程时，可以不关心它要操作的数据库是哪个厂家的产品，从而提高了软件的通用性。只要系统安装了正确的驱动程序，JDBC 应用程序就可以访问其相关的数据库。

2. JDBC 的结构

使用 JDBC 完成对数据库的访问包括以下 4 个主要组件：Java 应用程序、JDBC 驱动程序管理器、JDBC 驱动程序和数据源。在图 4-5 中仅包含了前三个组件，图中忽略了数据源，它和 ODBC 结构中的数据源的作用本质相同。

1) Java 应用程序

Java 应用程序具有高度的平台可移植性，能够运行在任何安装了 Java 虚拟机(virtual machine，VM)的设备上，它访问数据源必须通过 JDBC 驱动程序。作为一种面向对象的程序设计语言，Java 应用程序中使用的 JDBC API 是 JDBC 包提供的 Java 对象的标准方法。

2) JDBC 驱动程序管理器

与 ODBC 驱动程序类似，JDBC 的驱动程序是运行于 Java 虚拟机的动态加载程序，Java 程序对 JDBC API 的调用需要根据应用程序指定的数据源转换到指定的 JDBC 驱动程序，而 JDBC 驱动程序管理器能够管理特定驱动程序的装入，为新的数据库连接提供支持。数据库系统的 JDBC 驱动程序注册到驱动程序管理器后，Java 程序连接数据库服务器时，驱动程序管理器根据建立连接的统一资源定位符(uniforn resource locator，URL)选择匹配的驱动程序，在执行过程中对应用程序和驱动程序之间的交互进行控制。

3）JDBC 驱动程序

数据库开发商提供的驱动程序是 JDBC API 抽象类的实现，包含了应用程序和具体数据库系统之间的接口方法。标准允许的 JDBC 驱动程序有以下 4 种（见图 4-5）。

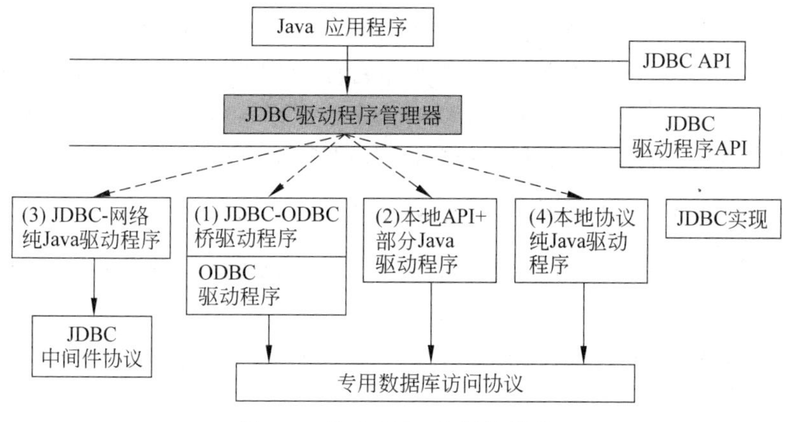

图 4-5　基于 JDBC 访问数据库

（1）JDBC-ODBC 桥驱动程序＋ODBC 驱动程序

ODBC 驱动程序和桥代码必须在每个客户端机器上，应用对 JDBC API 的调用经桥处理包转换为 ODBC 接口调用，然后经 ODBC 驱动程序访问数据源。这是本地的解决方案，它不仅是跨平台的方案，同时也是一种临时的解决方案。它不需要额外的 JDBC 驱动程序，但需要使用本地的 ODBC 驱动程序管理器、安装数据源相关的 ODBC 驱动程序并添加相应的数据源。

（2）本地 API＋部分 Java 驱动程序

本地 API＋部分 Java 驱动程序以另一种本地化的解决方案代替了 JDBC-ODBC 桥驱动程序和 ODBC 驱动程序。驱动程序中的 Java 代码能够调用具体数据库供应商提供的本地 C 或 C++ 方法，从而将 JDBC 调用转换为对指定数据源的 CLI 接口调用，直接访问数据库，完成和数据库服务器交互操作。

（3）JDBC-网络纯 Java 驱动程序

JDBC-网络纯 Java 驱动程序支持较通用的网络 API，它将应用中的 JDBC 调用翻译成网络 API 调用序列后传输到中间件应用服务器，再由中间件选择 JDBC API 指定的数据库服务器的驱动程序，完成接口调用的逻辑请求。应用服务器可以与多种数据库相连接，因此系统具有极强的可伸缩性。

这种类型的驱动程序还有一个好处：在应用客户端可以仅安装很小的客户端就能够访问多种数据库，但要求中间件服务器能够访问应用所需的数据库系统。

（4）本地协议纯 Java 驱动程序

本地协议纯 Java 纯驱动程序为纯 Java 实现的驱动程序，它内置对数据库服务器的访问接口，JDBC API 调用直接使用 Java 套接字访问数据库，执行这些调用。这种方法具有和 Java 程序系统的平台无关性，但需要每个数据库提供商提供独立的驱动程序。

在上面各种驱动程序中使用的本地（native）方法，是针对具体数据库系统的方法。

4）数据源

设计开发 JDBC 应用程序也包含数据源的指定，尽管 JDBC 和 ODBC 访问的数据源在

功能上相同,但在形式并不相同,Java 应用程序指定数据源时使用 URL 的格式。数据源 URL 的一般形式为

```
jdbc:<subprotocol>:<subname>
```

其中,jdbc 代表连接协议,表示使用 JDBC API 调用;<subprotocol>为连接使用的子协议,一般是驱动程序的名字,用来指定使用哪个驱动程序,如果使用 JDBC-ODBC 桥驱动程序这里一般会用 ODBC,否则多数使用 JDBC 驱动程序名字;<subname>给驱动程序提供建立连接所需要的信息,一般用来标识目标数据源,数据源的一般格式:

```
//<{IP 地址 | 主机名}[:端口号]>/<连接数据库名>
```

不同的 JDBC 驱动程序可以使用不同的标识方式,只要驱动程序能够识别并能够指向唯一的数据源即可。

例 4.7 数据源是本机 KingbaseES 的 TEST 数据库,设置使用 JDBC-网络纯 Java 驱动程序的 URL。

访问该数据源相应的 URL:

```
String url ="jdbc:kingbase://127.0.0.1/TEST:54321";
```

这里给出的 URL 的含义:使用 kingbase 的 JDBC 驱动程序连接本机使用 54321 监听端口的 KingbaseES 服务器管理的 TEST 数据库。

3. 执行流程

一般来说,JDBC 的工作主要分为 3 个步骤:首先与某一关系数据库建立连接;其次向数据库发送 SQL 语句,实现对数据库的操作;最后取得处理结果。将执行流程进一步细化,用 JDBC 实现获得数据库记录的步骤如下。

(1) 通过驱动器管理器获取建立到数据源的连接。

(2) 获得连接上的 Statement 或其子类。

(3) 如果需要,设定 Statement 中的位置参数。

(4) 执行 Statement。

(5) 查看执行状态,处理返回的结果集。

(6) 关闭 Statement。

(7) 处理其他的 Statement。

(8) 提交或回滚连接的事务,关闭连接。对连接事务的提交或回滚可以在语句执行完成后根据逻辑需要进行。

上面全部过程中的连接是客户端 Java 应用程序与数据库服务器通信的控制结构,在应用程序使用数据库前由 JDBC 驱动程序建立,它必须获取至少一个数据库连接。JDBC 的连接由 java.sql.Connection 接口实现。创建连接后可以调用它的方法设置连接选项、管理事务和创建语句对象等。

应用程序可以通过下面两种方式获得数据库连接:

(1) 通过 DriverManager 类获得连接。

(2) 通过 DataSource 接口的实现。

DataSource 接口是 JDBC 3.0 规范定义的获取数据源连接的一种方法。使用 DataSource 进行数据库连接时应用程序使用逻辑名建立与数据库的连接，该逻辑名通过 Java 命名和目录接口（Java naming and directory interface，JNDI）映射到某个数据源对象所表示的真正的数据库连接。当数据源的信息变化时只需要修改数据源对象的属性，而不需要修改应用程序，从而能够提高系统的可移植性。

J2EE 组件多通过 DataSource 对象与数据源建立连接。使用 DataSource 对象可以保证应用程序更易移植和维护，应用程序还可以透明地使用连接池和分布事务的功能。

此外，DataSource 接口的实现还提供连接池的功能。DataSource 接口实现的连接对象与物理的数据库连接如果是 1∶1 的关系，连接对象关闭时物理的数据库连接也要关闭，因此每个客户连接都要打开、初始化和关闭一次物理的数据库连接，显然会降低系统的性能。如果驱动程序支持连接池技术，DataSource 维护一组物理的数据库连接，客户间可重用数据库连接，这样便能够提高性能和可扩展性。

JDBC 应用的具体执行流程见例 4.8。

4. JDBC 的优缺点

JDBC API 用于连接 Java 应用程序与各种关系数据库。这使得人们在建立客户-服务器应用程序时，选择 Java 作为编程语言，把任何一种浏览器作为应用程序的友好界面，把 Internet 或 Intranet 作为网络主干，把有关的数据库作为数据库后端。以下是使用 JDBC 的优点。

（1）JDBC API 与 ODBC 十分相似，有利于用户理解。

（2）JDBC 使得编程人员从复杂的驱动器调用命令和函数中解脱出来，可以致力于应用程序中的关键地方。

（3）JDBC 支持不同的关系数据库，使得程序的可移植性大大加强。

（4）用户可以使用 JDBC-ODBC 桥驱动器将 JDBC 函数调用转换为 ODBC。

（5）JDBC API 是面向对象的，可以让用户把常用的方法封装为一个类，以备后用。

以下是使用 JDBC 的缺点。

（1）使用 JDBC，访问数据记录的速度会受到一定程度的影响。

（2）JDBC 结构中包含了不同厂家的产品实现规定，这就给更改数据源带来了一定的麻烦。

4.4.2 实用例子

本节使用一个更为简单的例子来声明 JDBC 的用法，而没有使用前面的转账程序。

例 4.8 使用 JDBC-ODBC 桥访问数据源 tmpdb 中的表 tb1。

```
import java.net.URL;
import java.sql.*;


public class HelloWorld
{
```

```
    static public void main(String argv[])
    {
        Connection con;
        Statement stmt;
        ResultSet rs;
        String url ="jdbc:odbc:tmpdb";                       /* 数据源 URL */

        System.out.println("Hello World!");                  /* 欢迎信息 */
      try
      {
        Class.forName("sun.jdbc.odbc.JdbcOdbcDriver");
                                                           /* 加载 JDBC-ODBC 桥驱动程序 */
        con =DriverManager.getConnection(url);             /* 建立连接 */
        stmt =con.createStatement();                       /* 建立语句对象 */
        rs =stmt.executeQuery("SELECT a,b FROM tbl");      /* 执行语句 */

        /* 处理执行结果 */
        System.out.println(" A      B");
        System.out.println("---   ---");
        while (rs.next())
        {
            int x=rs.getInt("a");                          /* 获得表 tbl 列 a 的值 */
            String s=rs.getString("b");                    /* 获得表 tbl 列 b 的值 */
            System.out.print(" ");
            System.out.print(x);
            System.out.print(" ");
            System.out.println(s);
        }
        rs.close();                                        /* 关闭语句 */
        con.close();                                       /* 关闭连接 */
      }
      catch (Exception e)                                  /* 异常处理 */
      {
        System.out.println("open failed: "+e.getMessage());
      }
    }
}
```

上面例子中检索列值可以使用列序号,也可以使用列名。这是由于 JDBC 是面向对象的驱动程序,它对函数 getInt()进行了重载。

下面给一个数据跨库备份或迁移的例子。备份或迁移基本方法如图 4-6 所示。

例 4.9 将 KingbaseES 数据库中 Student 表的数据备份到 MySQL 数据库中。

```
//加载相关包
import java.sql.Connection;
import java.sql.DriverManager;
```

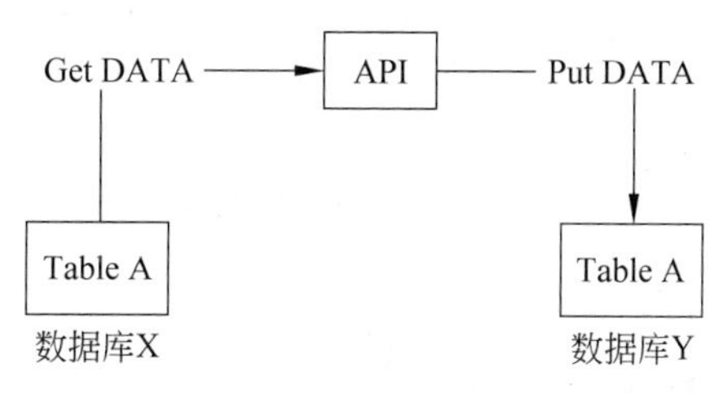

图 4-6 基于接口跨库备份数据

```
import java.sql.PreparedStatement;
import java.sql.ResultSet;
import java.sql.SQLException;
import java.sql.Time;
import java.sql.Timestamp;
import java.text.SimpleDateFormat;
import java.util.ArrayList;
import java.util.Date;
import java.util.List;

import org.bson.Document;

import com.mongodb.MongoClient;
import com.mongodb.client.MongoCollection;
import com.mongodb.client.MongoDatabase;
import com.ruc.database.bean.Test;

/**
 * @Description: 从 KingBase 数据库复制数据表到 MySql 数据库
 */
public class DatabaseTest {
    public static void main(String[] args) {
        //Step1: 连接 KingBase 数据库
        Connection conKingBase =null;                    //定义数据库连接
        java.sql.PreparedStatement psKingBase =null;  //构建执行器
        ResultSet rsKingBase =null;
        List<Test>listKingBase =new ArrayList<Test>();
        try {
            //加载连接驱动
            DriverManager.registerDriver(new com.kingbase.Driver());

            //连接数据库: 驱动名称、IP、端口号、数据库名称、用户名、密码
            conKingBase =DriverManager.getConnection ( "jdbc:kingbase://127.
                                                        0.0.1:54321/TEST",
                                                        "SYSTEM", "123456");
            System.out.println("连接 KingBase 数据库成功!");
```

```
        //Step2: 准备待复制数据并保存在缓存列表中
        String sql ="select * from STUDENT";
        psKingBase =conKingBase.prepareStatement(sql); //准备执行 SQL 语句
        rsKingBase =psKingBase.executeQuery();         //执行查询
        while(rsKingBase.next()){                      //取查询结果集
            Test test =new Test();
            //查询表中的一条数据信息
            test.setId(rsKingBase.getInt(1));
            test.setP1(rsKingBase.getInt(2));
            test.setP2(rsKingBase.getFloat(3));
            test.setP3(rsKingBase.getDouble(4));
            test.setP4(rsKingBase.getBigDecimal(5));
            test.setP5(rsKingBase.getString(6));
            test.setP6(rsKingBase.getDate(7));
            String p7 =rsKingBase.getTimestamp(8)==null?"null":
                        rsKingBase.getTimestamp(8).toString();
            test.setP7(p7);
            String p8 =rsKingBase.getTime(9)==null?"null":
                            rsKingBase.getTime(9).toString();
            test.setP8(p8);
            test.setP9(rsKingBase.getString(10));
            listKingBase.add(test);          //添加一条数据记录缓存到集合中
        }
    }
    catch (SQLException e) {                         //打印异常出错信息
        System.out.println("连接 KingBase 数据库失败!");
        e.printStackTrace();
    }
    finally{
        /Step3: 断开到源数据库的连接
        //关闭结果集流操作
        try {rsKingBase.close();} catch (Exception e2) {}
        //关闭 SQL 执行器
        try {psKingBase.close();} catch (Exception e2) {}
        //关闭数据库连接
        try {conKingBase.close();} catch (Exception e2) {}
    }

    //Step4: 连接 MySQL 目标数据库 (以下基本操作对照 Kingbase 代码的解释)
    Connection conMysql =null;
    java.sql.PreparedStatement psMysql =null;
    try {
            Class.forName("com.mysql.jdbc.Driver");
            conMysql =DriverManager.getConnection("jdbc:mysql://127.0.0.1:
                    3306/group9"
```

```
                , "root", "123456");
        System.out.println("连接 MySQL 数据库成功!");

        //Step5: 准备将缓存列表中数据逐条插入目标数据库中
        String sql = "insert into student (p1, p2, p3, p4, p5, p6, p7, p8, p9)
        values(?,?,?,?,?,?,?,?,?)";
        psMysql =conMysql.prepareStatement(sql);
        for(Test test : listKingBase){
            psMysql.setInt(1, test.getP1());
            psMysql.setFloat(2, test.getP2());
            psMysql.setDouble(3, test.getP3());
            psMysql.setBigDecimal(4, test.getP4());
            psMysql.setString(5, test.getP5());
            psMysql.setDate(6, new java. sql. Date (test. getP6 () . getTime
            ()));
            //把字符串转化为日期的格式
            Date timestamp =new SimpleDateFormat("yyyy-MM-dd HH:mm:ss").
            parse(test.getP7());
            psMysql.setTimestamp(7, new Timestamp(timestamp.getTime()));
            Date time =new SimpleDateFormat("HH:mm:ss").parse(test.getP8
            ());
            psMysql.setTime(8, new Time(time.getTime()));
            psMysql.setString(9, test.getP9());
            psMysql.executeUpdate();
        }
    }
    catch (Exception e) {
        System.out.println("连接 MySQL 数据库失败!");
        e.printStackTrace();
    }
    finally{
        //Step6: 断开到目标数据库的连接
        try {psMysql.close();} catch (Exception e2) {}
        try {conMysql.close();} catch (Exception e2) {}
    }
}
```

例 4.10 将 KingbaseES 数据库中 Student 表的数据备份到 MongoDB 数据库中。

```
import java.sql.Connection;
import java.sql.DriverManager;
import java.sql.PreparedStatement;
import java.sql.ResultSet;
import java.sql.SQLException;
import java.sql.Time;
import java.sql.Timestamp;
```

```
import java.text.SimpleDateFormat;
import java.util.ArrayList;
import java.util.Date;
import java.util.List;
import com.mongodb.MongoClient;
import com.mongodb.client.MongoCollection;
import com.mongodb.client.MongoDatabase;
import org.bson.Document;
import com.ruc.database.bean.Test;

/**
 * @Description: 复制 KingBase 数据库到 MongoDB 数据库
 */
public class DatabaseTest {
    public static void main(String[] args) {
        //Step1: 连接 KingBase 数据库
        Connection conKingBase =null;                               //定义数据库连接
        java.sql.PreparedStatement psKingBase =null;                //构建执行器
        ResultSet rsKingBase =null;
        List<Test>listKingBase =new ArrayList<Test>();
        try {
            DriverManager.registerDriver(new com.kingbase.Driver()); //加载连接驱动

            //连接数据库: 驱动名称、IP、端口号、数据库名称、用户名、密码
            conKingBase =DriverManager.getConnection ("jdbc:kingbase://127.0.0.
                                                    1:54321/TEST",
                                                    "SYSTEM", "123456");
            System.out.println("连接 KingBase 数据库成功!");

            //Step2: 准备待复制数据并保存在缓存中
            String sql ="select *  from STUDENT";
            psKingBase =conKingBase.prepareStatement(sql);   //执行 SQL 语句
            rsKingBase =psKingBase.executeQuery();             //执行查询
            while(rsKingBase.next()){                          //取查询结果集
                Test test =new Test();

                //查询表中的一条元组数据
                test.setId(rsKingBase.getInt(1));
                test.setP1(rsKingBase.getInt(2));
                test.setP2(rsKingBase.getFloat(3));
                test.setP3(rsKingBase.getDouble(4));
                test.setP4(rsKingBase.getBigDecimal(5));
                test.setP5(rsKingBase.getString(6));
                test.setP6(rsKingBase.getDate(7));
                String p7 =rsKingBase.getTimestamp(8)==null?"null":
```

```
                    rsKingBase.getTimestamp(8).toString();
            test.setP7(p7);
            String p8 = rsKingBase. getTime ( 9) = = null?" null ": rsKingBase.
            getTime(9).toString();
            test.setP8(p8);
            test.setP9(rsKingBase.getString(10));
            listKingBase.add(test);          //添加一条元组数据缓存到集合列表中
        }
    }
    catch (SQLException e) {
        //打印异常出错信息
        System.out.println("连接 KingBase 数据库失败!");
        e.printStackTrace();
    }
    finally{
        /Step3: 断开到源数据库的连接
        //关闭结果集流操作
        try {rsKingBase.close();} catch (Exception e2) {}
        //关闭 SQL 执行器
        try {psKingBase.close();} catch (Exception e2) {}
        //关闭数据库连接
        try {conKingBase.close();} catch (Exception e2) {}
    }

    MongoDatabase mongoDatabase =null;
    try {
            //Step4: 连接 MongoDB 目标数据库
            //连接 MongoDB 服务: 连接 IP、端口号
            @SuppressWarnings("resource")
            MongoClient mongoClient =new MongoClient( "localhost" , 27017 );
            //连接到数据库
            mongoDatabase =mongoClient.getDatabase("shop");
            System.out.println("连接 MongoDB 数据库成功!");

            //Step5: 将缓存列表中数据逐条插入目标数据库
            //连接数据库 Student 表
            MongoCollection< Document > collection = mongoDatabase. getCollection
            ("student");
            for(Test map : listKingBase){
                //生成元组对应的文档对象
                JSONObject json =JSONObject.parse(map,Test.class);
                //执行插入语句,插入文档对象
                collection.insertOne(new Document(json));
                //检查是否成功插入一个元组文档,有则 count 为 1,无则为 0
                long count =collection.count(new Document(json));
```

```
                //System.out.println("count: "+count);
                if(count ==1){
                System.out.println("文档插入成功!");
            }
            else{
                System.out.println("文档插入失败!");
            }
        } // end for
    } catch (Exception e) {
        // handle exception
        System.out.println("连接 MongoDB 数据库失败!");
        e.printStackTrace();
    }
  }//end main( )
}
```

读者可以从 JDBC 的各种参考书目获得更复杂的例子,也可以在网络中搜索相关资料或源代码。

4.4.3 主要接口分类

JDBC API 是用来编写访问数据库的 Java 应用程序的一组接口抽象,它规定的接口主要有两种:一种是面向一般应用程序开发人员的 JDBC API;另一种是针对驱动程序提供商的 JDBC Driver API。前者可视为接口抽象类,而后者需要包含抽象类所有方法的实现,对最终用户和 Java 应用程序开发者而言,接口是透明的。

JDBC 3.0 API 是 Java 平台(J2EE 和 J2SE)的一个部分,它由两个包组成:java.sql 和 javax.sql。在 java.sql 中包含了 11 个类和 18 个接口,在 javax.sql 中包含两个类和 12 个接口。主要的类和接口如下。

(1) DriverManager 类。管理驱动程序的加载,为建立数据库连接提供支持。JDBC 驱动程序注册到该类后才能被使用。建立连接时它根据连接的 JDBC URL 选择匹配的驱动程序。

(2) java.sql.Driver 接口。驱动程序接口,负责匹配 URL 与驱动程序、建立到数据库的连接等,接口规定的方法需要由相应的驱动程序实现。

(3) java.sql.Connection 接口。包含到特定数据库的连接,它能够提供的方法也需要由相应的驱动程序实现。

(4) java.sql.Statement 接口。为 SQL 语句提供一个容器,包括执行 SQL 语句、取得查询结果等方法。该接口有两个子类型:①java.sql.PreparedStatement,用于执行预编译的 SQL 语句;②java.sql.CallableStatement,用于执行对一个数据库内嵌过程的调用。

(5) java.sql.ResultSet 接口。提供对结果集进行处理的各种手段。

JDBC 驱动程序 API 是面向驱动程序开发商的标准接口,对于大多数数据库驱动程序来说,仅仅实现 JDBC API 提供的抽象类就可以了,即每个驱动程序都必须提供 java.sql.Connection、java.sql.Statement、java.sql.PreparedStatement 和 java.sql.ResultSet 等主要接口的实现。如果目标 DBMS 支持 OUT 参数的内嵌存储过程或函数,那么还应该提供 java.

sql.CallableStatement 接口。每个数据库的 JDBC 驱动程序必须提供一个 java.sql.Driver 类，保证系统可以由 java.sql.DriverManager 来管理。

如果编写更复杂的应用程序，可从网络检索其他任何 JDBC 的相关资料，也可以从 MSDN(Microsoft developer network)上获得相关的资源。

习　题

1. 对学生-课程数据库，编写存储过程，完成下面功能。

1）统计离散数学的成绩分布情况，即按照各分数段统计人数。

2）统计任意一门课的平均成绩。

3）将学生选课成绩从百分制改为等级制(即 A、B、C、D、E)。

2. 使用 ODBC 编写应用程序来对异构数据库进行各种数据操作。

配置两个不同的数据源，编写程序连接两个不同 RDBMS 的数据源，对异构数据库进行操作。例如，将 KingbaseES 数据库的某个表中的数据转移到 SQL Server 数据库的表中。

3. 使用 JDBC 编写应用程序来对异构数据库进行各种数据操作。

配置两个不同的数据源，编写程序连接两个不同 RDBMS 的数据源，对异构数据库进行操作。例如，将 KingbaseES 数据库的某个表中的数据转移到 SQL Server 数据库的表中。

第 5 章　数据库保护

在 1.1.2 节已经讲到,数据库系统中的数据是由 DBMS 统一管理和控制的,为了适应数据共享的环境,DBMS 必须提供数据的安全性、完整性、并发控制和数据库恢复等数据保护能力,以保证数据库中数据的安全可靠和正确有效。

5.1　安 全 性

数据库的安全性是指保护数据库,防止因用户非法使用数据库造成数据泄露、更改或破坏。

数据库的一大特点是数据可以共享,但数据共享必然带来数据库的安全性问题。数据库中放置了组织、企业、个人的大量数据,其中许多数据可能是非常关键、机密或者涉及个人隐私,例如,军事秘密、国家机密、新产品实验数据、市场需求分析、市场营销策略、销售计划、客户档案、医疗档案、银行储蓄数据等,数据拥有者往往只允许一部分人访问这些数据。如果 DBMS 不能严格地保证数据库中数据的安全性,就会严重制约数据库的应用。

因此,数据库系统中的数据共享不能是无条件的共享,而必须是在 DBMS 统一的、严格的控制之下,只允许有合法使用权限的用户访问允许他存取的数据。数据库系统的安全保护措施是否有效是数据库系统主要的性能指标之一。

当然,与数据安全性密切相关的是数据的保密问题,即合法用户合法地访问到机密数据后能否对这些数据保密。这在很大程度上是法律、政策、伦理、道德方面的问题,而不属于技术上的问题,不属于本书讨论的范围。事实上,一些国家已成立了专门机构对数据的安全保密制定了法律道德准则和政策法规。

5.1.1　安全性控制的一般方法

用户非法使用数据库可以有很多种情况,例如,用户编写一段合法的程序绕过 DBMS 及其授权机制,通过操作系统直接存取、修改或备份数据库中的数据;编写应用程序执行非授权操作;通过多次合法查询数据库从中推导出一些保密数据,如某数据库应用系统禁止查询某人的工资,但允许查询任意一组人的平均工资,用户甲想了解张三的工资,于是他首先查询包括张三在内的一组人的平均工资,然后用自己替换张三后查询这组人的平均工资,从而推导出张三的工资;等等。这些破坏安全性的行为可能是无意的,也可能是故意的,甚至可能是恶意的。安全性控制就是要尽可能地杜绝所有可能的数据库非法访问,不管它们是有意的还是无意的。

实际上,安全性问题并不是数据库系统所独有的,所有计算机化的系统中都存在这个问题,只是由于数据库系统中存放了大量数据,并为许多用户直接共享,使安全性问题更为突出而已。所以,在计算机系统中,安全措施一般是一级一级层层设置的,例如,图 5-1 就是一种很常用的安全模型。

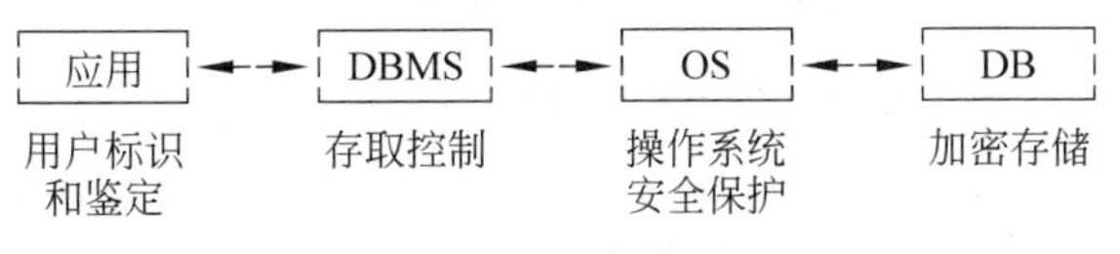

图 5-1　安全模型

图 5-1 的安全模型中，在用户要求进入计算机系统时，系统首先根据输入的用户标识进行用户身份鉴定，只有合法的用户才准许进入计算机系统。对已进入系统的用户，DBMS 还要进行存取控制，只允许用户执行合法操作。操作系统一级也会有自己的安全保护措施。数据最后还可以以加密的形式存储到数据库中。操作系统一级的安全保护措施可参考操作系统的有关书籍，这里不再详述。另外，对于强力逼迫透露口令、盗窃物理存储设备等行为而采取的保安措施，例如，出入机房登记、加锁等，也不在讨论之列。这里只讨论与数据库有关的用户标识和鉴定、存取控制和数据加密等安全性措施。

1. 用户标识和鉴定

用户标识和鉴定是系统提供的最外层安全保护措施。其方法是由系统提供一定的方式让用户标识自己的名字或身份。系统内部记录着所有合法用户的标识，每次用户要求进入系统时，由系统将用户提供的身份标识与系统内部记录的合法用户标识进行核对，通过鉴定后才提供机器使用权。用户标识和鉴定的方法有很多种，而且在一个系统中往往是多种方法并举，以获得更强的安全性。

标识和鉴定一个用户最常用的方法是用一个用户名或用户标识号来标明用户身份，系统鉴别此用户是不是合法用户。若是合法用户，则可进入下一步的核实；若不是合法用户，则不能使用计算机。

为了进一步核实用户，在用户输入了合法用户名或用户标识号后，系统常常要求用户输入口令(password)，然后系统核对口令以鉴别用户身份。为保密起见，用户在终端上输入的口令是不显示在屏幕上的。

通过用户名和口令来鉴定用户的方法简单易行，但用户名和口令容易被人窃取，因此还可以用更复杂的方法。例如，每个用户都预先约定好一个计算过程或者函数，在鉴别用户身份时，系统提供一个随机数，用户根据自己预先约定的计算过程或者函数进行计算，系统根据用户计算结果是否正确进一步鉴定用户身份。用户可以约定比较简单的计算过程或函数，以便计算起来方便；也可以约定比较复杂的计算过程或函数，以便安全性更好。

用户标识和鉴定可以重复多次。

2. 存取控制

数据库安全最重要的一点就是确保只授权给有资格的用户访问数据库的权限，同时令所有未被授权的人员无法接近数据，这主要通过数据库系统的存取控制机制实现，其中自主存取控制和强制存取控制是两类最常见的存取控制机制。

1) 自主存取控制

在数据库系统中，为了保证用户只能访问他有权存取的数据，必须预先对每个用户定义存取权限。对于通过鉴定获得上机权的用户(即合法用户)，系统根据他的存取权限定义对他的各种操作请求进行控制，确保他只执行合法操作。

存取权限由两个要素组成：数据对象和操作类型。定义一个用户的存取权限就是要定义这个用户可以在哪些数据对象上进行哪些类型的操作。在数据库系统中，定义存取权限称为授权(authorization)。这些授权定义经过编译后存放在数据字典中。对于获得上机权后又进一步发出存取数据库操作的用户，DBMS 查询数据字典，根据其存取权限对操作的合法性进行检查，若用户的操作请求超出了定义的权限，系统将拒绝执行此操作。这就是自主存取控制。

在层次数据库和网状数据库中，用户只能对数据进行操作，存取控制的数据对象也仅限于数据本身。而关系系统中，DBA 可以把建立、修改基本表的权限授予用户，用户获得此权限后可以建立和修改基本表、索引、视图。因此，关系系统中存取控制的数据对象不仅有数据本身，如表、属性列等，还有模式、外模式、内模式等数据字典中的内容，如表 5-1 所示。

表 5-1　关系系统中的存取权限

数据对象		操作类型
模式	模式	建立、修改、检索
	外模式	建立、修改、检索
	内模式	建立、修改、检索
数据	表	查询、插入、修改、删除
	属性列	查询、插入、修改、删除

授权编译程序和合法权检查机制一起组成了安全性子系统。表 5-2 就是一个授权表的例子。

表 5-2　一个授权表的例子(一)

用户名	数据对象名	允许的操作类型
张明	关系 Student	SELECT
李青	关系 Student	ALL
李青	关系 Course	ALL
李青	关系 SC	UPDATE
王楠	关系 SC	SELECT
王楠	关系 SC	INSERT
⋮	⋮	⋮

衡量授权机制是否灵活的一个重要指标是授权粒度，即可以定义的数据对象的范围。授权定义中数据对象的粒度越细，即可以定义的数据对象的范围越小，授权子系统就越灵活。

在关系系统中，实体以及实体间的联系都用单一的数据结构即表来表示，表由行和列组成。所以在关系数据库中，授权的数据对象粒度包括表、属性列、行(记录)。

表 5-2 就是一个授权粒度很粗的表，它只能对整个关系授权，如用户张明拥有对关系 Student 的 SELECT 权；用户李青拥有对关系 Student 和 Course 的一切权限，以及对关系 SC 的 UPDATE 权；用户王楠可以查询关系 SC 以及向关系 SC 中插入新记录。

表 5-3 中的授权表则精细到可以对属性列授权，用户李青拥有对关系 Student 和 Course 的一切权限，但只能查询 SC 关系和修改 SC 关系的 Grade 属性；王楠只能查询 SC 关系的 Sno 属性和 Cno 属性。

表 5-3　一个授权表的例子(二)

用户名	数据对象名	允许的操作类型
张明	关系 Student	SELECT
李青	关系 Student	ALL
李青	关系 Course	ALL
李青	关系 SC	SELECT
李青	列 SC.Grade	UPDATE
王楠	列 SC.Sno	SELECT
王楠	列 SC.Cno	SELECT
⋮	⋮	⋮

表 5-2 和表 5-3 中的授权定义均独立于数据值，用户能否执行某个操作与数据内容无关。而表 5-4 中的授权表则不但可以对属性列授权，还可以提供与数值有关的授权，即可以对关系中的一组记录授权。例如，张明只能查询信息系(IS)学生的数据。提供与数据值有关的授权，要求系统必须能支持存取谓词。

表 5-4　一个授权表的例子(三)

用户名	数据对象名	允许的操作类型	存取谓词
张明	关系 Student	SELECT	Sname='IS'
李青	关系 Student	ALL	
李青	关系 Course	ALL	
李青	关系 SC	SELECT	
李青	列 SC.Grade	UPDATE	
王楠	列 SC.Sno	SELECT	
王楠	列 SC.Cno	SELECT	
⋮	⋮	⋮	

另外，还可以在存取谓词中引用系统变量。如终端设备号、系统时钟等就是与时间地点有关的存取权限，这样用户只能在某段时间内，某台终端上存取有关数据。例如，规定"教师只能在每年 1 月份和 7 月份的星期一至星期五上午 8 点至下午 5 点处理学生成绩数据"。

可见，授权粒度越细，授权子系统就越灵活，能够提供的安全性就越完善。但另一方面，因数据字典变大、变复杂，系统定义与检查权限的开销也会相应增大。

DBMS 一般都提供了存取控制语句进行存取权限的定义，5.1.2 节将进行介绍。

2) 强制存取控制

自主存取控制能够通过授权机制有效地控制对敏感数据的存取。但是由于用户对数据的存取权限是"自主"的，用户可以自由地决定将数据的存取权限授予何人，以及是否允许他传播这些权限。在这种授权机制下，仍可能存在数据的"无意泄露"。例如，甲将自己权限范围内的某些数据存取权限授权给乙，甲的意图是仅允许乙本人操纵这些数据。但甲的这种安全性要求并不能得到保证，因为乙一旦获得了对数据的权限，就可以将数据备份，获得自身权限内的副本，并在不征得甲同意的前提下传播副本。造成这一问题的根本原因就在于，这种机制仅仅通过对数据的存取权限来进行安全控制，而数据本身并无安全性标记。要解决这一问题，就需要对系统控制下的所有主客体实施强制存取控制策略。

强制存取控制是指系统为保证更高程度的安全性所采取的强制存取检查手段。它不是用户能直接感知或进行控制的。强制存取控制适用那些对数据有严格而固定密级分类的部门，如军事部门或政府部门。

在强制存取控制中，数据库管理系统所管理的全部实体被分为主体和客体两大类。主体是系统中的活动实体，例如数据库用户、代表用户的各进程等。客体是系统中的被动实体，是受主体操纵的，例如文件、基本表、索引、视图等。对于主体和客体，数据库管理系统为它们每个实例(值)指派一个敏感度标记(label)。

敏感度标记被分成若干级别，例如绝密(top secret，TS)、机密(secret，S)、可信(confidential，C)、公开(public，P)等。密级的次序是 TS≥S≥C≥P。主体的敏感度标记称为许可证级别(clearance level)，客体的敏感度标记称为密级(classification level)。**强制存取控制机制就是通过对比主体的敏感度标记和客体的敏感度标记，最终确定主体是否能够存取客体。**

强制存取控制是对数据本身进行密级标记，无论数据如何复制，标记与数据是一个不可分的整体，只有符合密级标记要求的用户才可以操纵数据，从而提供了更高级别的安全性。

3. 定义视图

进行存取权限的控制，不仅可以通过授权与收回权力来实现，还可以通过定义用户的外模式来提供一定的安全保护功能。在关系系统中，就是为不同的用户定义不同的视图，通过视图机制把要保密的数据对无权存取这些数据的用户隐藏起来，从而自动地对数据提供一定程度的安全保护。但视图机制更主要的功能在于提供数据独立性，其安全保护功能太不精细，往往远不能达到应用系统的要求，因此，在实际应用中通常是视图机制与授权机制配合使用，首先用视图机制屏蔽掉一部分保密数据，然后在视图上面再进一步定义存取权限。

4. 审计

用户识别和鉴定、存取控制、视图等安全性措施均为强制性机制，将用户操作限制在规定的安全范围内。但实际上任何系统的安全性措施都不可能是完美无缺的，蓄意盗窃、破坏数据的人总是想方设法打破控制。所以，当数据相当敏感，或者对数据的处理极为重要时，就必须以审计技术作为追踪手段，监测可能的不合法行为。

审计追踪使用的是一个专用文件或数据库，系统自动将用户对数据库的所有操作记录在上面，利用审计追踪的信息，就能重现导致数据库现有状况的一系列事件，以找出非法存取数据的人。

审计通常是很费时间和空间的，所以 DBMS 往往都将其作为可选特征，允许 DBA 根据应用对安全性的要求，灵活地打开或关闭审计功能。审计功能一般主要用于安全性要求较高的部门。

5. 数据加密

对于高度敏感性数据，例如，财务数据、军事数据、国家机密，除以上安全性措施外，还可以采用数据加密技术，以密码的形式存储和传输数据。这样企图通过不正常渠道获取数据（例如，利用系统安全措施的漏洞非法访问数据，或者在通信线路上窃取数据）只能看到一些无法辨认的二进制代码。用户正常检索数据时，首先要提供密码钥匙，由系统进行译码后，才能得到可识别的数据。

目前，不少数据库产品均提供了数据加密例行程序，可根据用户的要求自动对存储和传输的数据进行加密处理。还有一些数据库产品虽然本身未提供加密程序，但提供了接口，允许用户用其他厂商的加密程序对数据加密。

所有提供加密机制的系统必然也提供相应的解密程序。这些解密程序本身也必须具有一定的安全性保护措施，否则数据加密的优点也就遗失殆尽了。

由于数据加密与解密也是比较费时的操作，而且数据加密与解密程序会占用大量系统资源，因此数据加密功能通常也作为可选特征，允许用户自由选择，只对高度机密的数据加密。

5.1.2 SQL 中的安全性控制

SQL 提供了数据库存取控制功能，可用来定义不同用户对于不同数据对象所允许执行的操作，并控制各用户只能存取他有权存取的数据。不同的用户对不同的数据应具有何种操作权力，是由 DBA 和表的建立者（即表的属主）根据具体情况决定的，SQL 则为 DBA 和表的属主定义与回收这种权力提供了安全控制语句。

1. 授权

SQL 用 GRANT 语句向用户授予操作权限，GRANT 语句的一般格式：

```
GRANT <权限>[,<权限>]…
        [ON <对象类型><对象名>]
        TO <用户>[,<用户>]…
        [WITH GRANT OPTION];
```

其语义为将对指定操作对象的指定操作权限授予指定的用户。

不同类型的操作对象有不同的操作权限，常见的操作权限如表 5-5 所示。

表 5-5　不同对象类型允许的操作权限

对象	对象类型	操作权限
属性列	TABLE	SELECT, INSERT, UPDATE, DELETE, ALL PRIVILEGES
视图	TABLE	SELECT, INSERT, UPDATE, DELETE, ALL PRIVILEGES
基本表	TABLE	SELECT, INSERT, UPDATE, DELETE, ALTER, INDEX, ALL PRIVILEGES
数据库	DATABASE	CREATETAB

对属性列和视图的操作权限有 5 类：查询(SELECT)、插入(INSERT)、修改(UPDATE)、删除(DELETE)以及这 4 种权限的总和(ALL PRIVILEGES)。对基本表的操作权限有 7 类：查询(SELECT)、插入(INSERT)、修改(UPDATE)、删除(DELETE)、修改表(ALTER)和建立索引(INDEX)以及这 6 种权限的总和(ALL PRIVILEGES)。对数据库可以有建立表(CREATETAB)的权限，该权限属于 DBA，可由 DBA 授予普通用户，普通用户拥有此权限后可以建立基本表，基本表的属主拥有对该表的一切操作权限。

接受权限的用户可以是一个或多个具体用户，也可以是 PUBLIC 即全体用户。

如果指定了 WITH GRANT OPTION 子句，则获得某种权限的用户还可以把这种权限再授予别的用户。如果没有指定 WITH GRANT OPTION 子句，则获得某种权限的用户只能使用该权限，但不能传播该权限。

例 5.1 把查询 Student 表权限授给用户 U1。

```
GRANT SELECT ON TABLE Student TO U1;
```

例 5.2 把对 Student 表和 Course 表的全部权限授予用户 U2 和 U3。

```
GRANT ALL PRIVILEGES ON TABLE Student, Course TO U2, U3;
```

例 5.3 把对表 SC 的查询权限授予所有用户。

```
GRANT SELECT ON TABLE SC TO PUBLIC;
```

例 5.4 把查询 Student 表和修改学生学号的权限授给用户 U4。

这里实际上要授予 U4 用户的是对基本表 Student 的 SELECT 权限和对属性列 Sno 的 UPDATE 权限。授予关于属性列的权限时必须明确指出相应属性列名。完成本授权操作的 SQL 语句：

```
GRANT UPDATE(Sno), SELECT ON TABLE Student TO U4;
```

例 5.5 把对表 SC 的 INSERT 权限授予 U5 用户，并允许他再将此权限授予其他用户。

```
GRANT INSERT ON TABLE SC TO U5 WITH GRANT OPTION;
```

执行此 SQL 语句后，U5 不仅拥有了对表 SC 的 INSERT 权限，还可以传播此权限，即由 U5 用户发上述 GRANT 命令给其他用户。例如，U5 可以将此权限授予 U6：

```
GRANT INSERT ON TABLE SC TO U6 WITH GRANT OPTION;
```

同样，U6 还可以将此权限授予 U7：

```
GRANT INSERT ON TABLE SC TO U7;
```

因为 U6 未给 U7 传播的权限，因此 U7 不能再传播此权限。

例 5.6 DBA 把在数据库 S_C 中建立表的权限授予用户 U8。

```
GRANT CREATETAB ON DATABASE S_C TO U8;
```

由上面的例子可以看到，GRANT 语句可以一次向一个用户授权，如例 5.1 所示，这是最简单的一种授权操作；也可以一次向多个用户授权，如例 5.2、例 5.3 等所示；还可以一次传播多个同类对象的权限，如例 5.2 所示；甚至一次可以完成对基本表和属性列这些不同对象的授权，如例 5.4 所示；但授予关于 DATABASE 的权限必须与授予关于 TABLE 的权限分开，因为它们使用不同的对象类型关键字。

2. 收回权限

授予的权限可以由 DBA 或其他授权者用 REVOKE 语句收回，REVOKE 语句的一般格式：

```
REVOKE <权限>[,<权限>]…
    [ON <对象类型><对象名>]
    FROM <用户>[,<用户>]…;
```

例 5.7　把用户 U4 修改学生学号的权限收回。

```
REVOKE UPDATE(Sno) ON TABLE Student FROM U4;
```

例 5.8　收回所有用户对表 SC 的查询权限。

```
REVOKE SELECT ON TABLE SC FROM PUBLIC;
```

例 5.9　把用户 U5 对 SC 表的 INSERT 权限收回。

```
REVOKE INSERT ON TABLE SC FROM U5;
```

在例 5.5 中，U5 又将对 SC 表的 INSERT 权限授予了 U6，而 U6 又将其授予了 U7，执行此 REVOKE 语句后，DBMS 在收回 U5 对 SC 表的 INSERT 权限的同时，还会自动收回 U6 和 U7 对 SC 表的 INSERT 权限，即收回权限的操作会级联。但如果 U6 或 U7 还从其他用户处获得对 SC 表的 INSERT 权限，则他们仍具有此权限，系统只收回直接或间接从 U5 处获得的权限。

可见，SQL 提供了非常灵活的授权机制。用户对自己建立的基本表和视图拥有全部的操作权限，并且可以用 GRANT 语句把其中某些权限授予其他用户。被授权的用户如果有继续授权的许可，还可以把获得的权限再授予其他用户。DBA 拥有对数据库中所有对象的所有权限，并可以根据应用的需要将不同的权限授予不同的用户。而所有授予出去的权力在必要时又都可以用 REVOKE 语句收回。

3. 基于视图的存取控制

视图机制与授权机制相配合，可以间接地实现支持存取谓词的用户权限定义。例如，假定王萍老师只能检索计算机系学生的信息，系主任张凌具有检索、增加、删除和修改计算机系学生信息的所有权限。这就要求系统能支持“存取谓词”的用户权限定义。在不直接支持存取谓词的系统中，可以先建立计算机系学生的视图 CS_Student，然后在视图上进一步定义存取权限。

例 5.10　建立计算机系学生的视图，把对该视图的 SELECT 权限授予王萍，把该视图上的所有操作权限授予张凌。

```
CREATE VIEW CS_Student            /*先建立视图 CS_Student*/
```

```
AS
SELECT *
FROM Student
WHERE Sdept='CS';

GRANT SELECT                    /* 王萍老师只能检索计算机系学生的信息 */
ON CS_Student
TO 王萍;
GRANT ALL PRIVILEGES    /* 系主任具有检索、增加、删除和修改计算机系学生信息的所有权限 */
ON CS_Student
TO 张凌;
```

4. 审计

许多 DBMS 都提供了比较灵活的审计功能，例如是否使用审计，对哪些表进行审计，对哪些操作进行审计等，都可以由用户自由选择。用户可以通过 AUDIT 语句设置审计功能，NOAUDIT 语句取消审计功能。DBMS 会将审计设置以及审计内容均存放在数据字典中。用户在设置审计时，可以详细指定对哪些 SQL 操作进行审计。例如，如果想对修改 SC 表结构或数据的操作进行审计，可使用如下语句：

```
AUDIT ALTER,UPDATE ON SC;
```

取消对 SC 表的一切审计可使用如下语句：

```
NOAUDIT ALL ON SC;
```

5. 用触发器自定义安全性措施

除了系统级的安全性措施外，DBMS 还允许用户用触发器(trigger)定义特殊的更复杂的用户级安全性措施。

触发器是用户定义在关系表上的一类由事件驱动的特殊过程。一旦定义，触发器将被保存在数据库服务器中。任何用户对表的增加、删除和修改操作均由服务器自动激活相应的触发器，在关系系统核心层进行集中控制。

触发器在 SQL 99 之后才写入 SQL 标准，但是很多关系系统很早就支持触发器，因此不同的关系系统实现的触发器语法各不相同、互不兼容。请读者在上机实验前注意阅读所用系统的使用说明。

由于用触发器定义安全性措施通常都比较简单，所以关于触发器的详细介绍将放在 5.2 节，这里只给一个例子。

例 5.11 规定只能在工作时间内更新 Student 表。

可以定义如下触发器，其中 sysdate 为系统当前时间：

```
CREATE OR REPLACE TRIGGER secure-student
BEFORE INSERT OR UPDATE OR DELETE ON Student
BEGIN
    IF (TO-CHAR(sysdate,'DY') IN ('SAT','SUN'))
```

```
        OR (TO-NUMBER(sysdate,'HH24') NOT BETWEEN 8 AND 17)
    THEN
        RAISE-APPLICATION-ERROR(-20506,
        'You may only change data during normal business hours.')
    END IF;
END;
```

这个例子定义了一个名为 secure-student 的触发器,触发器一经定义后,将存放在数据字典中。用户每次对 Student 表执行 INSERT、UPDATE 或 DELETE 操作时都会自动激活该触发器,由系统检查当时的系统时间,如果是周六或周日,或者不是 8 点至 17 点,系统会拒绝执行用户的更新操作,并提示出错信息。

5.2 完 整 性

数据库的完整性是指数据的正确性和相容性。例如,学生的年龄必须是整数,取值范围为 14~29;学生的性别只能是男或女;学生的学号一定是唯一的;学生所在系必须是学校开设的系;等等。数据库是否具备完整性关系到数据库系统能否真实地反映现实世界,因此维护数据库的完整性是非常重要的。

数据的完整性与安全性是数据库保护两个不同的方面。安全性是防止用户非法使用数据库,包括恶意破坏数据和越权存取数据。完整性则是防止合法用户使用数据库时向数据库中加入不合语义的数据。也就是说,安全性措施的防范对象是非法用户和非法操作,完整性措施的防范对象是不合语义的数据。

为维护数据库的完整性,DBMS 必须提供一种机制来检查数据库中的数据,看其是否满足语义规定的条件。这些加在数据库数据之上的语义约束条件称为数据库完整性约束条件,它们作为模式的一部分存入数据库中。而 DBMS 中检查数据是否满足完整性条件的机制称为完整性检查。

5.2.1 完整性约束条件

整个完整性控制都是围绕完整性约束条件进行的,从这个角度说,完整性约束条件是完整性控制机制的核心。

完整性约束条件作用的对象可以有列级、元组和关系 3 种粒度。其中,对列级的约束主要指对其取值类型、范围、精度、排序等的约束条件;对元组的约束是指对记录中各个字段间的联系的约束;对关系的约束是指对若干记录间、关系集合上以及关系之间的联系的约束。

完整性约束条件涉及的这 3 类对象,其状态可以是静态的,也可以是动态的。其中,对静态对象的约束是反映数据库状态合理性的约束,这是最重要的一类完整性约束;对动态对象的约束是反映数据库状态变迁的约束。

综合上述两方面,可以将完整性约束条件分为 6 类,如图 5-2 所示。

1. 静态列级约束

静态列级约束是对一个列的取值域的说明,这是最常见、最简单,同时也最容易实现的

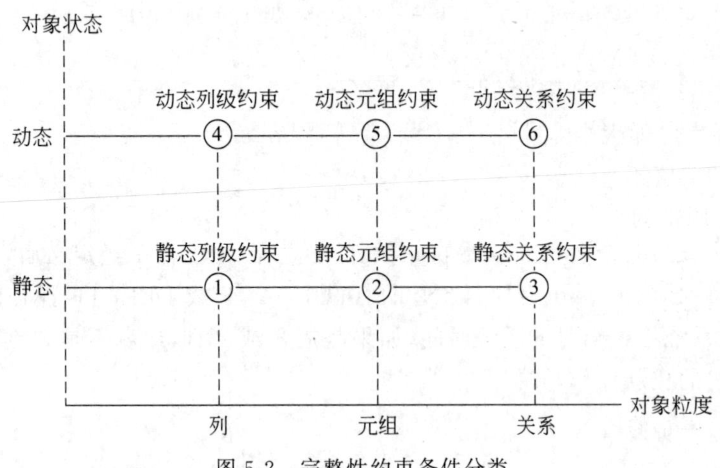

图 5-2 完整性约束条件分类

一类完整性约束，包括以下 5 方面。

(1) 对数据类型的约束，包括数据的类型、长度、单位、精度等。例如，规定学生姓名的数据类型应为字符型，长度为 8。

(2) 对数据格式的约束。例如，规定学号的格式为前 2 位表示入学年份，后 4 位为顺序编号；出生日期的格式为 YY.MM.DD。

(3) 对取值范围或取值集合的约束。例如，规定成绩的取值范围为 0～100，年龄的取值范围为 14～29，性别的取值集合为[男，女]。

(4) 对空值的约束。空值表示未定义或未知的值，它与零值和空格不同。有的列允许空值，有的则不允许。例如，规定成绩可以为空值。

(5) 其他约束。例如，关于列的排序说明、组合列等。

2. 静态元组约束

一个元组是由若干列值组成的，静态元组约束就是规定组成一个元组的各个列之间的约束关系。例如，订货关系中包含发货量、订货量等列，并规定发货量不得超过订货量；又如教师关系中包含职称、工资等列，并规定教授的工资不得低于 5000 元。

静态元组约束只局限在单个元组上，因此比较容易实现。

3. 静态关系约束

在一个关系的各个元组之间或者若干关系之间常常存在各种联系或约束。常见的静态关系约束有以下 4 种。

(1) 实体完整性约束。

(2) 参照完整性约束。

(3) 函数依赖约束。大部分函数依赖约束都是隐含在关系模式结构中的，特别是规范化程度较高的关系模式，都由模式来保持函数依赖。但是在实际应用中，为了不使信息过于分离，常常不过分地追求规范化。这样在关系的字段间就可以存在一些函数依赖需要显式地表示出来。

例如在学生-所在系-实验室关系 SDL(S,D,L)中存在如下的函数依赖(S→D, S→L, D→L),将 S 作为主码,还需要显式地表示 D→L 这个函数依赖。

函数依赖的有关内容将在第 6 章详细介绍。

(4) 统计约束。即某个字段值与一个关系多个元组的统计值之间的约束关系。例如,规定部门经理的工资不得高于本部门职工平均工资的 5 倍,不得低于本部门职工平均工资的 1/2。本部门职工的平均工资值是一个统计计算值。

静态关系约束中的实体完整性约束和参照完整性约束是关系模型的两个极其重要的约束,被称为关系的两个不变性。统计约束实现起来开销很大。

4. 动态列级约束

动态列级约束是修改列定义或列值时应满足的约束条件,包括下面两方面。

(1) 修改列定义时的约束。例如,规定将原来允许空值的列改为不允许空值时,如果该列目前已存在空值,则拒绝这种修改。

(2) 修改列值时的约束。修改列值有时需要参照其旧值,并且新旧值之间需要满足某种约束条件。例如,职工工资调整不得低于其原来工资,学生年龄只能增长等。

5. 动态元组约束

动态元组约束是指修改某个元组的值时需要参照其旧值,并且新旧值之间应满足某种约束条件。例如,职工工资调整不得低于其原来工资+工龄×1.5 等。

6. 动态关系约束

动态关系约束是加在关系变化前后状态上的限制条件,例如,事务一致性、原子性等约束条件。关于事务及事务一致性、原子性的内容见 5.3 节。动态关系约束实现起来开销较大。

以上 6 类完整性约束条件的含义可用表 5-6 进行概括。

表 5-6 完整性约束条件

对象 状态	列 级	元 组	关 系
静态	列定义 • 类型 • 格式 • 取值范围 • 空值	元组值应满足的条件	实体完整性约束 参照完整性约束 函数依赖约束 统计约束
动态	修改列定义或列值	元组新旧值之间应满足的约束条件	关系新旧状态间应满足的约束条件

5.2.2 完整性控制

DBMS 的完整性控制机制应具有三方面的功能。

(1) 定义功能,即提供定义完整性约束条件的机制。

(2) 检查功能,即检查用户发出的操作请求是否违背了完整性约束条件。

(3) 如果发现用户的操作请求使数据违背了完整性约束条件，则采取一定的动作来保证数据的完整性。

完整性约束条件包括 6 类，约束条件可能非常简单，也可能极为复杂。一个完善的完整性控制机制应该允许用户定义所有这 6 类完整性约束条件。

检查是否违背完整性约束的时机通常是在一条语句执行完后立即检查，这类约束为立即执行的约束(immediate constraints)。但在某些情况下，完整性检查需要延迟到整个事务执行结束后再进行，称这类约束为延迟执行的约束(deferred constraints)。例如，银行数据库中"借贷总金额应平衡"的约束就应该是延迟执行的约束，从账号 A 转一笔钱到账号 B 为一个事务，从账号 A 转出去钱后，账就不平了，必须等转入账号 B 后，账才能重新平衡，这时才能进行完整性检查。

如果发现用户操作请求违背了立即执行的约束，最简单的保护数据完整性的动作就是拒绝该操作，但也可以采取其他处理方法。如果发现用户操作请求违背了延迟执行的约束，由于不知道是事务的哪个或哪些操作破坏了完整性，所以只能拒绝整个事务，把数据库恢复到该事务执行前的状态。关于事务的概念将在 5.3 节详细介绍。

因此一条完整性规则可以用一个五元组(D, O, A, C, P)来形式化地表示。其中：

- D(data)代表约束作用的数据对象；
- O(operation)代表触发完整性检查的数据库操作，即当用户发出什么操作请求时需要检查该完整性规则，是立即检查还是延迟检查；
- A(assertion)代表数据对象必须满足的断言或语义约束，这是规则的主体；
- C(condition)代表选择 A 作用的数据对象值的谓词；
- P(procedure)代表违反完整性规则时触发执行的操作过程。

例如，在"学号不能为空"的约束中，

D：约束作用的数据对象为 Sno 属性；

O：当用户插入或修改数据时触发完整性检查；

A：Sno 不能为空；

C：无，A 可作用于所有记录的 Sno 属性；

P：拒绝执行用户请求。

又如，在"教授工资不得低于 5000 元"的约束中，

D：约束作用的数据对象为工资 Sal 属性；

O：当用户插入或修改数据时触发完整性检查；

A：Sal 不能小于 5000；

C：A 仅作用于职称属性值为教授的记录上；

P：拒绝执行用户请求。

在关系系统中，最重要的完整性约束是实体完整性和参照完整性，其他完整性约束条件则可以归入用户定义的完整性。目前许多关系系统都提供了定义和检查实体完整性、参照完整性和用户定义的完整性的功能。对于违反实体完整性规则和用户定义的完整性规则的操作一般都是采用拒绝执行的方式进行处理。而对于违反参照完整性的操作，并不都是简单地拒绝执行，有时还需要采取另一种方法，即接受这个操作，同时执行一些附加的操作，以保证数据库的状态仍然是正确的。已在 2.3 节详细讨论了关系系统中的实体完整性、参照

完整性和用户定义的完整性的含义，下面再进一步讨论一下在关系系统中实现参照完整性要考虑的几个问题。

已在2.3节给出参照完整性的定义，参照完整性是指若属性(或属性组)F是基本关系R的外码，它与另一个基本关系S的主码K_s相对应，则对于R中每个元组在F上的值或者取空值(F的每个属性值均为空值)，或者等于S中某个元组的主码值。例如，职工-部门数据库包含职工表EMP和部门表DEPT，其中DEPT关系的主码为部门号Deptno，EMP关系的主码为职工号Empno，外码为部门号Deptno，该Deptno与DEPT关系中的Deptno相对应，我们称DEPT为被参照关系或目标关系，EMP为参照关系。RDBMS在实现参照完整性时需要考虑以下几个方面：

(1) 外码是否可以接受空值。

在上面提到的职工-部门数据库中，EMP关系包含外码Deptno，某一元组的这一列若为空值，表示这个职工尚未分配到任何具体的部门工作。这和应用环境的语义是相符的，因此EMP的Deptno列应允许取空值，但在学生-选课数据库中，Student关系为被参照关系，其主码为Sno。SC为参照关系，外码为Sno。若SC的Sno为空值，则表明尚不存在的某个学生，或者某个不知学号的学生，选修了某门课程，其成绩记录在Grade列中。这与学校的应用环境是不相符的，因此SC的Sno列不能取空值。从上面的讨论中可以看到，外码是否能够取空值是依赖应用环境的语义的，因此在实现参照完整性时，系统除了应该提供定义外码的机制外，还应提供定义外码列是否允许取空值的机制。

(2) 删除被参照关系的元组时的考虑。

有时需要删除被参照关系的某个元组，而参照关系又有若干元组的外码值与被删除的被参照关系的主码值相对应。例如，要删除Student关系中Sno=2020001的元组，而SC关系中又有4个元组的Sno都等于2020001。这时系统可能采取的做法有3种。

① 级联(cascades)删除。即将参照关系中所有外码值与被参照关系中要删除元组主码值相对应的元组一起删除。例如，将上例中SC关系中所有4个Sno=2020001的元组一起删除。如果参照关系同时又是另一个关系的被参照关系，则这种删除操作会继续级联。例如，R_1是R_2的被参照关系，R_2是R_3的被参照关系，则以级联删除方式删除R_1中的某个元组，直接导致R_2中相应元组被删除，而R_2中元组的删除又会间接地导致R_3中相应元组被删除。

② 受限(restricted)删除。即只当参照关系中没有任何元组的外码值与要删除的被参照关系的元组的主码值相对应时，系统才执行删除操作，否则拒绝此删除操作。例如，对于上例的情况，系统将拒绝执行此删除操作。

③ 置空值(nullifies)删除。即删除被参照关系的元组，并将参照关系中所有与被参照关系中被删除元组主码值相等的外码值置为空值。例如，上例中将SC关系中所有Sno=2020001的元组的Sno值都置为空值。

这3种处理方法，哪一种是正确的呢？这要依应用环境的语义来定。例如，在学生选课数据库中，显然只有第一种方法是对的。因为当一个学生毕业或退学后，他的个人记录从Student表中删除了，他的选课记录也应随之从SC表中删除。

(3) 修改被参照关系中主码的考虑

有时要修改被参照关系中某些元组的主码值，而参照关系中有些元组的外码值正好等于被参照关系要修改的主码值。例如,学生 2020001 休学一年后复学,这时需要将 Student 关系中 Sno＝2020001 的元组中 Sno 值改为 2020123。而 SC 关系中有 4 个元组的 Sno＝2020001,与删除时的情况类似,系统对于这种情况采取的处理方式也有 3 种。

① 级联修改。即修改被参照关系中主码值的同时,用相同的方法修改参照关系中相应的外码值。例如,上例中也将 SC 关系中 4 个 Sno＝2020001 元组中的 Sno 值改为 2020123。与级联删除类似,如果参照关系同时又是另一个关系的被参照关系,则这种修改操作会继续级联。

② 受限修改。即拒绝此修改操作。只当参照关系中没有任何元组的外码值等于被参照关系中某个元组的主码值时,这个元组的主码值才能被修改。如上例中,只有 SC 中没有任何元组的 Sno＝2020001 时,才能修改 Student 表中 Sno＝2020001 的元组的 Sno 值改为 2020123。

③ 置空值修改。即修改被参照关系中的主码值,同时将参照关系中相应的外码值置为空值。例如,上例中将 Student 表中 Sno＝20200001 的元组的 Sno 值改为 2020123。而将 SC 关系中所有 Sno＝20200001 的元组的 Sno 值都置为空值。

这 3 种方法中,也要根据应用环境的要求才能确定哪一种是正确的。显然在学生选课数据库中只有第一种方法是正确的。

从上面的讨论中可以看到,DBMS 在实现参照完整性除了需要向用户提供定义主码、外码的机制外,还需要向用户提供按照自己的应用要求选择处理依赖关系中对应的元组的方法。

5.2.3 SQL 中的完整性控制

SQL 提供了完整性约束条件的定义功能。

1. 实体完整性

实体完整性规则要求主属性非空。SQL 在 CREATE TABLE 语句中提供了 PRIMARY KEY 子句,供用户在建表时指定关系的主码列。例如,在学生选课数据库中,要定义 Student 表的 Sno 属性为主码,可使用如下语句:

```
CREATE TABLE Student
      (Sno  NUMBER(8),
       Sname VARCHAR(20),
       Sage  NUMBER(20),
       CONSTRAINT PK_SNO PRIMARY KEY (Sno));
```

其中,PRIMARY KEY(Sno)表示 Sno 是 Student 表的主码。PK_SNO 是此主码约束名。

若要在 SC 表中定义(Sno, Cno)为主码,则可以用下面 SQL 语句建立 SC 表:

```
CREATE TABLE SC
      (Sno  NUMBER(8),
       Cno  NUMBER(2),
       Grade NUMBER(2),
       CONSTRAINT PK_SC PRIMARY KEY (Sno, Cno));
```

在用 PRIMARY KEY 语句定义了关系的主码后，每当用户程序对主码列进行更新操作时，系统自动进行完整性检查，凡操作使主码值为空值或使主码值在表中不唯一，系统拒绝此操作，从而保证了实体完整性。

2. 参照完整性

SQL 的 CREATE TABLE 语句不仅可以定义关系的实体完整性规则，也可以定义参照完整性规则，即用户可以在建表时用 FOREIGN KEY 子句定义哪些列为外码列，用 REFERENCES 子句指明这些外码是相应于哪个表的主码，用 ON DELETE CASCADE 子语指明在删除被参照关系的元组时，同时删除参照关系中外码值等于被删除的被参照关系的元组中主码值的元组。

例如，使用如下 SQL 语句建立 EMP 表：

```
CREATE TABLE EMP
    (Empno NUMBER(4),
     Ename VARCHAR(10),
     Job VERCHAR2(9),
     Mgr NUMBER(4),
     Sal NUMBER(7,2),
     Deptno NUMBER(2),
     CONSTRAINT FK_DEPTNO
        FOREIGN KEY (Deptno)
        REFERENCES DEPT(Deptno));
```

则表明 EMP 是参照表，DEPT 为其被参照表，EMP 表中 Deptno 属性为外码，它相应于 DEPT 表中的主码 Deptno 属性。当删除或修改 DEPT 表中某个元组的主码时要检查 EMP 表中是否有元组的 DEPTNO 值等于 DEPT 中要删除的元组的 Deptno 值。如没有，接受此操作；否则系统拒绝这一更新操作。

如果用如下 SQL 语句建立 EMP 表：

```
CREATE TABLE EMP
    (Empno NUMBER(4),
     Ename VARCHAR(10),
     Job VERCHAR2(9),
     Mgr NUMBER(4),
     Sal NUMBER(7,2),
     Deptno NUMBER(2),
     CONSTRAINT FK_DEPTNO
        FOREIGN KEY (Deptno)
        REFERENCES DEPT(Deptno)
        ON DELETE CASCADE);
```

则表明 EMP 表中外码为 Deptno，它相应于 DEPT 表中的主码 Deptno。当要修改 DEPT 表中的 Deptno 值时，先要检查 EMP 表中有无元组的 Deptno 值与之对应。若没有，系统接受这个修改操作。否则，系统拒绝此操作。当要删除 DEPT 表中某个元组时，系统也要检查

EMP 表,若找到相应元组即将其随之删除。

3. 定义用户的完整性

除实体完整性和参照完整性外,应用系统中往往还需要定义与应用有关的完整性限制。SQL 提供了 CREATE TABLE 语句和 CREATE TRIGGER 语句定义用户的完整性约束条件,完整性约束条件一旦定义好,DBMS 会自动执行相应的完整性检查,对于违反完整性约束条件的操作或者拒绝执行或者执行事先定义的操作。这里先介绍如何在 CREATE TABLE 语句中定义用户的完整性约束条件。SQL 允许用户在建表时定义下列完整性约束条件。

(1) 列值非空(NOT NULL 短语)。

(2) 列值唯一(UNIQUE 短语)。

(3) 检查列值是否满足一个布尔表达式(CHECK 短语)。

例 5.12 建立部门表 DEPT,要求部门名称 Dname 列取值唯一,部门编号 Deptno 列为主码。

```
CREATE TABLE DEPT
     (Deptno NUMBER,
      Dname VARCHAR(9) CONSTRAINT U1 UNIQUE,
      Loc VARCHAR(10),
      CONSTRAINT PK_DEPT PRIMARY KEY (Deptno));
```

其中,CONSTRAINT U1 UNIQUE 表示约束名为 U1,该约束要求 Dname 列值唯一。

例 5.13 建立学生登记表 Student,要求学号为 900000~999999,年龄<29,性别只能是男或女,姓名非空。

```
CREATE TABLE Student
     (Sno    NUMBER(5)
             CONSTRAINT C1 CHECK (Sno BETWEEN 10000 AND 99999),
      Sname  VARCHAR(20) CONSTRAINT C2 NOT NULL,
      Sage   NUMBER(3)
             CONSTRAINT C3 CHECK (Sage <29),
      Ssex   VARCHAR(2)
             CONSTRAINT C4 CHECK (Ssex IN ('男', '女'));
```

例 5.14 建立职工表 EMP,要求每个职工的应发工资不得超过 3000 元。

应发工资实际上就是实发工资列 Sal 与扣除项 Deduct 之和。

```
CREATE TABLE EMP
     (Eno   NUMBER(4)
      Ename VARCHAR(10),
      Job   VARCHAR(8),
      Sal   NUMBER(7,2),
      Deduct NUMBER(7,2)
      Deptno NUMBER(2),
      CONSTRAINTS C1 CHECK (Sal +Deduct <=3000));
```

除列值非空、列值唯一、检查列值是否满足一个布尔表达式外，用户还可以通过触发器来实现其他完整性规则。

4. 用 CREATE TRIGGER 定义用户的完整性约束条件

用 CREATE TRIGGER 语句可以定义很复杂的完整性约束条件。下面详细介绍一下触发器的使用方法。如 5.1 节中所述，不同的关系数据库管理系统实现的触发器语法各不相同、互不兼容。本节的例子是按照 SQL 标准语法书写的。读者在上机实验时注意阅读所用系统的使用说明。

1) 定义触发器

触发器又称事件-条件-动作(event-condition-action)规则。当特定的系统事件(如对一个表的增加、删除、修改操作，事务的结束等)发生时，对规则的条件进行检查，如果条件成立则执行规则中的动作，否则不执行该动作。规则中的动作体可以很复杂，可以涉及其他表和其他数据库对象，通常是一段 SQL 存储过程。

SQL 使用 CREATE TRIGGER 命令建立触发器，其一般格式：

```
CREATE TRIGGER <触发器名>                /* 每当触发事件发生时，该触发器被激活 */
{BEFORE | AFTER} <触发事件>ON <表名>     /* 指明触发器激活的时间是在执行触发事件前或后 */
REFERENCING NEW|OLD ROW AS<变量>         /* REFERENCING 指出引用的变量 */
FOR EACH{ROW | STATEMENT}                /* 定义触发器的类型，指明动作体执行的频率 */
[WHEN <触发条件>]<触发动作体>            /* 仅当触发条件为真时才执行触发动作体 */
```

下面对定义触发器的各部分语法进行详细说明。

(1) 只有表的拥有者，即创建表的用户才可以在表上创建触发器，并且一个表上只能创建一定数量的触发器。触发器的具体数量由具体的关系数据库管理系统在设计时确定。

(2) 触发器名。触发器名可以包含模式名，也可以不包含模式名。同一模式下，触发器名必须是唯一的，并且触发器名和表名必须在同一模式下。

(3) 表名。触发器只能定义在基本表上，不能定义在视图上。当基本表的数据发生变化时，将激活定义在该表上相应触发事件的触发器，因此该表也称触发器的目标表。

(4) 触发事件。触发事件可以是 INSERT、DELETE 或 UPDATE，也可以是这几个事件的组合，如 INSERT OR DELETE 等，还可以是 UPDATE OF <触发列，……>，即进一步指明修改哪些列时激活触发器。AFTER 和 BEFORE 是触发的时机。AFTER 表示在触发事件的操作执行之后激活触发器；BEFORE 表示在触发事件的操作执行之前激活触发器。

(5) 触发器类型。触发器按照所触发动作的间隔尺寸可以分为行级触发器(FOR EACH ROW)和语句级触发器(FOR EACH STATEMENT)。

例如，假设在例 5.14 的 EMP 表上创建了一个 AFTER UPDATE 触发器，触发事件是 UPDATE 语句：

```
UPDATE EMP SET Deptno=5;
```

假设表 EMP 有 1000 行，如果定义的触发器为语句级触发器，那么执行完 UPDATE 语句后触发动作体执行一次；如果是行级触发器，那么执行完 UPDATE 语句后触发动作体将执行 1000 次。

(6) 触发条件。触发器被激活时,只有当触发条件为真时触发动作体才执行,否则触发动作体不执行。如果省略 WHEN 触发条件,则触发动作体在触发器激活后立即执行。

(7) 触发动作体。触发动作体既可以是一个匿名 PL/SQL 过程块,也可以是对已创建存储过程的调用。如果是行级触发器,用户可以在过程体中使用 NEW 和 OLD 引用 UPDATE/INSERT 事件之后的新值和 UPDATE/DELETE 事件之前的旧值;如果是语句级触发器,则不能在触发动作体中使用 NEW 或 OLD 进行引用。

如果触发动作体执行失败,激活触发器的事件(即对数据库的增加、删除、修改操作)就会终止执行,触发器的目标表或触发器可能影响的其他对象不发生任何变化。

例 5.15 当对表 SC 的 Grade 属性进行修改时,若分数增加了 10%,则将此次操作记录到另一个表 SC_U(Sno、Cno、OldGrade、NewGrade)中,其中 OldGrade 是修改前的分数,NewGrade 是修改后的分数。

```
CREATE TRIGGER SC_T                                  /* SC_T 是触发器的名字 */
AFTER UPDATE OF Grade ON SC                          /* UPDATE OF Grade ON SC 是触发事件, */
            /* AFTER 是触发的时机,表示当对 SC 的 Grade 属性修改完后再触发下面的规则 */
REFERENCING
    OLD ROW AS OldTuple,
    NEW ROW AS NewTuple
FOR EACH ROW            /* 行级触发器,即每执行一次 Grade 的更新,下面的规则就执行一次 */
WHEN (NewTuple.Grade >=1.1 * OldTuple.Grade) /* 触发条件,只有该条件为真时才执行 */
    INSERT INTO SC_U (Sno,Cno,OldGrade,NewGrade)          /* 下面的 INSERT 操作 */
    VALUES(OldTuple.Sno,OldTuple.Cno,OldTuple.Grade,NewTuple.Grade)
```

在本例中 REFERENCING 指出引用的变量,如果触发事件是 UPDATE 操作并且有 FOR EACH ROW 子句,则可以引用的变量有 OLD ROW 和 NEW ROW,分别表示修改之前的元组和修改之后的元组。若没有 FOR EACH ROW 子句,则可以引用的变量有 OLD TABLE 和 NEW TABLE,OLD TABLE 表示表中原来的内容,NEW TABLE 表示表中变化后的部分。

例 5.16 将每次对表 Student 的插入操作所增加的学生个数记录到表 StudentInsertLog 中。

```
CREATE TRIGGER Student_Count
AFTER INSERT ON Student                /* 指明触发器激活的时间是在执行 INSERT 后 */
REFERENCING NEW TABLE AS DELTA
FOR EACH STATEMENT                     /* 语句级触发器,即执行完 INSERT 语句后下面的触 */
                                       /* 发动作体才执行一次 */
    INSERT INTO StudentInsertLog (Numbers)
    SELECT COUNT(*) FROM DELTA
```

在本例中出现的 FOR EACH STATEMENT,表示触发事件 INSERT 语句执行完成后才执行一次触发器中的动作,这种触发器叫作语句级触发器。而例 5.15 中的触发器是行级触发器。默认的触发器是语句级触发器。DELTA 是一个关系名,其模式与 Student 相同,包含的元组是 INSERT 语句增加的元组。

例 5.17 定义一个 BEFORE 行级触发器,为教师表 Teacher 定义完整性规则“教授的工资不得低于 5000 元，如果低于 5000 元，自动改为 5000 元”。

```
CREATE TRIGGER Insert_Or_Update_Sal   /* 对教师表插入或更新时激活触发器 */
BEFORE INSERT OR UPDATE ON Teacher    /* BEFORE 触发事件 */
REFERENCING NEW ROW AS NewTuple
FOR EACH ROW                          /* 这是行级触发器 */
BEGIN                                 /* 定义触发动作体，这是一个 PL/SQL 过程块 */
   IF (NewTuple.Job='教授') AND (NewTuple.Sal <5000)
                                      /* 因为是行级触发器，可在过程体中 */
      THEN NewTuple.Sal :=5000;       /* 使用插入或更新操作后的新值 */
   END IF;
END;                                  /* 触发动作体结束 */
```

因为定义的是 BEFORE 触发器，在插入和更新教师记录前就可以按照触发器的规则调整教授的工资，不必等插入后再检查和调整。

2）激活触发器

触发器的执行是由触发事件激活，并由数据库服务器自动执行的。一个数据表上可能定义了多个触发器，如多个 BEFORE 触发器、多个 AFTER 触发器等，同一个表上的多个触发器激活时遵循如下的执行顺序。

（1）执行该表上的 BEFORE 触发器。

（2）激活触发器的 SQL 语句。

（3）执行该表上的 AFTER 触发器。

对于同一个表上的多个 BEFORE（AFTER）触发器，遵循“谁先创建谁先执行”的原则，即按照触发器创建的时间先后顺序执行。有些关系数据库管理系统是按照触发器名称的字母排序顺序执行触发器。

3）删除触发器

删除触发器的 SQL 语句：

```
DROP TRIGGER <触发器名>ON <表名>;
```

触发器必须是一个已经创建的触发器，并且只能由具有相应权限的用户删除。

触发器是一种功能强大的工具，但在使用时要慎重，因为在每次访问一个表时都可能触发一个触发器，这样会影响系统的性能。

5.3 并发控制

数据库是一个共享资源，可以供多个用户使用。这些用户程序可以一个一个地串行执行，每个时刻只有一个用户程序运行，执行对数据库的存取，其他用户程序必须等到这个用户程序结束以后方能对数据库存取。但是如果一个用户程序涉及大量数据的输入输出交换，则数据库系统的大部分时间将处于闲置状态。因此，为了充分利用数据库资源，发挥数据库共享资源的特点，应该允许多个用户并行地存取数据库。但这样就会产生多个用户程序并发存取同一数据的情况，若对并发操作不加控制就可能会存取和存储不正确的数据，破坏数据库的一致性。所以数据库管理系统必须提供并发控制机制。并发控制机制的好坏是衡量一个数据库管理系统性能的重要标志之一。

5.3.1 并发控制概述

DBMS 的并发控制是以事务(transaction)为单位进行的。

1. 并发控制的单位——事务

事务是数据库的逻辑工作单位,它是用户定义的一组操作序列。例如,在关系数据库中,一个事务可以是一组 SQL 语句、一条 SQL 语句或整个程序。通常情况下,一个应用程序包括多个事务。

事务的开始与结束可以由用户显式控制。如果用户没有显式地定义事务,则由 DBMS 按默认规定自动划分事务。在 SQL 中,定义事务的语句有 3 条:

```
BEGIN TRANSACTION
COMMIT
ROLLBACK
```

事务通常是以 BEGIN TRANSACTION 开始,以 COMMIT 或 ROLLBACK 结束。COMMIT 表示提交,即提交事务的所有操作。具体地说就是将事务中所有对数据库的更新写回到磁盘上的物理数据库中,事务正常结束。ROLLBACK 表示回滚,即在事务运行的过程中发生了某种故障,事务不能继续执行,系统将事务中对数据库的所有已完成的更新操作全部撤销,滚回到事务开始时的状态。

事务应该具有 4 个属性:原子性、一致性、隔离性和持续性。

(1) 原子性(atomicity)。一个事务是一个不可分割的工作单位,事务中包括的操作要么都做,要么都不做。

(2) 一致性(consistency)。事务必须是使数据库从一个一致性状态变到另一个一致性状态。因此当数据库只包含成功事务提交的结果时,就说数据库处于一致性状态。例如,某公司在银行中有 A,B 两个账号,现在公司想从账号 A 中取出一万元,存入账号 B。那么就可以定义一个包括两个操作的事务:第一个操作是从账号 A 中减去一万元;第二个操作是向账号 B 中加入一万元。这两个操作要么全做,要么全不做。全做或者全不做,数据库都处于一致性状态。如果只做一个操作则用户逻辑上就会发生错误,少了一万元,这时数据库就处于不一致性状态。可见一致性与原子性是密切相关的。

(3) 隔离性(isolation)。一个事务的执行不能被其他事务干扰,即一个事务内部的操作及使用的数据对并发的其他事务是隔离的,并发执行的各个事务之间不能互相干扰。

(4) 持续性(durability)。持续性也称永久性(permanence),指一个事务一旦提交,它对数据库中数据的改变就应该是永久性的。接下来的其他操作或故障不应该对其有任何影响。

2. 并发操作与数据的不一致性

对并发操作如果不进行合适的控制,可能会导致数据库中数据的不一致性。一个最常见的并发操作的例子是飞机订票系统中的订票操作。例如,在该系统中的一个活动序列:

(1) 甲售票员读出某航班的机票余额 A,设 $A=16$;

(2) 乙售票员读出同一航班的机票余额 A,也为 16;

(3) 甲售票点卖出一张机票,修改机票余额 $A \leftarrow A-1$,所以 $A=15$,把 A 写回数据库;

(4) 乙售票点也卖出一张机票,修改机票余额 $A \leftarrow A-1$,所以 $A=15$,把 A 写回数据库。

结果明明卖出两张机票,数据库中机票余额只减少 1。

这种情况称为数据库的**不一致性**。这种不一致性是由甲、乙两个售票员并发操作引起的。在并发操作情况下,对甲、乙两个事务的操作序列的调度是随机的。若按上面的调度序列执行,甲事务的修改就被丢失。这是由于第 4 步中乙事务修改 A 并写回后覆盖了甲事务的修改。**并发操作带来的数据不一致性包括 3 类:丢失修改、不可重复读和读"脏"数据**。

1) 丢失修改

丢失修改(lost update)是指事务 1 与事务 2 从数据库中读入同一数据并修改,事务 2 的提交结果破坏了事务 1 提交的结果,导致事务 1 的修改被丢失。例如,在图 5-3 中,事务 1 与事务 2 先后读入同一个数据 $A=16$,事务 1 执行 $A \leftarrow A-1$,并将结果 $A=15$ 写回,事务 2 执行 $A \leftarrow A-1$,并将结果 $A=15$ 写回。事务 2 提交的结果覆盖了事务 1 对数据库的修改,从而使事务 1 对数据库的修改丢失。这实际上就是前面预订飞机票的例子。

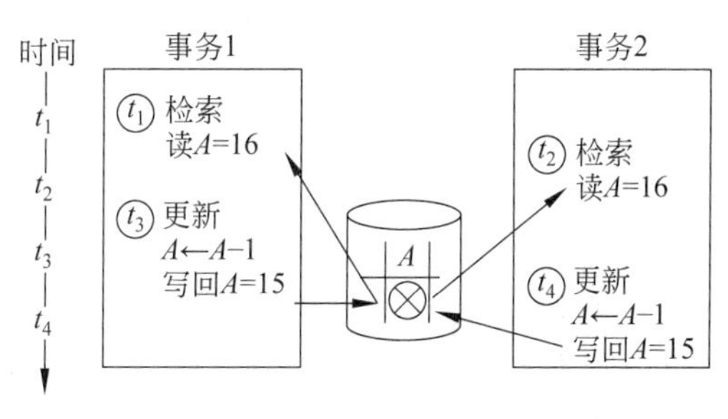

图 5-3 丢失修改

2) 不可重复读

不可重复读(nonrepeatable read)是指事务 1 读取数据后,事务 2 执行更新操作,使事务 1 无法再现前一次读取结果。具体地讲,不可重复读包括 3 种情况。

(1) 事务 1 读取某一数据后,事务 2 对其做了修改,当事务 1 再次读该数据时,得到与前一次不同的值。例如,在图 5-4 中,事务 1 读取 $B=100$ 进行运算,事务 2 读取同一数据 B,对其进行修改后将 $B=200$ 写回数据库。事务 1 为了对读取值校对重读 B,B 已为 200,与第一次读取值不一致。

(2) 事务 1 按一定条件从数据库中读取某些数据记录后,事务 2 删除了其中部分记录,当事务 1 再次按相同条件读取数据时,发现某些记录神秘地消失了。

(3) 事务 1 按一定条件从数据库中读取某些数据记录后,事务 2 插入了一些记录,当事务 1 再次按相同条件读取数据时,发现多了一些记录。

后两种不可重复读有时也称幻行(phantom row)现象。

3) 读"脏"数据

读"脏"数据(dirty read)是指事务 1 修改某一数据,并将其写回磁盘,事务 2 读取同一数据后，事务 1 由于某种原因被撤销，这时事务 1 已修改过的数据恢复原值，事务 2 读到的数据就与数据库中的数据不一致，是不正确的数据，又称“脏”数据。例如，在图 5-5 中，事务 1 将 C 值修改为 200，事务 2 读到 C 为 200，而事务 1 由于某种原因撤销，其修改作废，C 恢复原值 100，这时事务 2 读到的就是不正确的“脏”数据了。

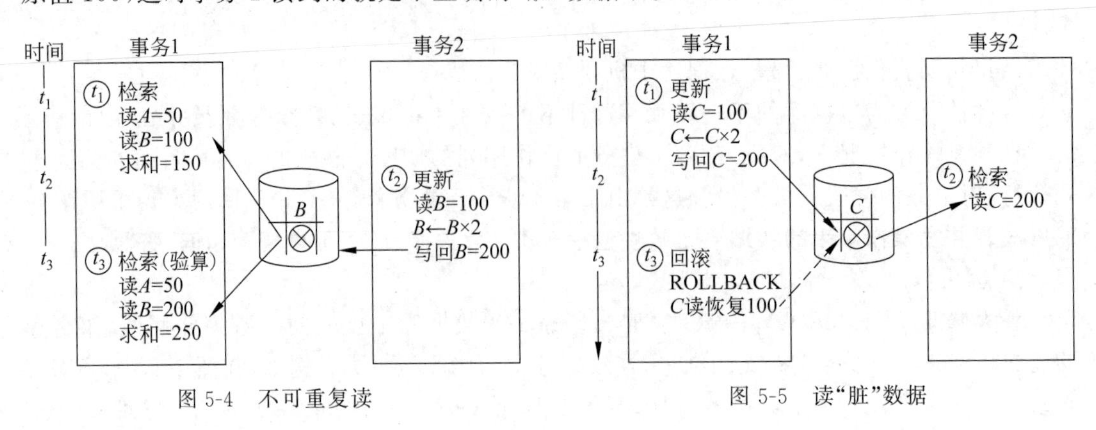

图 5-4　不可重复读

图 5-5　读“脏”数据

产生上述 3 类数据不一致性的主要原因是并发操作破坏了事务的隔离性。并发控制就是要用正确的方式调度并发操作，使一个用户事务的执行不受其他事务的干扰，从而避免造成数据的不一致性。

5.3.2　并发操作的调度

计算机系统对并行事务中并发操作的调度是随机的，而不同的调度可能会产生不同的结果，那么哪个结果是正确的，哪个是不正确的呢？

如果一个事务运行过程中没有其他事务在同时运行，即它没有受到其他事务的干扰，那么就可以认为该事务的运行结果是正常的或者预想的。因此将所有事务串行起来的调度策略一定是正确的调度策略。虽然以不同的顺序串行执行事务也有可能会产生不同的结果，但由于不会将数据库置于不一致状态，所以都可以认为是正确的。由此可以得到如下结论：几个事务的并行执行是正确的，当且仅当其结果与按某一次序串行地执行它们时的结果相同。我们称这种并行调度策略为**可串行化**(serializable)的调度。**可串行性**(serializability)是并行事务正确性的唯一准则。

例如，现在有两个事务，分别包含下列操作。

事务 1：读 B；$A=B+1$；写回 A。

事务 2：读 A；$B=A+1$；写回 B。

假设 A 的初值为 10，B 的初值为 2。图 5-6 给出了对这两个事务的 3 种不同的调度策略。图 5-6(a)和图 5-6(b)为两种不同的串行调度策略，虽然执行结果不同，但它们都是正确的调度。图 5-6(c)中两个事务是交错执行的，由于其执行结果与图 5-6(a)和图 5-6(b)的结果都不同，所以是错误的调度。图 5-6(d)中两个事务也是交错执行的，由于其执行结果与图 5-6(a)串行调度(一)的执行结果相同，所以是正确的调度。

为了保证并行操作的正确性，DBMS 的并行控制机制必须提供一定的手段来保证调度是可串行化的。

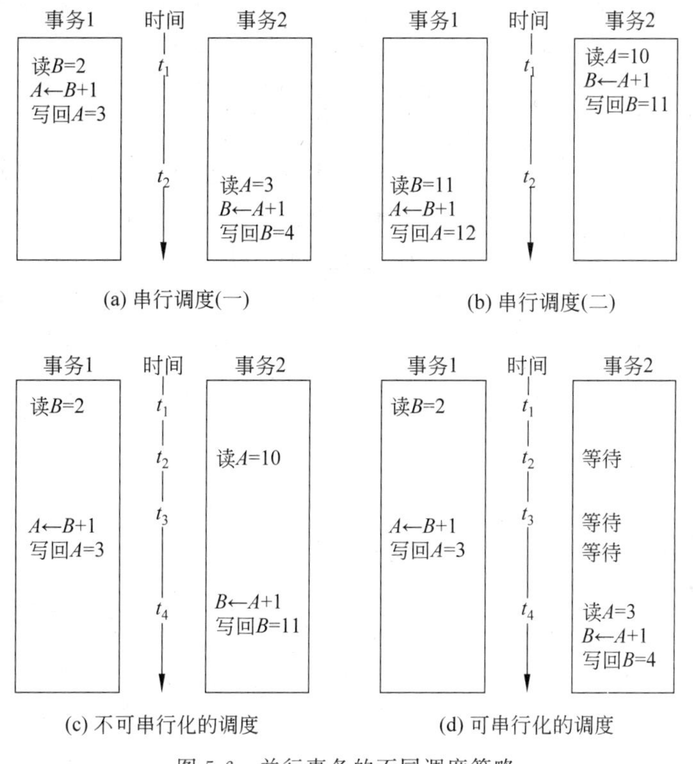

图 5-6　并行事务的不同调度策略

从理论上讲，在某一事务执行时禁止其他事务执行的调度策略一定是可串行化的调度，这也是最简单的调度策略，但这种方法实际上是不可行的，因为它使用户不能充分共享数据库资源。

目前 DBMS 主要采用封锁方法来保证调度的正确性，即保证并行操作调度的可串行性。除此之外还有其他一些方法，如时标方法、乐观方法等。

5.3.3　封锁

封锁是实现并发控制的一个非常重要的技术。封锁就是事务 T 在对某个数据对象，例如，在表、记录等操作之前，先向系统发出请求，对其加锁。加锁后事务 T 就对该数据对象有了一定的控制，在事务 T 释放它的锁之前，其他的事务不能更新此数据对象。

1. 封锁类型

DBMS 通常提供了多种类型的封锁。一个事务对某个数据对象加锁后究竟拥有什么样的控制是由封锁的类型决定的。基本的封锁类型有两种：排他锁(exclusive lock，X 锁)和共享锁(share lock，S 锁)。

排他锁又称写锁。若事务 T 对数据对象 A 加上 X 锁，则只允许 T 读取和修改 A，其他任何事务都不能再对 A 加任何类型的锁，直到 T 释放 A 上的锁。配合适当的封锁协议，这就可以保证其他事务在 T 释放 A 上的锁之前不能再读取和修改 A。

共享锁又称读锁。若事务 T 对数据对象 A 加上S 锁，则其他事务只能再对 A 加 S 锁，而不能加 X 锁，直到 T 释放 A 上的 S 锁。这就保证了其他事务可以读 A，但在 T 释放 A 上的 S 锁之前不能对 A 做任何修改。

T_1 \ T_2	X	S	–
X	N	N	Y
S	N	Y	Y
–	Y	Y	Y

Y=Yes，表示相容的请求

N=No，表示不相容的请求

图 5-7　封锁类型的相容矩阵

排他锁与共享锁的控制方式可以用图 5-7 的相容矩阵来表示。

在图 5-7 封锁类型的相容矩阵中，最左边一列表示事务 T_1 已经获得的数据对象上的锁的类型，其中横线表示没有加锁。最上面一行表示另一事务 T_2 对同一数据对象发出的封锁请求。T_2 的封锁请求能否被满足用 Y 和 N 表示，其中 Y 表示事务 T_2 的封锁要求与 T_1 已持有的锁相容，封锁请求可以满足。N 表示 T_2 的封锁请求与 T_1 已持有的锁冲突，T_2 的请求被拒绝。

2. 封锁粒度

X 锁和 S 锁都是加在某一个数据对象上的。封锁的对象可以是逻辑单元，也可以是物理单元。例如，在关系数据库中，封锁对象可以是属性值、属性值集合、元组、关系、索引项、整个索引、整个数据库等逻辑单元；也可以是页（数据页或索引页）、块等物理单元。封锁对象可以很大，如对整个数据库加锁；封锁对象也可以很小，如只对某个属性值加锁。封锁对象的大小称为封锁粒度（granularity）。

封锁粒度与系统的并发度和并发控制的开销密切相关。封锁粒度越大，系统中能够被封锁的对象就越少，并发度也就越小，同时系统开销也越小；相反，封锁粒度越小，并发度越大，同时系统开销也就越大。

因此，如果在一个系统中同时存在不同大小的封锁单元供不同的事务选择使用是比较理想的。而选择封锁粒度时必须同时考虑封锁机构和并发度两个因素，对系统开销与并发度进行权衡，以求得最优的效果。一般说来，需要处理大量元组的用户事务可以以关系为封锁单元；需要处理多个关系的大量元组的用户事务可以以数据库为封锁单位；而对于一个处理少量元组的用户事务，可以以元组为封锁单位以提高并发度。

3. 封锁协议

封锁的目的是保证能够正确地调度并发操作。为此，在运用 X 锁和 S 锁这两种基本封锁，对一定粒度的数据对象加锁时，还需要约定一些规则，例如，应何时申请 X 锁或 S 锁、持锁时间、何时释放等。我们称这些规则为封锁协议（locking protocol）。对封锁方式规定不同的规则，就形成了各种不同的封锁协议，它们分别在不同的程度上为并发操作的正确调度提供一定的保证。本节介绍保证数据一致性的三级封锁协议和保证并行调度可串行性的两段锁协议，5.3.4 节将介绍避免死锁的封锁协议。

1）保证数据一致性的封锁协议——三级封锁协议

对并发操作的不正确调度可能会带来 3 种数据不一致性：丢失修改、不可重复读和读“脏”数据。三级封锁协议分别在不同程度上解决了这一问题。

（1）1 级封锁协议。

1 级封锁协议的内容：事务 T 在修改数据 R 之前必须先对其加 X 锁，直到事务结束才释放。事务结束包括正常结束(Commit)和非正常结束(ROLLBACK)。

1 级封锁协议可防止丢失修改，并保证事务 T 是可恢复的。例如，图 5-8 使用 1 级封锁协议解决了图 5-3 中的丢失修改问题。

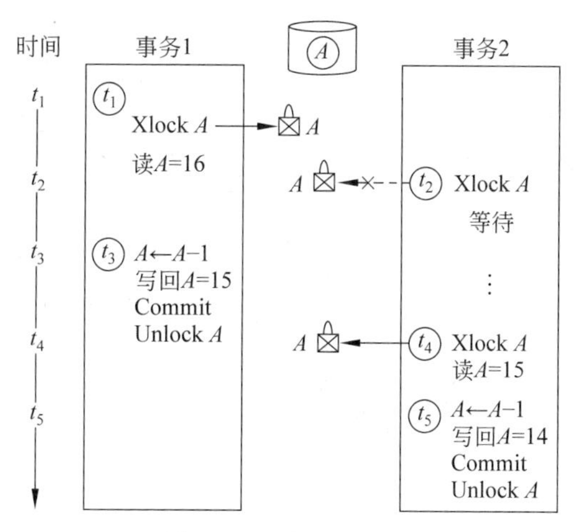

图 5-8　没有丢失修改

图 5-8 中，事务 1 在读 A 进行修改之前先对 A 加 X 锁，当事务 2 再请求对 A 加 X 锁时被拒绝，只能等待事务 1 释放 A 上的锁。事务 1 修改 A 并将修改值 $A=15$ 写回磁盘，释放 A 上的 X 锁后，事务 2 获得对 A 的 X 锁，这时它读到的 A 已经是事务 1 更新过的值 15，再按此新的 A 值进行运算，并将结果值 $A=14$ 写回到磁盘。这样就避免了丢失事务 1 的更新。

在 1 级封锁协议中，如果仅仅是读数据不对其进行修改，是不需要加锁的，所以它不能保证可重复读和不读"脏"数据。

(2) 2 级封锁协议。

2 级封锁协议的内容：1 级封锁协议加上事务 T 在读取数据 R 之前必须先对其加 S 锁，读完后即可释放 S 锁。

2 级封锁协议除防止了丢失修改外，还可进一步防止读"脏"数据。例如，图 5-9 使用 2 级封锁协议解决了图 5-5 中的读"脏"数据问题。

图 5-9 中，事务 1 在对 C 进行修改之前，先对 C 加 X 锁，修改其值后写回磁盘。这时事务 2 请求在 C 上加 S 锁，因事务 1 已在 C 上加了 X 锁，事务 2 只能等待事务 1 释放它。之后事务 1 因某种原因被撤销，C 恢复为原值 100，并释放 C 上的 X 锁。事务 2 获得 C 上的 S 锁，读 $C=100$。这就避免了事务 2 读"脏"数据。

在 2 级封锁协议中，由于读完数据后即可释放 S 锁，所以它不能保证可重复读。

(3) 3 级封锁协议。

3 级封锁协议的内容：1 级封锁协议加上事务 T 在读取数据 R 之前必须先对其加 S 锁，直到事务结束才释放。

3 级封锁协议除防止了丢失修改和不读"脏"数据外，还进一步防止了不可重复读。例如图 5-10 使用 3 级封锁协议解决了图 5-4 中的不可重复读问题。

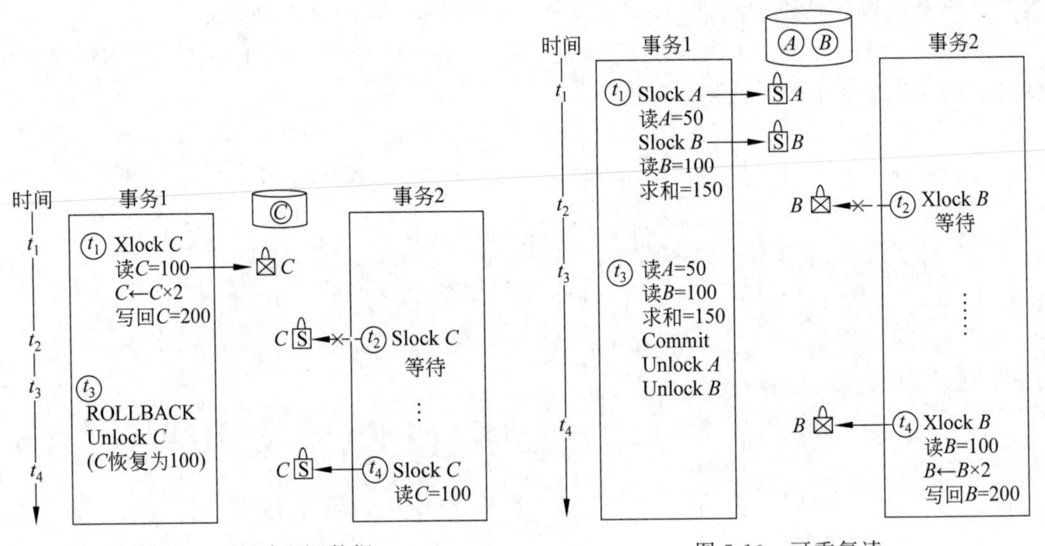

图 5-9　不再读“脏”数据

图 5-10　可重复读

图 5-10 中，事务 1 在读 A，B 之前，先对 A，B 加 S 锁，这样其他事务只能再对 A，B 加 S 锁，而不能加 X 锁，即其他事务只能读 A，B，而不能修改它们。所以当事务 2 为修改 B 而申请对 B 加 X 锁时被拒绝，使其无法执行修改操作，只能等待事务 1 释放 B 上的锁。接着事务 1 为验算再读 A，B，这时读出的 B 仍是 100，求和结果仍为 150，即可重复读。

上述三级协议的主要区别在于什么操作需要申请封锁以及何时释放锁(即持锁时间)。三级封锁协议可以总结为表 5-7。

2）保证并行调度可串行性的封锁协议——两段锁协议

可串行性是并行调度正确性的唯一准则，两段锁(two-phase locking，2PL)协议是为保证并行调度可串行性而提供的封锁协议。

表 5-7　不同级别的封锁协议

某级封锁协议	X 锁		S 锁		一致性保证		
	操作结束释放	事务结束释放	操作结束释放	事务结束释放	不丢失修改	不读“脏”数据	可重复读
1 级封锁协议		✓			✓		
2 级封锁协议		✓	✓		✓	✓	
3 级封锁协议		✓		✓	✓	✓	✓

两段锁协议规定：①在对任何数据进行读写操作之前，事务首先要获得对该数据的封锁；②在释放一个封锁之后，事务不再获得任何其他封锁。

两段锁的含义：事务分为两个阶段。第一阶段是获得封锁，也称扩展阶段。第二阶段是释放封锁，也称收缩阶段。

例如，事务 1 的封锁序列：

Slock A … Slock B … Xlock C … Unlock B … Unlock A … Unlock C；

事务 2 的封锁序列：

Slock A … Unlock A … Slock B … Xlock C … Unlock C … Unlock B；

则事务 1 遵守两段锁协议，而事务 2 不遵守两段锁协议。

可以证明，若并行执行的所有事务均遵守两段锁协议，则对这些事务的所有并行调度策略都是可串行化的。因此可得出如下结论：所有遵守两段锁协议的事务，其并行执行的结果一定是正确的。

需要说明的是，事务遵守两段锁协议是可串行化调度的充分条件，而不是必要条件。也就是说，在可串行化的调度中，不一定所有事务都必须符合两段锁协议。例如，在图 5-11 中，图 5-11(a)和图 5-11(b)都是可串行化的调度，但图 5-11(a)遵守两段锁协议，图 5-11(b)不遵守两段锁协议。

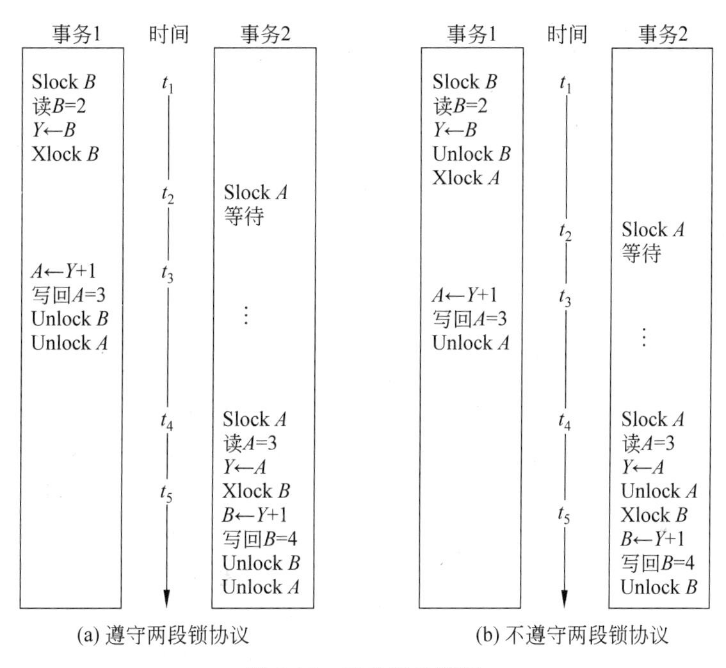

(a) 遵守两段锁协议　　(b) 不遵守两段锁协议

图 5-11　可串行化调度

5.3.4　活锁和死锁

封锁技术可以有效地解决并行操作的一致性问题，但也带来一些新的问题，即活锁和死锁的问题。

1. 活锁

如果事务 T_1 封锁了数据对象 R 后，事务 T_2 也请求封锁 R，于是 T_2 等待。接着 T_3 也请求封锁 R。T_1 释放 R 上的锁后，系统首先批准了 T_3 的请求，T_2 只得继续等待。接着 T_4 也请求封锁 R，T_3 释放 R 上的锁后，系统又批准了 T_4 的请求……T_2 有可能就这样永远等待。这就是活锁的情形，如图 5-12 所示。

避免活锁的简单方法是采用先来先服务的策略。当多个事务请求封锁同一数据对象

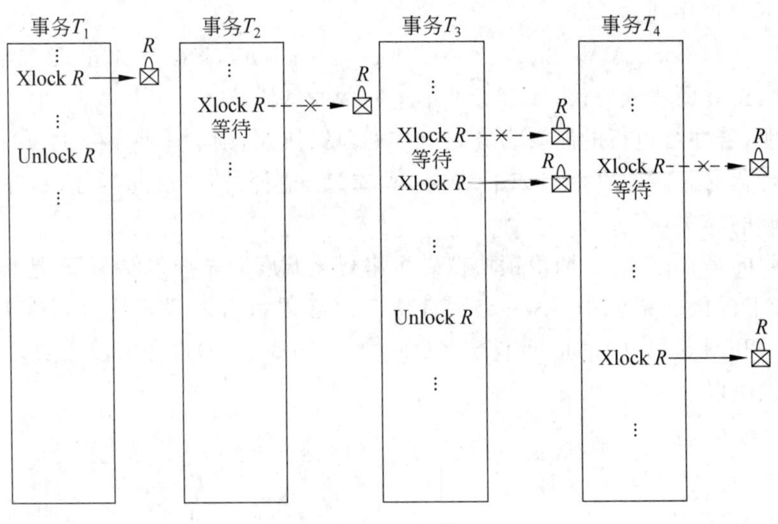

图 5-12　活锁

时，封锁子系统按请求封锁的先后次序对这些事务排队，该数据对象上的锁一旦释放，首先批准申请队列中第一个事务获得锁。

2. 死锁

如果事务 T_1 封锁了数据 A，事务 T_2 封锁了数据 B。之后 T_1 又申请封锁数据 B，因 T_2 已封锁了 B，于是 T_1 等待 T_2 释放 B 上的锁。接着 T_2 又申请封锁 A，因 T_1 已封锁了 A，T_2 也只能等待 T_1 释放 A 上的锁。这样就出现了 T_1 在等待 T_2，而 T_2 又在等待 T_1 的局面，T_1 和 T_2 两个事务永远不能结束，形成死锁。如图 5-13 所示。

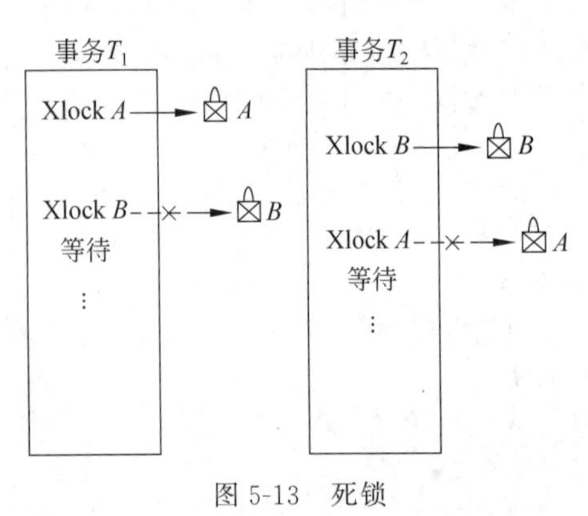

图 5-13　死锁

死锁问题在操作系统和一般并行处理中已做了深入研究，但数据库系统有其自己的特点，操作系统中解决死锁的方法并不一定适合数据库系统。

目前在数据库中解决死锁问题主要有两类方法：一类方法是采取一定措施来预防死锁的发生；另一类方法是允许发生死锁，采用一定手段定期诊断系统中有无死锁，若有则解除之。

1）死锁的预防

在数据库中，产生死锁的原因是两个或多个事务都已封锁了一些数据对象，然后又都请求对已为其他事务封锁的数据对象加锁，从而出现死等待。防止死锁的发生其实就是要破坏产生死锁的条件。预防死锁通常有一次封锁和顺序封锁两种方法。

（1）一次封锁法。

一次封锁法要求每个事务必须一次将所有要使用的数据全部加锁，否则就不能继续执行。例如，在图 5-13 的例子中，如果事务 T_1 将数据对象 A 和 B 一次加锁，T_1 就可以执行下去，而 T_2 等待。T_1 执行完后释放 A，B 上的锁，T_2 继续执行。这样就不会发生死锁。

一次封锁法虽然可以有效地防止死锁的发生，但也存在问题：①一次就将以后要用到的全部数据加锁，势必扩大了封锁的范围，从而降低了系统的并发度；②数据库中数据是不断变化的，原来不要求封锁的数据，在执行过程中可能会变成封锁对象，所以很难事先精确地确定每个事务所要封锁的数据对象，只能采取扩大封锁范围，将事务在执行过程中可能要封锁的数据对象全部加锁，这就进一步降低了并发度。

(2) 顺序封锁法。

顺序封锁法是预先对数据对象规定一个封锁顺序，所有事务都按这个顺序实行封锁。例如，在图 5-13 的例子中，规定封锁顺序是 A，B，T_1 和 T_2 都按此顺序封锁，即 T_2 也必须先封锁 A。当 T_2 请求 A 的封锁时，由于 T_1 已经锁住 A，T_2 就只能等待。T_1 释放 A，B 上的锁后，T_2 继续运行。这样就不会发生死锁。

顺序封锁法同样可以有效地防止死锁，但也同样存在问题：①数据库系统中可封锁的数据对象极多，并且随数据的插入、删除等操作而不断变化，要维护这样极多且不断变化的资源的封锁顺序非常困难，成本也很高；②事务的封锁请求可以随着事务的执行而动态地决定，很难事先确定每个事务要封锁哪些对象，因此也就很难按规定的顺序施加封锁。例如，规定数据对象的封锁顺序为 A，B，C，D，E。事务 T_3 起初要求封锁数据对象 B，C，E，但当它封锁了 B，C 后，才发现还需要封锁 A，这样就破坏了封锁顺序。

可见，在操作系统中广为采用的预防死锁的策略并不是很适合数据库的特点，因此 DBMS 在解决死锁的问题上更普遍采用的是诊断并解除死锁的方法。

2) 死锁的诊断与解除

数据库系统中诊断死锁的方法与操作系统类似，即使用一个事务等待图，它动态地反映所有事务的等待情况。并发控制子系统周期性地(如每隔 1 分钟)检测事务等待图，如果发现图中存在回路，则表示系统中出现了死锁。关于诊断死锁的详细讨论请参阅操作系统的有关书籍。

DBMS 的并发控制子系统一旦检测到系统中存在死锁，就要设法解除。通常采用的方法是选择一个处理死锁代价最小的事务，将其撤销，释放此事务持有的所有的锁，使其他事务能继续运行。

5.4 恢　　复

虽然当前计算机软、硬件技术已经发展到相当高的水平，但硬件的故障、系统软件和应用软件的错误、操作员的失误及恶意的破坏仍然是不可避免的。这些故障轻则造成运行事务非正常中断，影响数据库中数据的正确性，重则破坏数据库，使数据库中的数据部分或全部丢失。为了保证各种故障发生后，数据库中的数据都能从错误状态恢复到某种逻辑一致的状态，数据库管理系统中恢复子系统是必不可少的。各种现有数据库系统运行情况表明，数据库系统所采用的恢复技术是否行之有效，不仅对系统的可靠程度起着决定性作用，而且对系统的运行效率也有很大影响，是衡量系统性能优劣的重要指标。

5.4.1 恢复的原理

事务是数据库的基本工作单位。一个事务中包含的操作要么全部完成，要么全部不做。

也就是说，每个运行事务对数据库的影响或者都反映在数据库中，或者都不反映在数据库中，二者必居其一。如果数据库中只包含成功事务提交的结果，就说此数据库处于一致性状态。保证数据一致性是对数据库最基本的要求。

如果数据库系统运行中发生故障，有些事务尚未完成就被迫中断，这些未完成的事务对数据库所做的修改有一部分已写入物理数据库。这时数据库就处于一种不正确的状态，或者说是不一致的状态，就需要 DBMS 的恢复子系统，根据故障类型采取相应的措施，将数据库恢复到某种一致的状态。

数据库运行过程中可能发生的故障主要有 3 类：事务故障、系统故障和介质故障。不同的故障其恢复方法也不一样。

1. 事务故障

事务在运行过程中由于种种原因，如输入数据的错误、运算溢出、违反了某些完整性限制、某些应用程序的错误以及并行事务发生死锁等，使事务未运行至正常终止点就夭折了，这种情况称为事务故障。

发生事务故障时，夭折的事务可能已把对数据库的部分修改写回磁盘。恢复程序要在不影响其他事务运行的情况下，强行回滚（ROLLBACK）该事务，即清除该事务对数据库的所有修改，使得这个事务像根本没有启动过一样。这类恢复操作称为事务撤销（UNDO）。

2. 系统故障

系统故障是指系统在运行过程中，由于某种原因，如操作系统或 DBMS 代码错误、操作员操作失误、特定类型的硬件错误（如 CPU 故障）、突然停电等造成系统停止运行，致使所有正在运行的事务都以非正常方式终止。这时内存中数据库缓冲区的信息全部丢失，但存储在外部存储设备上的数据未受影响。这种情况称为系统故障。

发生系统故障时，一些尚未完成的事务的结果可能已送入物理数据库，为保证数据一致性，需要清除这些事务对数据库的所有修改。但由于无法确定究竟哪些事务已更新过数据库，因此系统重新启动后，恢复程序要强行撤销（UNDO）所有未完成事务，使这些事务像没有运行过一样。

另外，发生系统故障时，有些已完成事务提交的结果可能还有一部分甚至全部留在缓冲区，尚未写回到磁盘上的物理数据库中，系统故障使得这些事务对数据库的修改部分或全部丢失，这也会使数据库处于不一致状态，因此应将这些事务已提交的结果重新写入数据库。同样，由于无法确定哪些事务的提交结果尚未写入物理数据库，所以系统重新启动后，恢复程序除需要撤销所有未完成事务外，还需要重做（REDO）所有已提交的事务，以将数据库真正恢复到一致状态。

3. 介质故障

系统在运行过程中，由于某种硬件故障，如磁盘损坏、磁头碰撞，或操作系统的某种潜在错误、瞬时强磁场干扰等，使存储在外存中的数据部分或全部丢失。这种情况称为介质故障。这类故障比前两类故障的可能性小得多，但破坏性最大。

发生介质故障后，存储在磁盘上的数据被破坏，这时需要装入数据库发生介质故障前某个时刻的数据副本，并重做自此时始的所有成功事务，将这些事务已提交的结果重新记入数据库。

综上所述，数据库系统中各类故障对数据库的影响概括起来主要有两类：一类是数据库本身被破坏（介质故障）；另一类是数据库本身没有被破坏，但由于某些事务在运行中被中止，使得数据库中可能包含了未完成事务对数据库的修改，破坏数据库中数据的正确性，或者说使数据库处于不一致状态（事务故障、系统故障）。

对于不同类型的故障，在恢复时应做不同的恢复操作。这些操作从原理上讲都是利用存储在系统其他地方的冗余数据来重建数据库中已经被破坏或已经不正确的那部分数据。恢复的基本原理虽然简单，但实现技术却相当复杂。一般一个大型数据库产品，恢复子系统的代码要占全部代码的10％以上。

5.4.2 恢复的实现技术

恢复就是利用存储在系统其他地方的冗余数据来修复数据库中被破坏的或不正确的数据。因此恢复机制涉及两个关键问题：①如何建立冗余数据；②如何利用这些冗余数据实施数据库恢复。

建立冗余数据最常用的技术是数据转储和登录日志文件。通常在一个数据库系统中，这两种方法是一起使用的。

1. 数据转储

转储是指DBA将整个数据库复制到磁带或另一个磁盘上保存起来的过程。这些备用的数据文本称为后备副本或后援副本。一旦系统发生介质故障，数据库遭到破坏，可以将后备副本重新装入，把数据库恢复。

转储是数据库恢复中采用的基本技术。但重装后备副本只能将数据库恢复到转储时的状态，要想恢复到故障发生时的状态，必须重新运行自转储以后的所有更新事务。例如，在图5-14中，系统在T_a时刻停止运行事务进行数据库转储，在T_b时刻转储完毕，得到T_b时刻的数据库一致性副本。系统运行到T_f时刻发生故障。这时，为恢复数据库，必须首先由DBA重装数据库后备副本，将数据库恢复至T_b时刻的状态，然后重新运行T_b时刻至T_f时刻的所有更新事务，或根据日志文件（log file）将这些事务对数据库重新更新写入数据库，这样就可以把数据库恢复到故障发生前某一时刻的一致状态。

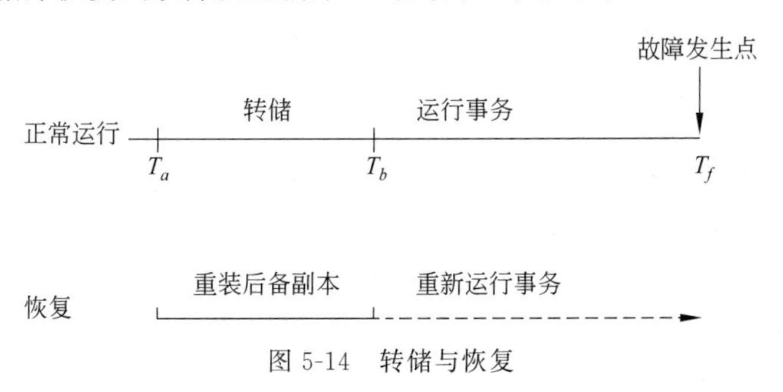

图5-14 转储与恢复

数据转储操作可以动态进行，也可以静态进行。

静态转储是在系统中无运行事务时进行的转储操作。也就是说，转储操作开始的时刻，数据库处于一致性状态，而转储期间不允许(或不存在)对数据库的任何存取、修改活动。显然，静态转储得到的一定是一个数据一致性的副本。

静态转储的优点是简单。但由于转储必须等待用户事务结束才能进行，而新的事务必须等待转储结束才能执行，因此会降低数据库的可用性。

动态转储是指转储操作与用户事务并发进行，转储期间允许对数据库进行存取或修改。

动态转储克服了静态转储的缺点，它不用等待正在运行的用户事务结束，也不会影响新事务的运行。但它不能保证副本中的数据正确有效。例如，在转储期间的某个时刻 T_c，系统把数据 $A=100$ 转储到磁带上，而在下一时刻 T_d，某一事务将 A 改为 200。转储结束后，后备副本上的 A 已是过时的数据了。

因此，为了能够利用动态转储得到的副本进行故障恢复，还需要把动态转储期间各事务对数据库的修改活动进行登记，建立日志文件。后备副本加上日志文件就能把数据库恢复到某一时刻的正确状态了。

具体进行数据转储时可以有两种方式：一种是海量转储；另一种是增量转储。

海量转储是指每次转储全部数据库。增量转储是指只转储上次转储后更新过的数据。从恢复角度看，使用海量转储得到的后备副本进行恢复一般会更方便一些。但如果数据库很大，事务处理又十分频繁，则增量转储方式更实用且更有效。

数据转储有两种方式，分别可以在两种状态下进行，因此数据转储方法可以分为 4 类：动态海量转储、动态增量转储、静态海量转储和静态增量转储，如表 5-8 所示。

表 5-8　数据转储方法的分类

		转储状态	
		动态转储	静态转储
转储方式	海量转储	动态海量转储	静态海量转储
	增量转储	动态增量转储	静态增量转储

直观地看，后备副本越接近故障发生点，恢复起来越方便、越省时。也就是说，从恢复方便角度看，应经常进行数据转储，制作后备副本。但转储又是十分耗费时间和资源的，不能频繁进行。所以 DBA 应该根据数据库使用情况确定适当的转储周期和转储方法。例如，每天晚上进行动态增量转储，每周进行一次动态海量转储，每月进行一次静态海量转储。

2. 登记日志文件

日志文件(logging)是用来记录事务对数据库的更新操作的文件。

不同数据库系统采用的日志文件格式并不完全一样。概括起来日志文件主要有两种格式：以记录为单位的日志文件和以数据块为单位的日志文件。

对于以记录为单位的日志文件，日志文件中需要登记的内容如下。

- 各个事务的开始(BEGIN TRANSACTION)标记。
- 各个事务的结束(COMMIT 或 ROLLBACK)标记。
- 各个事务的所有更新操作。

这里每个事务的开始标记、每个事务的结束标记和每个事务的更新操作均作为日志文件中的一个日志记录(log record)。

每个日志记录的内容如下。

- 事务标识(标明是哪个事务)。
- 操作的类型(插入、删除或修改)。
- 操作对象。
- 更新前数据的旧值(对插入操作,此项为空值)。
- 更新后数据的新值(对删除操作,此项为空值)。

对于以数据块为单位的日志文件,只要某个数据块中有数据被更新,就要将整个块更新前和更新后的内容放入日志文件中。

日志文件在数据库恢复中起着非常重要的作用。可以用来进行事务故障恢复和系统故障恢复,并协助后备副本进行介质故障恢复。

静态转储的数据虽然已是一致性的数据,但是如果静态转储完成后,仍能定期转储日志文件,则在出现介质故障重装后备副本后,可以利用这些日志文件副本对已完成的事务进行重做处理,这样不必重新运行那些已完成的事务程序就可把数据库恢复到故障前某一时刻的正确状态,如图 5-15 所示。

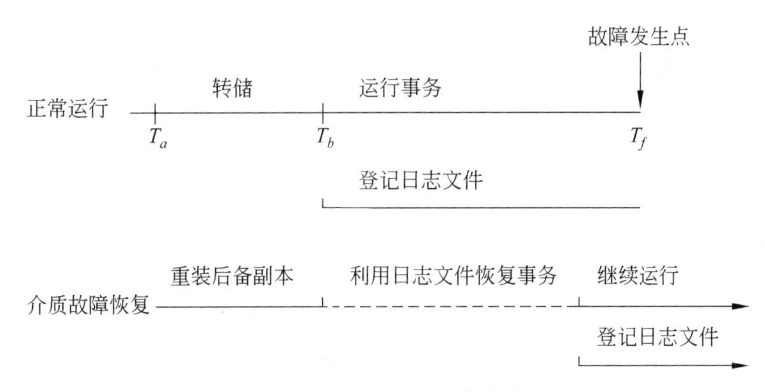

图 5-15　利用日志文件恢复事务

而动态转储机制在转储数据库时,必须同时转储同一时间点的日志文件,后备副本与该日志文件结合起来才能将数据库恢复到一致性状态。与静态转储一样,如果动态转储完成后,仍能定期转储日志文件,则在做介质故障恢复时,可以利用这些日志文件副本进一步恢复数据库,避免重新运行事务程序。

为保证数据库是可恢复的,登记日志文件时必须遵循两条原则。

(1) 登记的次序严格按并行事务执行的时间次序。

(2) 必须先写日志文件,后写数据库。

把对数据的修改写到数据库中和把表示这个修改的日志记录写到日志文件中是两个不同的操作。有可能在这两个操作之间发生故障,即这两个写操作只完成了一个。如果先写了数据库修改,而在运行记录中没有登记这个修改,则以后就无法恢复这个修改。如果先写日志,但没有修改数据库,按日志文件恢复时只不过是多执行一次不必要的 UNDO 操作,并不会影响数据库的正确性。所以为了安全,一定要先写日志文件,即首先把日志记录写到日志文件中，然后写数据库的修改。

3. 恢复策略

当系统运行过程中发生故障，利用数据库后备副本和日志文件就可以将数据库恢复到故障前的某个一致性状态。不同故障其恢复技术也不一样。

1）事务故障的恢复

事务故障是指事务在运行至正常终止点前被中止，这时恢复子系统应撤销(UNDO)此事务已对数据库进行的修改，具体做法如下。

(1) 反向扫描文件日志(即从最后向前扫描日志文件)，查询该事务的更新操作。

(2) 对该事务的更新操作执行逆操作。即将日志记录中“更新前的值”写入数据库。这样，如果记录中是插入操作，则相当于做删除操作(因为此时“更新前的值”为空)。若记录中是删除操作，则做插入操作(因为此时“更新后的值”为空)；若是修改操作，则相当于用修改前值代替修改后值。

(3) 继续反向扫描日志文件，查询该事务的其他更新操作，并做同样处理。

(4) 如此处理，直至读到此事务的开始标记，事务故障恢复就完成了。

事务故障的恢复是由系统自动完成的，不需要用户干预。

2）系统故障的恢复

系统故障造成数据库不一致状态的原因有两个：①一些未完成事务对数据库的更新已写入数据库；②一些已提交事务对数据库的更新还留在缓冲区没来得及写入数据库。因此恢复操作就是要撤销故障发生时未完成的事务，重做已完成的事务。具体做法如下。

(1) 正向扫描日志文件(即从头扫描日志文件)，找出在故障发生前已经提交事务(这些事务既有 BEGIN TRANSACTION 记录，也有 COMMIT 记录)，将其事务标识记入重做(REDO)队列。同时还要找出故障发生时尚未完成的事务(这些事务只有 BEGIN TRANSACTION 记录，无相应的 COMMIT 记录)，将其事务标识记入撤销队列。

(2) 对撤销队列中的各个事务进行撤销(UNDO)处理。

进行 UNDO 处理的方法：反向扫描日志文件，对每个 UNDO 事务的更新操作执行逆操作，即将日志记录中“更新前的值”写入数据库。

(3) 对重做队列中的各个事务进行重做(REDO)处理。

进行 REDO 处理的方法：正向扫描日志文件，对每个 REDO 事务重新执行登记的操作，即将日志记录中“更新后的值”写入数据库。

系统故障的恢复也是由系统自动完成的，不需要用户干预。

3）介质故障的恢复

发生介质故障后，磁盘上的物理数据和日志文件被破坏，这是最严重的一种故障，恢复方法是重装数据库，然后重做已完成的事务。具体做法如下。

(1) 装入最新的后备数据库副本，使数据库恢复到最近一次转储时的一致性状态。

对于动态转储的数据库副本，还须同时装入转储时刻的日志文件副本，利用与恢复系统故障相同的方法(即 REDO+UNDO)，才能将数据库恢复到一致性状态。

(2) 装入有关的日志文件副本，重做已完成的事务。

首先扫描日志文件，找出故障发生时已提交的事务的标识，将其记入重做队列。

然后正向扫描日志文件，对重做队列中的所有事务进行重做处理，即将日志记录中“更新后的值”写入数据库。

这样就可以将数据库恢复至故障前某一时刻的一致状态了。

介质故障的恢复需要 DBA 介入。但 DBA 只需要重装最近转储的数据库副本和有关的各日志文件副本，然后执行系统提供的恢复命令即可，具体的恢复操作仍由 DBMS 完成。

5.5 数据库复制与数据库镜像

5.3 节和 5.4 节分别介绍了数据库系统进行并发控制与恢复的基本技术手段。随着数据库技术的发展，许多新技术也可以用于并发控制和恢复。这就是本节要介绍的数据库复制和数据库镜像(mirror)技术。目前，许多商用数据库管理系统都在不同程度上提供了数据库复制和数据库镜像功能。

5.5.1 数据库复制

复制是使数据库更具容错性的方法，主要用于分布式结构的数据库中。它在多个场地保留多个数据库备份，这些备份可以是整个数据库的副本，也可以是部分数据库的副本。各个场地的用户可以并发地存取不同的数据库副本，例如，当一个用户为修改数据对数据库加了排他锁，其他用户可以访问数据库的副本，而不必等待该用户释放锁。这就进一步提高了系统的并发度。但 DBMS 必须采取一定手段保证用户对数据库的修改能够及时地反映到其所有副本上。另外，当数据库出现故障时，系统可以用副本对其进行联机恢复，而在恢复过程中，用户可以继续访问该数据库的副本，而不必中断应用(见图 5-16)。

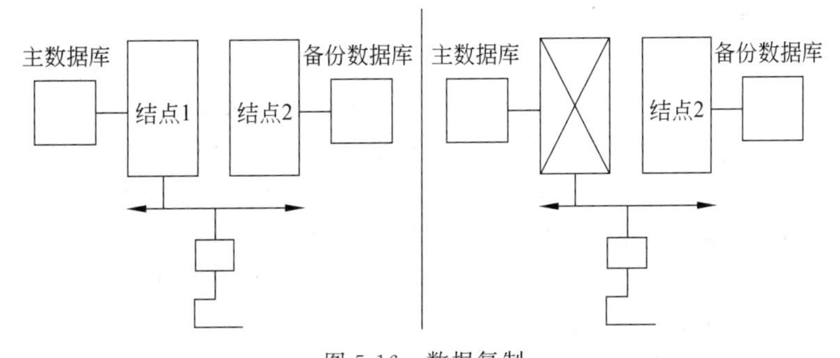

图 5-16　数据复制

数据库复制通常有 3 种方式：对等复制、主/从复制和级联复制。不同的复制方式提供了不同程度的数据一致性。

(1) 对等(peer-to-peer)复制是最理想的复制方式。在这种方式下，各个场地的数据库地位是平等的，可以互相复制数据，如图 5-17 所示。用户可以在任何场地读取和更新公共数据集，在某一场地更新公共数据集时，DBMS 会立即将数据传送到所有其他副本。

(2) 主从(master-slave)复制即数据只能从主数据库中复制到从数据库中，如图 5-18 所示。更新数据只能在主场地上进行，从场地供用户读数据。但当主场地出现故障时，更新数

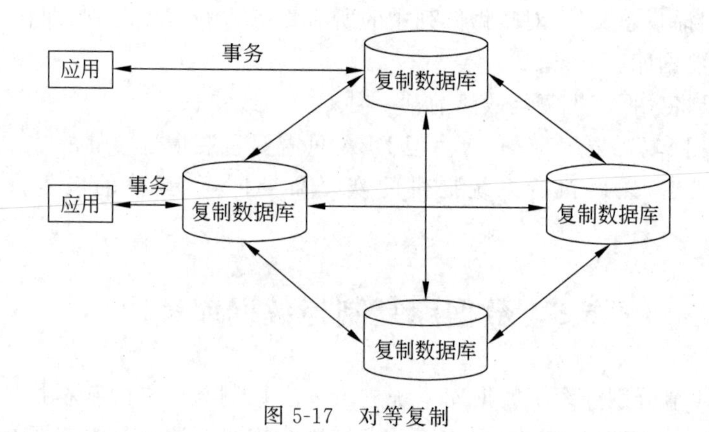

图 5-17　对等复制

据的应用可以转到其中一个复制场地上。这种复制方式实现起来比较简单,易于维护数据一致性。

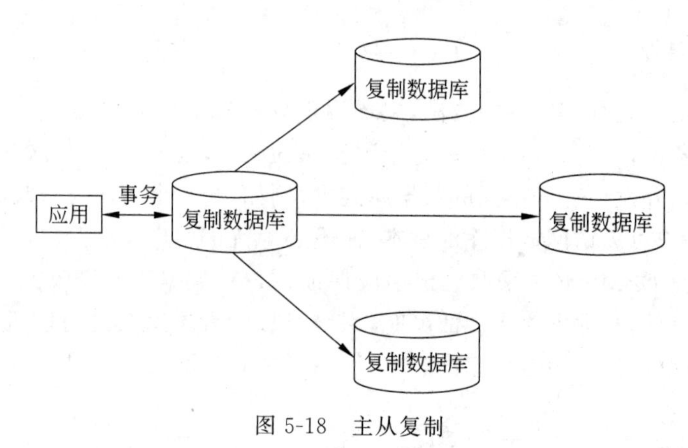

图 5-18　主从复制

(3) 级联(cascade)复制是指从主场地复制过来的数据又从该场地再次复制到其他场地,如图 5-19 所示,即 A 场地把数据复制到 B 场地,B 场地又把这些数据或其中部分数据再复制到其他场地。级联复制可以平衡当前各种数据需求对网络交通的压力。例如,要将数据传送到整个欧洲,可以首先把数据从纽约复制到巴黎,然后再把其中部分数据从巴黎复制到其他各欧洲国家的主要城市。级联复制通常与前两种配置联合使用。

DBMS 在使用复制技术时必须做到以下 3 点。

(1) 复制数据库必须对用户透明。用户不必知道 DBMS 是否使用复制技术,使用的是什么复制方式。

(2) 主数据库和各个复制数据库在任何时候都必须保持事务的完整性。

(3) 对于异步的可在任何地方更新的复制方式,当两个应用在两个场地同时更新同一记录,一个场地的更新事务尚未复制到另一个场地时,第二个场地已开始更新,这时就可能引起冲突。DBMS 必须提供控制冲突的方法,包括各种形式的自动解决方法及人工干预方法。

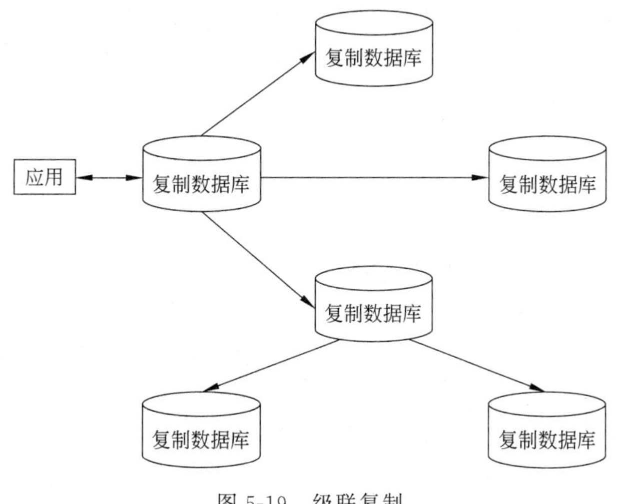

图 5-19 级联复制

5.5.2 数据库镜像

介质故障是对系统影响最为严重的一种故障。系统出现介质故障后，用户应用全部中断，恢复起来也比较费时。而为了能够将数据库从介质故障中恢复过来，DBA 必须周期性地转储数据库，这也加重了 DBA 的负担。如果 DBA 忘记了转储数据库，一旦发生介质故障，会造成较大的损失。

为避免介质磁盘出现故障影响数据库的可用性，DBMS 还可以提供日志文件和数据库镜像（见图 5-20），即根据 DBA 的要求，自动把整个数据库或其中的关键数据复制到另一个磁盘上，每当主数据库更新时，DBMS 会自动把更新后的数据复制过去，DBMS 自动保证镜像数据与主数据的一致性。这样，一旦出现介质故障，可由镜像磁盘继续提供数据库的可用性，同时 DBMS 自动利用镜像磁盘进行数据库的恢复，不需要关闭系统和重装数据库副本。在没有出现故障时，数据库镜像还可以用于并发操作，即当一个用户对数据库加排他锁修改数据时，其他用户可以读镜像数据库，而不必等待该用户释放锁。

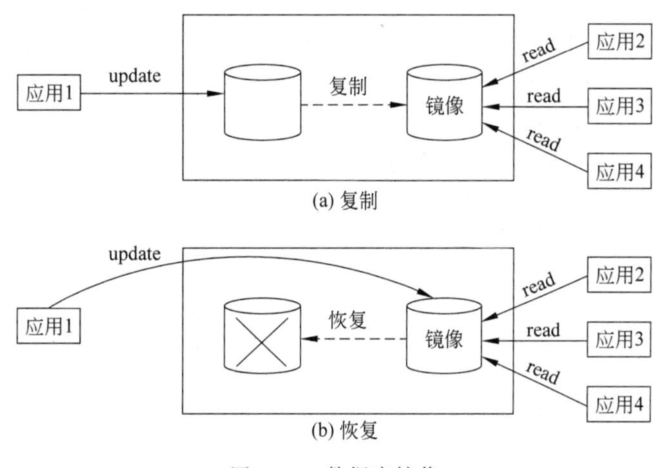

图 5-20 数据库镜像

由于数据库镜像是通过复制数据实现的，频繁地复制数据自然会降低系统运行效率，因此在实际应用中用户往往只选择对关键数据镜像，如对日志文件镜像，而不是对整个数据库进行镜像。

习　题

1. 什么是数据库的安全性？什么是数据库的完整性？二者之间有哪些联系和区别？

2. 数据库安全性控制的常用方法有哪些？

3. 针对第2章第7题中的S,P,J和SPJ表。用SQL进行下列各项操作。

假设有用户张成、徐天、刘斓。

(1) 将S,P,J和SPJ表的所有权限授予用户张成。

(2) 将SPJ表的SELECT权和QTY列的UPDATE权授予用户徐天，并允许他传播这些权限。

(3) 回收刘斓用户对S表SNO列的修改权。

4. 完整性约束条件可分为哪几类？

5. DBMS的完整性控制机制应具有哪些功能？

6. RDBMS在实现参照完整性时需要考虑哪些方面？

7. 假设有下面两个关系模式：

职工(职工号，姓名，年龄，职务，工资，部门号)，其中职工号为主码；

部门(部门号，名称，经理名，电话)，其中部门号为主码。

用SQL定义这两个关系模式，要求在模式中完成以下完整性约束条件的定义。

(1) 定义每个模式的主码。

(2) 定义参照完整性。

(3) 定义职工年龄不得超过60岁。

8. 什么是事务？它有哪些属性？

9. 并发操作可能会产生哪几类数据不一致？

10. 什么是封锁？基本的封锁类型有几种？简述它们的含义。

11. 如何用封锁机制保证数据的一致性？

12. 如何保证并行操作的可串行性？

13. 简述死锁和活锁的产生原因和解决方法。

14. 设T_1,T_2,T_3是如下的3个事务。

T_1：$A=A+2$；

T_2：$A=A*2$；

T_3：$A=A**2$；($A \leftarrow A2$)

设A的初值为0。

(1) 若这3个事务允许并行执行，则有多少可能的正确结果，请一一列举。

(2) 给出一个可串行化的调度，并给出执行结果。

(3) 给出一个非串行化的调度，并给出执行结果。

(4) 若这3个事务都遵守两段锁协议，给出一个不产生死锁的可串行化调度。

(5) 若这3个事务都遵守两段锁协议,给出一个产生死锁的调度。

15. 什么是数据库的恢复?

16. 数据库转储的意义是什么? 比较各种数据转储方法。

17. 什么是日志文件? 为什么要设立日志文件? 登记日志文件时为什么必须先写日志文件,后写数据库?

18. 数据库运行过程中常见的故障有哪几类? 各类故障如何恢复?

19. 什么是数据库复制? 它有什么用途? 常用的复制手段有哪些?

20. 什么是数据库镜像? 它有什么用途?

第6章 关系数据库设计理论

第2、3章介绍了关系数据库的基本概念、关系模型以及关系数据库的标准语言。关系数据库是由一组关系组成的，那么针对一个具体问题，应该如何构造一个适合它的数据模式，即应该构造几个关系，每个关系由哪些属性组成等。这是关系数据库逻辑结构设计问题。

实际上设计任何一种数据库应用系统，不论是层次的、网状的还是关系的，都会遇到如何构造合适的数据模式即逻辑结构的问题。由于关系模型有严格的数学理论基础，并且可以向其他数据模型转换，因此人们往往以关系模型为背景来讨论这一问题，形成了数据库逻辑设计的一个有力工具——关系数据库的规范化理论。规范化理论虽然是以关系模型为背景，但是它对于一般的数据库逻辑设计同样具有理论上的意义。

6.1 数据依赖

关系数据库是以关系模型为基础的数据库，它利用关系描述现实世界。一个关系既可用来描述一个实体及其属性，也可用来描述实体间的一种联系。关系模式是用来定义关系的，一个关系数据库包含一组关系，定义这组关系的关系模式的全体就构成了该数据库的模式。

6.1.1 关系模式中的数据依赖

关系是一张二维表，它是所涉及属性的笛卡儿积的一个子集。从笛卡儿积中选取哪些元组构成该关系，通常是由现实世界赋予该关系的元组语义来确定的。元组语义实质上是一个 n 目谓词（n 是属性集中属性的个数）。使该 n 目谓词为真的笛卡儿积中的元素（或者说凡符合元组语义的元素）的全体就构成了该关系。

关系模式是对关系的描述，为了能够清楚地刻画出一个关系，它需要由五部分组成，即应该是一个五元组：

$$R(U, D, \mathrm{DOM}, F)$$

其中，R 为关系名；U 为组成该关系的属性名集合；D 为属性组 U 中属性来自的域，DOM 为属性向域的映像集合；F 为属性间数据的依赖关系集合。

属性间数据的依赖关系集合 F 实际上就是描述关系的元组语义，限定组成关系的各个元组必须满足的完整性约束条件。在实际当中，这些约束或者通过对属性取值范围的限定，例如，学生成绩必须在0～100内，或者通过属性值间的相互关联（主要体现于值的相等与否）反映出来，后者称为数据依赖，它是数据库模式设计的关键。

关系是关系模式在某一时刻的状态或内容。关系模式是静态的、稳定的，关系是动态的，不同时刻关系模式中的关系可能会有所不同，但它们都必须满足关系模式中数据依赖关系集合 F 所指定的完整性约束条件。

由于在关系模式 $R(U, D, \mathrm{DOM}, F)$ 中，影响数据库模式设计的主要是 U 和 F，D 和

DOM 对其影响不大，为了方便讨论，本章将关系模式简化为一个三元组：

$R(U,\ F)$

当且仅当 U 上的一个关系 r 满足 F 时，r 称为关系模式 $R(U,\ F)$ 的一个关系。

6.1.2 数据依赖对关系模式的影响

数据依赖是通过一个关系中属性间值的相等与否体现出的数据间的相互关系，是现实世界属性间相互联系的抽象，是数据内在的性质，是语义的体现。人们已经提出了许多种类型的数据依赖，其中最重要的是函数依赖(functional dependency，FD)和多值依赖(multivalued dependency，MVD)。

函数依赖普遍地存在于现实生活中。例如，描述一个学生的关系，可以有学号(Sno)、姓名(Sname)、所在系(Sdept)等几个属性。由于一个学号只对应一个学生，一个学生只在一个系，因此当“学号”值确定之后，姓名及其所在系的值也就被唯一地确定了。属性间的这种依赖关系类似于数学中的函数。因此说 Sno 函数决定 Sname 和 Sdept，或者说 Sname 和 Sdept 函数依赖于 Sno，记作 Sno→Sname，Sno→Sdept。

现在来建立一个描述学校的数据库，该数据库涉及的对象包括学生的学号(Sno)、所在系(Sdept)、系主任姓名(Mname)、课程名(Cname)和成绩(Grade)。假设学校的数据库模式由一个单一的关系模式 Student 构成，则该关系模式的属性集合为

```
U = ( Sno, Sdept, Mname, Cname, Grade )
```

现实世界的已知事实告诉我们：

(1) 一个系有若干学生，但一个学生只属于一个系；

(2) 一个系只有一名主任；

(3) 一个学生可以选修多门课程，每门课程有若干学生选修；

(4) 每个学生所学的每门课程都有一个成绩。

从上述事实可以得到属性组 U 上的一组函数依赖 F(见图 6-1 所示)

```
F={Sno→Sdept, Sdept→Mname, (Sno,Cname)→Grade}
```

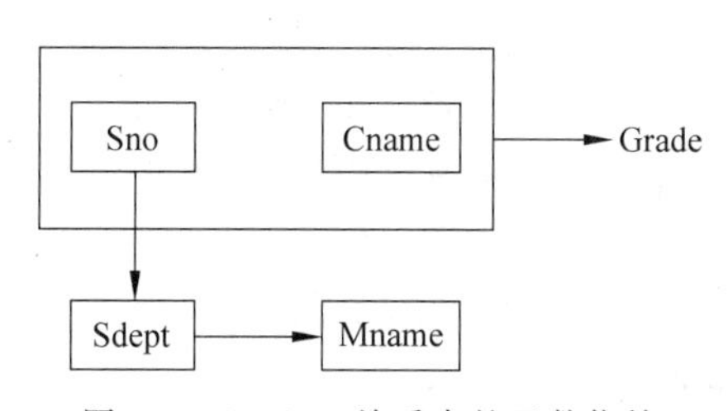

图 6-1 Student 关系中的函数依赖

如果只考虑函数依赖这一种数据依赖，就得到了一个描述学生的关系模式 Student $<U,\ F>$。但这个关系模式存在 4 个问题。

(1) 数据冗余太大。例如，每个系主任的姓名重复出现，重复次数与该系所有学生的所有课程成绩出现次数相同。这将浪费大量的存储空间。

(2) 更新异常(update anomalies)。由于数据冗余，当更新数据库中的数据时，系统要

付出很大的代价来维护数据库的完整性。否则会面临数据不一致的危险。例如,某系更换系主任后,系统必须修改与该系学生有关的每个元组。

(3) 插入异常(insertion anomalies)。如果一个系刚成立,尚无学生,就无法把这个系及其系主任的信息存入数据库。

(4) 删除异常(deletion anomalies)。如果某系的学生全部毕业了,在删除该系学生信息的同时,把这个系及其系主任的信息也丢掉了。

鉴于存在以上种种问题,可以得出结论:Student 关系模式不是一个"好"的模式。一个"好"的模式应当不会发生插入异常、删除异常、更新异常,数据冗余也应尽可能少。

一个关系模式之所以会产生上述问题,是由于模式中的某些数据依赖引起的。规范化理论正是用来改造关系模式,通过分解关系模式来消除其中不合适的数据依赖,以解决插入异常、删除异常、更新异常和数据冗余问题。

6.1.3 有关概念

规范化理论致力于解决关系模式中不合适的数据依赖问题。而函数依赖和多值依赖是最重要的数据依赖。本节先介绍函数依赖的概念,多值依赖将在 6.2.5 节介绍。此外,还将给出码的形式化定义。

1. 函数依赖

定义 6.1 设 $R(U)$是一个关系模式,U 是 R 的属性集合,X 和 Y 是 U 的子集。对于 $R(U)$ 的任意一个可能的关系 r,如果 r 中不存在两个元组,它们在 X 上的属性值相同,而在 Y 上的属性值不同,则称"X **函数确定** Y"或"Y **函数依赖**于 X",记作 $X \rightarrow Y$。

对于函数依赖,需要说明以下 6 点。

(1) 函数依赖不是指关系模式 R 的某个或某些关系实例满足的约束条件,而是指 R 的所有关系实例均要满足的约束条件。

(2) 函数依赖和其他数据之间的依赖关系一样,是语义范畴的概念。只能根据数据的语义来确定函数依赖。例如,"姓名→年龄"这个函数依赖只有在没有相同名字的人的条件下才成立。如果有相同名字的人,则"年龄"就不再函数依赖于"姓名"了。

(3) 数据库设计者可以对现实世界进行强制规定。例如,在上例中,设计者可以强行规定不允许有相同名字的人出现,因而使函数依赖"姓名→年龄"成立。这样当插入某个元组时这个元组上的属性值必须满足规定的函数依赖,若发现有相同名字的人存在,则拒绝装入该元组。

(4) 若 $X \rightarrow Y$,则 X 称为这个函数依赖的决定属性集(determinant)。

(5) 若 $X \rightarrow Y$,并且 $Y \rightarrow X$,则记为 $X \longleftrightarrow Y$。

(6) 若 Y 不函数依赖于 X,则记为 $X \nrightarrow Y$。

2. 平凡函数依赖与非平凡函数依赖

定义 6.2 在关系模式 $R(U)$中,对于 U 的子集 X 和 Y,若 $X \rightarrow Y$,但 $Y \nsubseteq X$,则称 $X \rightarrow Y$ 是非平凡函数依赖。若 $Y \subseteq X$,则称 $X \rightarrow Y$ 是平凡函数依赖。

对于任一关系模式,平凡函数依赖都是必然成立的,它不反映新的语义,因此若不特别声明，我们总是讨论非平凡函数依赖。

3. 完全函数依赖与部分函数依赖

定义 6.3 在关系模式 $R(U)$中，如果 $X \rightarrow Y$，并且对于 X 的任何一个真子集 X'，都有 $X' \nrightarrow Y$，则称 Y **完全函数依赖**于 X，记作 $X \xrightarrow{F} Y$。若 $X \rightarrow Y$，但 Y 不完全函数依赖于 X，则称 Y **部分函数依赖**于 X，记作 $X \xrightarrow{P} Y$。

4. 传递函数依赖

定义 6.4 在关系模式 $R(U)$中，如果 $X \rightarrow Y$，$Y \rightarrow Z$，且 $Y \not\subseteq X$，$Z \not\subseteq Y$，$Y \nrightarrow X$，则称 Z **传递函数依赖**于 X。

传递函数依赖定义中之所以要加上条件 $Y \nrightarrow X$，是因为如果 $Y \rightarrow X$，则 $X \longleftrightarrow Y$，这实际上是 Z 直接依赖于 X（$X \xrightarrow{直接} Z$），而不是传递函数依赖了。

例如，在关系 Student(Sno, Sname, Ssex, Sage, Sdept)中，有

Sno → Ssex， Sno → Sage， Sno → Sdept， Sno ←→ Sname， （若无人重名）
但 Ssex↛Sage。

在关系 SC(Sno, Cno, Grade)中，有

$$\text{Sno} \nrightarrow \text{Grade}, \quad \text{Cno} \nrightarrow \text{Grade}, \quad (\text{Sno}, \text{Cno}) \xrightarrow{F} \text{Grade}$$

(Sno, Cno)是决定属性集。

在关系 Std(Sno, Sdept, Mname)中，有

$$\text{Sno} \rightarrow \text{Sdept}, \quad \text{Sdept} \rightarrow \text{Mname}, \text{Sno} \xrightarrow{传递} \text{Mname}$$

5. 码

第 2 章给出了关系模式的码的非形式化定义，这里使用函数依赖的概念来严格定义关系模式的码。

定义 6.5 设 K 为关系模式 $R<U,F>$中的属性或属性组合。若 $K \xrightarrow{F} U$，则 K 称为 R 的一个**候选码**(candidate key)。若关系模式 R 有多个候选码，则选定其中的一个作为**主码**(primary key)。

码是关系模式中的一个重要概念。候选码能够唯一地标识关系的元组，是关系模式中一组最重要的属性。另外，主码又和外部码一起提供了一个表示关系间联系的手段。

6.2 范 式

范式是符合某一种级别的关系模式的集合。关系数据库中的关系必须满足一定的要求。满足不同程度要求的为不同范式。目前主要有 6 种范式：第一范式、第二范式、第三范式、BC 范式、第四范式和第五范式。满足最低要求的为第一范式，简称 1NF。在第一范式基础上进一步满足一些要求的为第二范式，简称 2NF。其余以此类推。如图 6-2 所示，显然各种范式之间存在联系：

$$1NF \supset 2NF \supset 3NF \supset BCNF \supset 4NF \supset 5NF$$

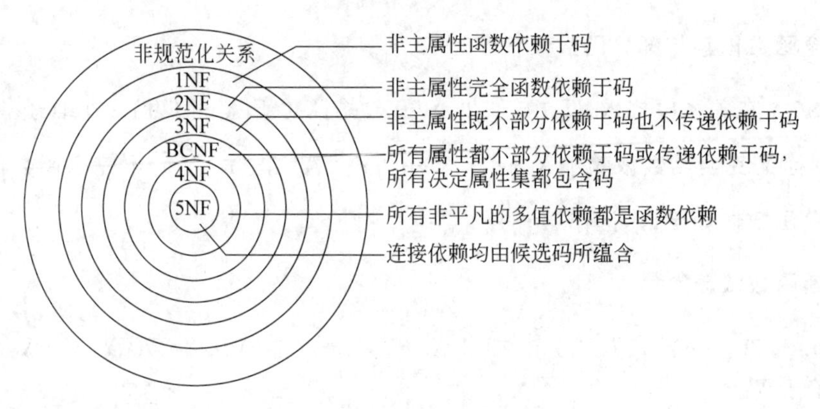

图 6-2　各种范式之间的关系

通常把某一关系模式 R 为第 n 范式简记为 $R \in n\text{NF}$。

6.2.1　第一范式(1NF)

定义 6.6　如果一个关系模式 R 的所有属性都是不可分的基本数据项，则 $R \in 1\text{NF}$。

在任何一个关系数据库系统中，第一范式是对关系模式的一个最起码的要求。不满足第一范式的数据库模式不能称为关系数据库。

但是满足第一范式的关系模式并不一定是一个好的关系模式。例如，关系模式

```
SLC(Sno, Sdept, Sloc, Cno, Grade)
```

其中，Sloc 为学生住处，假设每个系的学生住在同一个地方。SLC 的码为(Sno，Cno)。函数依赖包括

$$(\text{Sno, Cno}) \xrightarrow{F} \text{Grade}$$

$$\text{Sno} \rightarrow \text{Sdept}$$

$$(\text{Sno, Cno}) \xrightarrow{P} \text{Sdept}$$

$$\text{Sno} \rightarrow \text{Sloc}$$

$$(\text{Sno, Cno}) \xrightarrow{P} \text{Sloc}$$

$\text{Sdept} \rightarrow \text{Sloc}$(因为每个系的学生住在同一个地方)

如图 6-3 所示，显然 SLC 满足第一范式。这里(Sno，Cno)两个属性一起函数决定 Grade。(Sno，Cno)也函数决定 Sdept 和 Sloc。但实际上仅 Sno 就可以函数决定 Sdept 和 Sloc。因此非主属性 Sdept 和 Sloc 部分函数依赖于码(Sno，Cno)。图 6-3 中的实线表示完全函数依赖，虚线表示部分函数依赖。

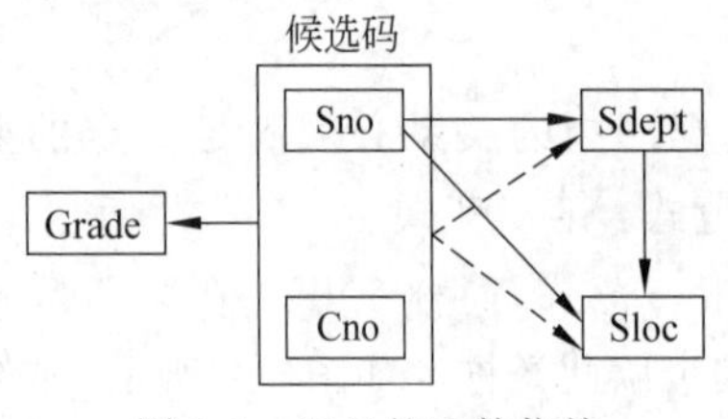

图 6-3　SLC 的函数依赖

SLC 关系存在以下 4 个问题。

(1) 插入异常：假若要插入一个 Sno＝2020102，Sdept＝IS，Sloc＝N，但还未选课的学生，即这个学生无 Cno，这样的元组不能插入 SLC 中，因为插入时必须给定码值，而此时码值的一部分为空，因而学生的信息无

法插入。

(2) 删除异常：假定某个学生只选修了一门课，如2020022只选修了3号课程。现在连3号课程他也不选修了。那么3号课程这个数据项就要删除。课程号3是主属性，删除了课程号3，整个元组就不能存在了，也必须跟着删除，从而删除了2020022的其他信息，产生了删除异常，即不应删除的信息也删除了。

(3) 数据冗余度大：如果一个学生选修了10门课程，那么他的Sdept和Sloc值就要重复存储10次。

(4) 修改复杂：某个学生从数学系(MA)转到信息系(IS)，这本来只是一件事，只需修改此学生元组中的Sdept值。但因为关系模式SLC中还含有系的住处Sloc属性，学生转系将同时改变住处，因而还必须修改元组中的Sloc值。另外，如果这个学生选修了K门课，由于Sdept，Sloc重复存储了K次，当数据更新时必须无遗漏地修改K个元组中全部Sdept，Sloc信息，这就造成了修改的复杂化。

因此SLC不是一个好的关系模式。

6.2.2 第二范式(2NF)

关系模式SLC出现上述问题的原因是Sdept，Sloc对码的部分函数依赖。为了消除这些部分函数依赖，可以采用投影分解法，把SLC分解为两个关系模式：

```
SC(Sno, Cno, Grade)
SL(Sno, Sdept, Sloc)
```

其中，SC的码为(Sno，Cno)，SL的码为Sno。这两个关系模式的函数依赖如图6-4所示。

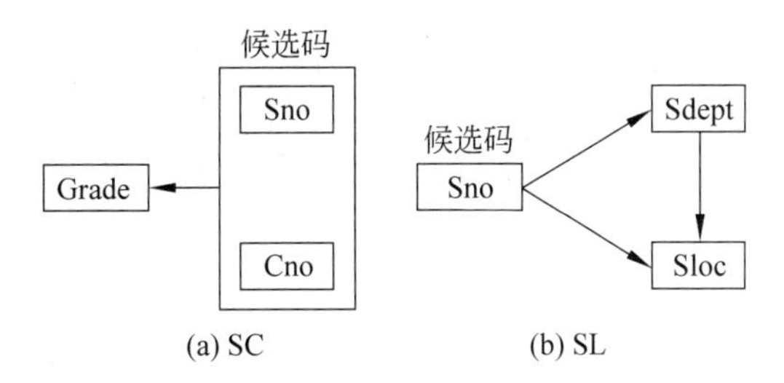

图6-4 SC的函数依赖与SL的函数依赖

显然，在分解后的关系模式中，非主属性都完全函数依赖于码了。从而使上述4个问题在一定程度上得到了解决。

(1) 在SL关系中可以插入尚未选课的学生。

(2) 删除学生选课情况涉及的是SC关系，如果一个学生所有的选课记录全部删除了，只是SC关系中没有关于该学生的记录了，不会牵涉SL关系中关于该学生的记录。

(3) 由于学生选修课程的情况与学生的基本情况是分开存储在两个关系中的，因此不论该学生选多少门课程，他的Sdept和Sloc值都只存储一次。这大大降低了数据冗余。

(4) 某个学生从数学系(MA)转到信息系(IS)，只需修改SL关系中该学生元组的Sdept值和Sloc值，由于Sdept，Sloc并未重复存储，因此简化了修改操作。

定义6.7 若关系模式$R \in 1NF$，并且每个非主属性都完全函数依赖于R的码，则

$R \in$ 2NF。

2NF 就是不允许关系模式的属性之间有这样的函数依赖 $X \rightarrow Y$,其中 X 是码的真子集,Y 是非主属性。显然,码只包含一个属性的关系模式如果属于 1NF,那么它一定属于 2NF,因为它不可能存在非主属性对码的部分函数依赖。

上例中的 SC 关系和 SL 关系都属于 2NF。可见,采用投影分解法将一个 1NF 的关系分解为多个 2NF 的关系,可以在一定程度上减轻原 1NF 关系中存在的插入异常、删除异常、数据冗余度大、修改复杂等问题。

但是将一个 1NF 关系分解为多个 2NF 的关系,并不能完全消除关系模式中的各种异常情况和数据冗余。也就是说,属于 2NF 的关系模式并不一定是一个好的关系模式。

例如,2NF 关系模式 SL(Sno, Sdept, Sloc)中有下列函数依赖:

```
Sno→Sdept
Sdept→Sloc
Sno→Sloc
```

Sloc 传递函数依赖于 Sno,即 SL 中存在非主属性对码的传递函数依赖。SL 关系中仍然存在插入异常、删除异常、数据冗余度大和修改复杂的问题。

(1) 插入异常:如果某个系因种种原因(例如,刚刚成立),目前暂时没有在校学生,就无法把这个系的信息存入数据库。

(2) 删除异常:如果某个系的学生全部毕业了,在删除该系学生信息的同时,把这个系的信息也丢掉了。

(3) 数据冗余度大:每个系的学生都住在同一个地方,关于系的住处的信息却重复出现,重复次数与该系学生人数相同。

(4) 修改复杂:当学校调整学生住处时,如信息系的学生全部迁到另一个地方住宿,由于关于每个系的住处信息是重复存储的,修改时必须同时更新该系所有学生的 Sloc 属性值。

所以 SL 仍不是一个好的关系模式。

6.2.3 第三范式(3NF)

关系模式 SL 出现上述问题的原因是 Sloc 传递函数依赖于 Sno。为了消除该传递函数依赖,可以采用投影分解法,把 SL 分解为两个关系模式:

```
SD(Sno, Sdept)
DL(Sdept, Sloc)
```

其中,SD 的码为 Sno, DL 的码为 Sdept。这两个关系模式的函数依赖如图 6-5 所示。

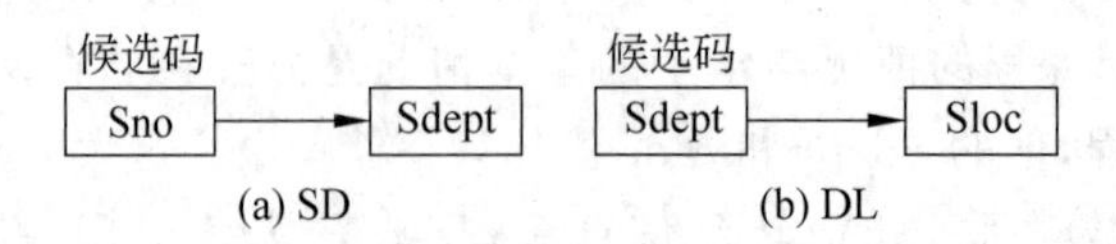

图 6-5 SD 的函数依赖与 DL 的函数依赖

显然,在分解后的关系模式中既没有非主属性对码的部分函数依赖也没有非主属性对码的传递函数依赖，在一定程度上解决了上述 4 个问题。

(1) DL 关系中可以插入无在校学生的系的信息。

(2) 某个系的学生全部毕业了，只删除 SD 关系中的相应元组，DL 关系中关于该系的信息仍存在。

(3) 关于系的住处的信息只在 DL 关系中存储一次。

(4) 当学校调整某个系的学生住处时，只需修改 DL 关系中一个相应元组的 Sloc 属性值。

定义 6.8 如果关系模式 $R<U,F>$ 中不存在候选码 X、属性组 Y 以及非主属性 $Z(Z \not\subseteq Y)$，使得 $X \rightarrow Y$，$Y \rightarrow Z$ 和 $Y \nrightarrow X$ 成立，则 $R \in$ 3NF。

由定义 6.8 可以证明，若 $R \in$ 3NF，则 R 的每个非主属性既不部分函数依赖于候选码，也不传递函数依赖于候选码。显然，如果 $R \in$ 3NF，则 R 也是 2NF。

3NF 就是不允许关系模式的属性之间有这样的非平凡函数依赖 $X \rightarrow Y$，其中 X 不包含码，Y 是非主属性。X 不包含码有两种情况：一种情况 X 是码的真子集，这是 2NF 也不允许的；另一种情况 X 含有非主属性，这是 3NF 进一步限制的。

上例中的 SD 关系和 DL 关系都属于 3NF。可见，采用投影分解法将一个 2NF 的关系分解为多个 3NF 的关系，可以在一定程度上解决原 2NF 关系中存在的插入异常、删除异常、数据冗余度大、修改复杂等问题。

但是将一个 2NF 关系分解为多个 3NF 的关系后，并不能完全消除关系模式中的各种异常情况和数据冗余。也就是说，属于 3NF 的关系模式并不一定是一个好的关系模式。

例如，在关系模式 STJ(S，T，J)中，S 表示学生，T 表示教师，J 表示课程。假设每一教师只教一门课。每门课由若干教师教，某一学生选定某门课，就确定了一个固定的教师。于是，有如下的函数依赖(见图 6-6)：

$$(S,J) \rightarrow T,\ (S,T) \rightarrow J,\ T \rightarrow J$$

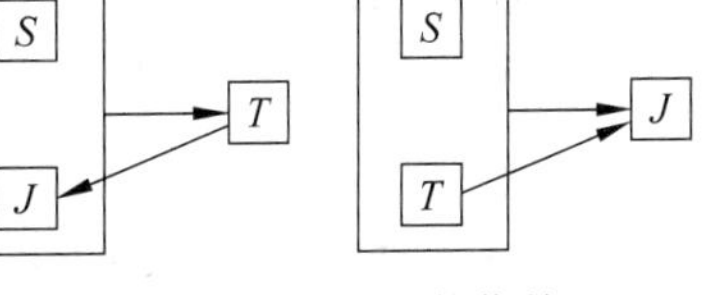

图 6-6 STJ 的函数依赖

显然，(S，J)和(S，T)都可以作为候选码。这两个候选码各由两个属性组成，而且是相交的。该关系模式没有任何非主属性对码传递依赖或部分依赖，所以 STJ $\in$ 3NF。但另一方面，$T \rightarrow J$，即 T 是决定属性集，可是 T 只是主属性，它既不是候选码，也不包含候选码。

3NF 的 STJ 关系模式也存在一些问题。

(1) 插入异常：如果某个学生刚刚入校，尚未选修课程，则因受主属性不能为空的限制，有关信息无法存入数据库中。同样原因，如果某个教师开设了某门课程，但尚未有学生选修，则有关信息也无法存入数据库中。

(2) 删除异常：如果选修过某门课程的学生全部毕业了，在删除这些学生元组的同时，相应教师开设该门课程的信息也同时丢掉了。

(3) 数据冗余度大：虽然一个教师只教一门课，但每个选修该教师、该门课程的学生元组都要记录这一信息。

(4) 修改复杂：某个教师开设的某门课程改名后，所有选修了该教师、该门课程的学生元组都要进行相应修改。

因此虽然 STJ∈3NF，但它仍不是一个理想的关系模式。

6.2.4 BC 范式(BCNF)

关系模式 STJ 出现上述问题的原因在于主属性 J 依赖于 T，即主属性 J 部分依赖于码 (S, T)。解决这一问题仍然可以采用投影分解法，将 STJ 分解为两个关系模式：

ST(S, T)

TJ(T, J)

其中，ST 的码为 S，TJ 的码为 T。这两个关系模式的函数依赖如图 6-7 所示。

$S \rightarrow T$ (a) ST　　$T \rightarrow J$ (b) TJ

图 6-7　ST 的函数依赖与 TJ 的函数依赖

显然，在分解后的关系模式中没有任何属性对码的部分函数依赖和传递函数依赖。它解决了上述 4 个问题。

(1) ST 关系中可以存储学生尚未选修课程的学生。TJ 关系中可以存储所开课程尚未有学生选修的教师信息。

(2) 选修过某门课程的学生全部毕业了，只是删除 ST 关系中的相应元组，不会影响 TJ 关系中相应教师开设该门课程的信息。

(3) 关于每个教师开设课程的信息只在 TJ 关系中存储一次。

(4) 某个教师开设的某门课程改名后，只需修改 TJ 关系中的一个相应元组即可。

定义 6.9　设关系模式 $R<U,F>\in$ 1NF，如果对于 R 的每个函数依赖 $X\rightarrow Y$，若 $Y\not\subseteq X$，则 X 必含有候选码，那么 $R\in$ BCNF。

换句话说，在关系模式 $R<U,F>$ 中，如果每个决定属性集都包含候选码，则 $R\in$ BCNF。

BCNF(Boyce Codd normal form)是由 Boyce 和 Codd 提出的，比 3NF 更进了一步。通常认为 BCNF 是修正的第三范式，所以有时也称第三范式。

显然关系模式 ST 和 TJ 都属于 BCNF。可见，采用投影分解法将一个 3NF 的关系分解为多个 BCNF 的关系，可以进一步解决原 3NF 关系中存在的插入异常、删除异常、数据冗余度大、修改复杂等问题。

由 BCNF 的定义可以看到，每个 BCNF 的关系模式都具有如下 3 个性质。

(1) 所有非主属性都完全函数依赖于每个候选码。

(2) 所有主属性都完全函数依赖于每个不包含它的候选码。

(3) 没有任何属性完全函数依赖于非码的任何一组属性。

如果关系模式 $R\in$ BCNF，由定义可知，R 中不存在任何属性传递函数依赖于或部分函数依赖于任何候选码，所以必定有 $R\in$ 3NF。但是，如果 $R\in$ 3NF，R 未必属于 BCNF。例如，前面的关系模式 STJ∈3NF，但不属于 BCNF。如果 R 只有一个候选码，则 $R\in$ 3NF，R 必属于 BCNF。读者可以自己证明这一结论。

对于前面学生数据库中的 3 个关系模式：

```
Student(Sno, Sname, Ssex, Sage, Sdept)
Course(Cno, Cname, Cpno, Ccredit)
SC(Sno, Cno, Grade)
```

在 Student(Sno, Sname, Ssex, Sage, Sdept)中，由于学生有可能重名，因此它只有一个码 Sno，且 Sno 是唯一的决定属性，所以 Student∈BCNF。

在 Course(Cno, Cname, Cpno, Ccredit)中，假设课程名称具有唯一性，则 Cno 和 Cname 均为码，这两个码都由单个属性组成，彼此不相交，在该关系模式中，除 Cno 和 Cname 外没有其他决定属性组，所以 Course∈BCNF。

在 SC(Sno, Cno, Grade)中，组合属性(Sno, Cno)为码，也是唯一的决定属性组，所以 SC∈BCNF。

再来看一个例子。在关系模式 SJP(S,J,P)中，S 表示学生，J 表示课程，P 表示名次。每个学生每门课程都有一个确定的名次，每门课程中每一名次只有一个学生。由这些语义可得到下面的函数依赖：

$$(S, J) \rightarrow P$$
$$(J, P) \rightarrow S$$

所以(S,J)与(J,P)都是候选码。这两个候选码各由两个属性组成，而且相交。这个关系模式中显然没有属性对候选码的传递依赖或部分依赖。而且除(S,J)和(J,P)外没有其他决定因素，所以 SJP∈BCNF。

3NF 和 BCNF 是以函数依赖为基础的关系模式规范化程度的测度。

如果一个关系数据库中的所有关系模式都属于 3NF，则已在很大程度上消除了插入异常和删除异常，但由于可能存在主属性对候选码的部分依赖和传递依赖，因此关系模式的分解仍不够彻底。

如果一个关系数据库中的所有关系模式都属于 BCNF，那么在函数依赖范畴内，它已实现了模式的彻底分解，达到了最高的规范化程度，消除了插入异常和删除异常。

6.2.5 多值依赖与第四范式(4NF)

6.2.1～6.2.4 节完全是在函数依赖的范畴内讨论关系模式的范式问题。如果仅考虑函数依赖这一种数据依赖，属于 BCNF 的关系模式已经很完美了。但如果考虑其他数据依赖，例如，多值依赖，属于 BCNF 的关系模式仍存在问题，不能算作一个完美的关系模式。

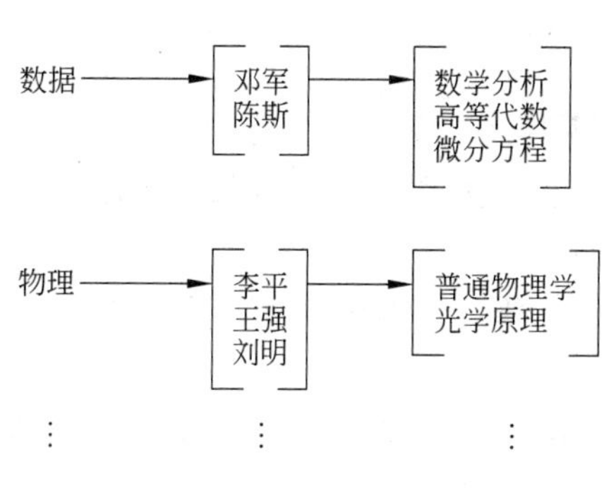

图 6-8 课程-教师-参考书之间的关系

例如，设学校中某门课程由多个教师讲授，他们使用相同的一套参考书。可以用一个关系模式 Teach(C, T, B)表示课程 C、教师 T 和参考书 B 之间的关系。假设该关系如图 6-8 所示。

该关系可用二维表表示如下：

课程 C	教师 T	参考书 B
数学	邓军	数学分析
数学	邓军	高等代数
数学	邓军	微分方程
数学	陈斯	数学分析
数学	陈斯	高等代数
数学	陈斯	微分方程
物理	李平	普通物理学
物理	李平	光学原理
物理	王强	普通物理学
物理	王强	光学原理
物理	刘明	普通物理学
物理	刘明	光学原理
⋮	⋮	⋮

Teach 具有唯一候选码(C,T,B)，即全码，因而 Teach∈BCNF。但 Teach 模式中存在一些问题。

① 数据冗余度大：每门课程的参考书是固定的，但在 Teach 关系中，有多少个任课教师，参考书就要存储多少次，造成大量的数据冗余。

② 增加操作复杂：当某一课程增加一个任课教师时，该课程有多少本参考书，就必须插入多少个元组。例如，物理课增加一个教师刘关，需要插入两个元组：

(物理，刘关，普通物理学)，(物理，刘关，光学原理)

③ 删除操作复杂：某门课要去掉一本参考书，该课程有多少个教师，就必须删除多少个元组。例如，数学课去掉《微分方程》一书，需要删除两个元组：

(数学，邓军，微分方程)，(数学，陈斯，微分方程)

④ 修改操作复杂：某门课要修改一本参考书，该课程有多少个教师，就必须修改多少个元组。

BCNF 的关系模式 Teach 之所以会产生上述问题，是因为参考书的取值和教师的取值是彼此独立毫无关系的，它们都只取决于课程名。也就是说，关系模式 Teach 中存在一种被称为多值依赖的数据依赖。

1. 多值依赖

定义 6.10 设 $R(U)$是一个属性集 U 上的一个关系模式，X,Y 和 Z 是 U 的子集，并且 $Z=U-X-Y$，**多值依赖** $X\rightarrow\rightarrow Y$ 成立当且仅当对 R 的任一关系 r，r 在(X,Z)上的每个值对应一组 Y 的值，这组值仅仅决定于 X 值而与 Z 值无关。

若 $X\rightarrow\rightarrow Y$，而 $Z=\varphi$，则称 $X\rightarrow\rightarrow Y$ 为平凡的多值依赖。否则称 $X\rightarrow\rightarrow Y$ 为非平凡的多值依赖。

在 Teach 关系中，每个(C,B)上的值对应一组 T 值，而且这种对应与 B 无关。例如，(C,B)上的一个值(物理，光学原理)对应一组 T 值{ 李平，王强，刘明 }，这组值仅决定于

课程 C 上的值，也就是说对于(C,B)上的另一个值(物理，普通物理学)，它对应的一组 T 值仍是{李平，王强，刘明}，尽管这时参考书 B 的值已经改变了。因此 T 多值依赖于 C，即 $C\rightarrow\rightarrow T$。

多值依赖也可以形式化地定义如下。

定义 6.11 在关系模式 $R(U)$ 的任一关系 r 中，如果对于任意两个元组 t,s，有 $t[X]=s[X]$，就必存在元组 $w,v\in r$(w 和 v 可以与 s 和 t 相同)，使得 $w[X]=v[X]=t[X]$，而 $w[Y]=t[Y]$，$w[Z]=s[Z]$，$v[Y]=s[Y]$，$v[Z]=t[Z]$，即交换 s,t 元组的 Y 值所得的两个新元组必在 r 中，则称 Y **多值依赖**于 X，记为 $X\rightarrow\rightarrow Y$。其中，$X$ 和 Y 是 U 的子集，$Z=U-X-Y$。

定义 6.10 与定义 6.11 完全等价。

多值依赖具有下列性质。

(1) 多值依赖具有对称性。即若 $X\rightarrow\rightarrow Y$，则 $X\rightarrow\rightarrow Z$，其中 $Z=U-X-Y$。

例如，在关系模式 Teach(C, T, B)中，已经知道 $C\rightarrow\rightarrow T$。根据多值依赖的对称性，必然有 $C\rightarrow\rightarrow B$。

多值依赖的对称性可以用图直观地表示出来。例如，可以用图 6-9 表示 Teach(C, T, B)中的多值对应关系，其中对应 C 的某一个值 C_i 的全部 T 值记作 $\{T\}_{C_i}$(表示教此课程的全体教师)，全部 B 值记作 $\{B\}_{C_i}$(表示此课程使用的所有参考书)。应当有 $\{T\}_{C_i}$ 中的每个 T 值和 $\{B\}_{C_i}$ 中的每个 B 值对应。于是 $\{T\}_{C_i}$ 与 $\{B\}_{C_i}$ 之间正好形成一个完全二分图，因而 $C\rightarrow\rightarrow T$。而 B 与 T 是完全对称的，因而必然有 $C\rightarrow\rightarrow B$。

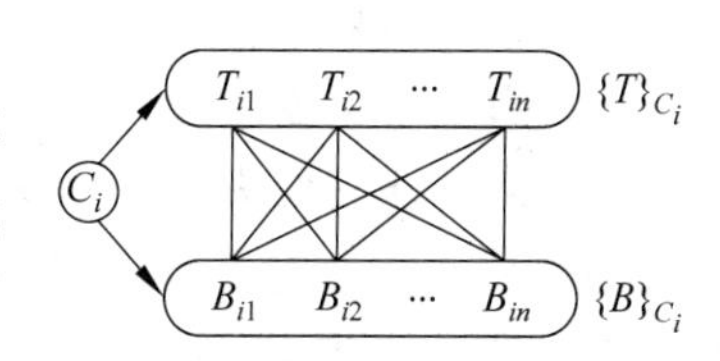

图 6-9 Teach 中的多值依赖

(2) 多值依赖具有传递性。即若 $X\rightarrow\rightarrow Y$，$Y\rightarrow\rightarrow Z$，则 $X\rightarrow\rightarrow Z-Y$。

(3) 函数依赖可以看作是多值依赖的特殊情况。即若 $X\rightarrow Y$，则 $X\rightarrow\rightarrow Y$。这是因为当 $X\rightarrow Y$ 时，对 X 的每个值 x，Y 有一个确定的值 y 与之对应，所以 $X\rightarrow\rightarrow Y$。

(4) 若 $X\rightarrow\rightarrow Y$，$X\rightarrow\rightarrow Z$，则 $X\rightarrow\rightarrow YZ$。

(5) 若 $X\rightarrow\rightarrow Y$，$X\rightarrow\rightarrow Z$，则 $X\rightarrow\rightarrow Y\cap Z$。

(6) 若 $X\rightarrow\rightarrow Y$，$X\rightarrow\rightarrow Z$，则 $X\rightarrow\rightarrow Y-Z$，$X\rightarrow\rightarrow Z-Y$。

(7) 多值依赖的有效性与属性集的范围有关。如果 $X\rightarrow\rightarrow Y$ 在 U 上成立，则在 $W(XY\subset W\subset U)$ 上一定成立；但 $X\rightarrow\rightarrow Y$ 在 $W(W\subset U)$ 上成立，在 U 上并不一定成立。这是因为多值依赖的定义中不仅涉及属性组 X 和 Y，而且涉及 U 中其余属性 Z。一般地，如果 R 的多值依赖 $X\rightarrow\rightarrow Y$ 在 $W(W\subset U)$ 上成立，则称 $X\rightarrow\rightarrow Y$ 为 R 的嵌入型多值依赖。

但是函数依赖 $X\rightarrow Y$ 的有效性仅决定于 X 和 Y 这两个属性集的值，与其他属性无关。只要 $X\rightarrow Y$ 在属性集 W 上成立，则 $X\rightarrow Y$ 在属性集 $U(W\subset U)$ 上必定成立。

(8) 若多值依赖 $X\rightarrow\rightarrow Y$ 在 $R(U)$ 上成立，对于 $Y'\subset Y$，并不一定有 $X\rightarrow\rightarrow Y'$ 成立。但是如果函数依赖 $X\rightarrow Y$ 在 R 上成立，则对于任何 $Y'\subset Y$ 均有 $X\rightarrow Y'$ 成立。

2. 第四范式(4NF)

定义 6.12 关系模式 $R<U,F>\in$ 1NF，如果对于 R 的每个非平凡多值依赖 $X\rightarrow\rightarrow Y(Y\not\subseteq X)$，$X$ 都含有候选码，则 $R\in$ 4NF。

4NF 就是限制关系模式的属性之间不允许有非平凡且非函数依赖的多值依赖。因为根据定义，对于每个非平凡的多值依赖 $X \to\to Y(Y \not\subseteq X)$，$X$ 都含有候选码，当然 $X \to Y$，所以 4NF 所允许的非平凡多值依赖实际上是函数依赖。

显然，如果一个关系模式是 4NF，则必为 BCNF。

前面讨论过的关系模式 Teach 中存在非平凡的多值依赖 $C \to\to T$，且 C 不是候选码，因此 Teach 不属于 4NF。这正是它之所以存在数据冗余度大，插入和删除操作复杂等弊病的根源。

可以用投影分解法把 Teach 分解为如下两个 4NF 关系模式以减少数据冗余：

CT(C, T)

CB(C, B)

CT 中虽然有 $C \to\to T$，但这是平凡多值依赖，即 CT 中已不存在既非平凡也非函数依赖的多值依赖。所以 CT 属于 4NF。同理，CB 也属于 4NF。分解后 Teach 关系中的几个问题可以得到解决。

（1）参考书只需要在 CB 关系中存储一次。

（2）当某一课程增加一个任课教师时，只需要在 CT 关系中增加一个元组。

（3）某一课程要去掉一本参考书，只需要在 CB 关系中删除一个相应的元组。

函数依赖和多值依赖是两种最重要的数据依赖。如果只考虑函数依赖，则属于 BCNF 的关系模式已经很完美了。如果考虑多值依赖，则属于 4NF 的关系模式已经很完美了。事实上，数据依赖中除函数依赖和多值依赖之外，还有一种连接依赖。函数依赖是多值依赖的一种特殊情况，而多值依赖实际上又是连接依赖的一种特殊情况。但连接依赖不像函数依赖和多值依赖可由语义直接导出，而是在关系的连接运算时才反映出来。存在连接依赖的关系模式仍可能遇到数据冗余度大、插入异常、删除异常、修改复杂等问题。如果消除了属于 4NF 的关系模式中存在的连接依赖，则可以进一步投影分解为 5NF 的关系模式。到目前为止，5NF 是最终范式。这里不再详细讨论连接依赖和 5NF，有兴趣的读者可以参阅有关书籍。

6.3 关系模式的规范化

一个关系只要其分量都是不可分的数据项，它就是规范化的关系，但这只是最基本的规范化。规范化程度可以有 6 个不同的级别，即 6 个范式。一个低一级范式的关系模式，通过模式分解可以转换为若干高一级范式的关系模式集合，这种过程就称为关系模式的规范化。

6.3.1 关系模式规范化的步骤

在 6.2 节中已经看到，规范化程度过低的关系不一定能够很好地描述现实世界，可能会存在插入异常、删除异常、修改复杂、数据冗余度大等问题，解决方法就是对其进行规范化，转换成高级范式。

规范化的基本思想是逐步消除数据依赖中不合适的部分，使模式中的各关系模式达到某种程度的“分解”，即采用“一事一地”的模式设计原则，让一个关系描述一个概念、一个实体或者实体间的一种联系。若多于一个概念就把它“分解”出去。因此，规范化实质上是概念的单一化。

关系模式规范化的步骤如图 6-10 所示。

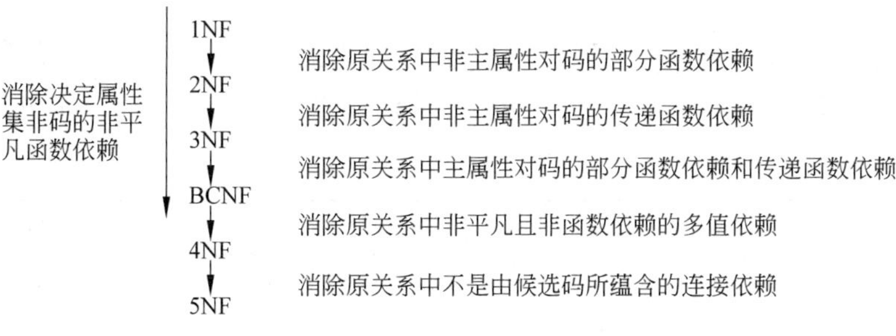

图 6-10 关系模式规范化的步骤

(1) 对 1NF 关系进行投影,消除原关系中非主属性对码的函数依赖,将 1NF 关系转换为若干 2NF 关系。

(2) 对 2NF 关系进行投影,消除原关系中非主属性对码的传递函数依赖,从而产生一组 3NF 关系。

(3) 对 3NF 关系进行投影,消除原关系中主属性对码的部分函数依赖和传递函数依赖(使决定属性都成为投影的候选码),得到一组 BCNF 关系。

以上 3 步也可以合并为 1 步:对原关系进行投影,消除决定属性不是候选码的任何函数依赖。

(4) 对 BCNF 关系进行投影,消除原关系中非平凡且非函数依赖的多值依赖,从而产生一组 4NF 关系。

(5) 对 4NF 关系进行投影,消除原关系中不是由候选码所蕴含的连接依赖,即可得到一组 5NF 关系。

5NF 是最终范式。

诚然,规范化程度过低的关系可能会存在插入异常、删除异常、修改复杂、数据冗余度大等问题,需要对其进行规范化,转换成高级范式。但这并不意味着规范化程度越高的关系模式就越好。在设计数据库模式结构时,必须对现实世界的实际情况和用户应用需求做进一步分析,确定一个合适的、能够反映现实世界的模式。也就是说,上面的规范化步骤可以在其中任何一步终止。

6.3.2 关系模式的分解

关系模式的规范化过程是通过对关系模式的分解来实现的,但是把低一级的关系模式分解为若干高一级的关系模式的方法并不是唯一的。在这些分解方法中,只有能够保证分解后的关系模式与原关系模式等价的方法才有意义。

将一个关系模式 $R<U,F>$ 分解为若干关系模式 $R_1<U_1,F_1>,R_2<U_2,F_2>,\cdots,R_n<U_n,F_n>$(其中,$U=U_1\cup U_2\cup\cdots\cup U_n$,且不存在 $U_i\subseteq U_j$,F_i 为 F 在 U_i 上的投影),意味着相应地将存储在一个二维表 t 中的数据分散到若干二维表 $t_1,t_2,\cdots,t_n$ 中去(其中,t_i 是 t 在属性集 U_i 上的投影)。

例如,对于 6.2.2 节例子中的关系模式 SL(Sno, Sdept, Sloc),SL 中有下列函数依赖:

```
Sno→Sdept
Sdept→Sloc
Sno→Sloc
```

我们已经知道 SL∈2NF，该关系模式存在插入异常、删除异常、修改复杂和数据冗余度大的问题。因此需要分解该关系模式，使其成为更高范式的关系模式。分解方法可以有很多种。

假设下面是该关系模式的一个关系：

SL

Sno	Sdept	Sloc
2020001	CS	A
2020002	IS	B
2020003	MA	C
2020004	IS	B
2020005	PH	B

第一种分解方法是将 SL 分解为下面 3 个关系模式：

```
SN(Sno)
SD(Sdept)
SO(Sloc)
```

分解后的关系：

SN

Sno
2020001
2020002
2020003
2020004
2020005

SD

Sdept
CS
IS
MA
PH

SO

Sloc
A
B
C

SN、SD 和 SO 都是规范化程度很高的关系模式（5NF），但分解后的数据库丢失了许多信息。例如，无法查询 2020001 学生所在系或所在宿舍。因此这种分解方法是不可取的。

如果分解后的关系可以通过自然连接恢复为原来的关系，那么这种分解就没有丢失信息。

第二种分解方法是将 SL 分解为下面两个关系模式：

```
NL(Sno, Sloc)
DL(Sdept, Sloc)
```

分解后的关系：

NL

Sno	Sloc
2020001	A
2020002	B
2020003	C
2020004	B
2020005	B

DL

Sdept	Sloc
CS	A
IS	B
MA	C
PH	B

对 NL 和 DL 关系进行自然连接的结果：

NL ⋈ DL

Sno	Sloc	Sdept
2020001	A	CS
2020002	B	IS
2020002	B	PH
2020003	C	MA
2020004	A	IS
2020005	B	IS
2020005	B	PH

由于 NL ⋈ DL 比原来的 SL 关系多了两个元组(2020002, B, PH)和(2020005, B, IS)，因此也无法知道原来的 SL 关系中究竟有哪些元组。从这个意义上说，此分解方法仍然丢失了信息。

第三种分解方法是将 SL 分解为下面两个关系模式：

```
ND(Sno, Sdept)
NL(Sno, Sloc)
```

分解后的关系：

ND

Sno	Sdept
2020001	CS
2020002	IS
2020003	MA
2020004	IS
2020005	PH

NL

Sno	Sloc
2020001	A
2020002	B
2020003	C
2020004	B
2020005	B

对 ND 和 NL 关系进行自然连接的结果：

ND ⋈ NL

Sno	Sdept	Sloc
2020001	CS	A
2020002	IS	B
2020003	MA	C
2020004	CS	A
2020005	PH	B

它与 SL 关系完全一样，因此第三种分解方法没有丢失信息。

设关系模式 $R<U,F>$ 被分解为若干关系模式 $R_1<U_1,F_1>,R_2<U_2,F_2>,\cdots,R_n<U_n,F_n>$(其中，$U=U_1\cup U_2\cup\cdots\cup U_n$，且不存在 $U_i\subseteq U_j$，F_i 为 F 在 U_i 上的投影)，若 R 与 $R_1,R_2,\cdots,R_n$ 自然连接的结果相等，则称关系模式 R 的这个分解具有无损连接性(lossless join)。只有具有无损连接性的分解才能够保证不丢失信息。

第三种分解方法虽然具有无损连接性，保证了不丢失原关系中的信息，但它并没有解决插入异常、删除异常、修改复杂、数据冗余度大的问题。例如，2020001 学生由 CS 系转到 IS

系,ND关系的(2020001, CS)元组和NL关系的(2020001, A)元组必须同时进行修改,否则会破坏数据库的一致性。之所以出现上述问题,是因为分解得到的两个关系模式不是互相独立的。SL中的函数依赖Sdept→Sloc既没有投影到关系模式ND上,也没有投影到关系模式NL上,而是跨在这两个关系模式上。也就是说,这种分解方法没有保持原关系中的函数依赖。

设关系模式$R<U,F>$被分解为若干关系模式$R_1<U_1,F_1>,R_2<U_2,F_2>,\cdots,R_n<U_n,F_n>$(其中,$U=U_1\cup U_2\cup\cdots\cup U_n$,且不存在$U_i\subseteq U_j$,$F_i$为$F$在$U_i$上的投影),若F所逻辑蕴含的函数依赖一定也由分解得到的某个关系模式中的函数依赖F_i所逻辑蕴含,则称关系模式R的这个分解是保持函数依赖的(preserve dependency)。

第四种分解方法是将SL分解为下面两个关系模式:

```
ND(Sno, Sdept)
DL(Sdept, Sloc)
```

这种分解方法保持了函数依赖。

判断对关系模式的一个分解是否与原关系模式等价可以有3种不同的标准。

(1) 分解具有无损连接性。

(2) 分解要保持函数依赖。

(3) 分解既要保持函数依赖,又要具有无损连接性。

如果一个分解具有无损连接性,则它能够保证不丢失信息;如果一个分解保持了函数依赖,则它可以减轻或解决各种异常情况。

分解具有无损连接性和分解保持函数依赖是两个互相独立的标准。具有无损连接性的分解不一定能够保持函数依赖。同样,保持函数依赖的分解也不一定具有无损连接性。例如,上面的第一种和第二种分解方法都既不具有无损连接性,也未保持函数依赖,它们均不是原关系模式的一个等价分解。第三种分解方法具有无损连接性,但未保持函数依赖。第四种分解方法既具有无损连接性,又保持了函数依赖。

规范化理论提供了一套完整的模式分解算法,按照这套算法可以做到:

(1) 若要求分解具有无损连接性,则模式分解一定能够达到4NF;

(2) 若要求分解保持函数依赖,则模式分解一定能够达到3NF,但不一定能够达到BCNF;

(3) 若要求分解既具有无损连接性,又保持函数依赖,则模式分解一定能够达到3NF,但不一定能够达到BCNF。

关于模式分解的具体算法我们就不具体讨论了,有兴趣的读者可参阅有关书籍。

习 题

1. 数据依赖对关系模式有什么影响?

2. 解释下列术语:函数依赖,平凡函数依赖,非平凡函数依赖,完全函数依赖,部分函数依赖,传递函数依赖,多值依赖,候选码,主码,1NF,2NF,3NF,BCNF,4NF。

3. 今要建立关于系、学生、班级、学会诸信息的一个关系数据库。一个系有若干专业,每个专业每年只招一个班，每个班有若干学生。一个系的学生住在同一宿舍区。每个学生可参加若干学会，每个学会有若干学生。

描述学生的属性有学号、姓名、出生年月、系名、班号、宿舍区。

描述班级的属性有班号、专业名、系名、人数、入校年份。

描述系的属性有系名、系号、系办公室地点、人数。

描述学会的属性有学会名、成立年份、地点、人数。学生参加某学会有一个入会年份。

给出关系模式，写出每个关系模式的极小函数依赖集，指出是否存在传递函数依赖，对于函数依赖是多属性的情况，讨论函数依赖是完全函数依赖，还是部分函数依赖。

指出各关系的候选码和外部码。

4. 列举3个多值依赖的实例。

5. 下面的结论哪些是正确的，哪些是错误的？对于错误的结论给出一个反例进行说明。

(1) 任何一个二目关系都属于3NF。

(2) 任何一个二目关系都属于BCNF。

(3) 任何一个二目关系都属于4NF。

(4) 当且仅当函数依赖 $A \rightarrow B$ 在 R 上成立，关系 $R(A, B, C)$ 等于其投影 $R_1(A, B)$ 和 $R_2(A, C)$ 的连接。

(5) 若 $R.A \rightarrow R.B$，$R.B \rightarrow R.C$，则 $R.A \rightarrow R.C$。

(6) 若 $R.A \rightarrow R.B$，$R.A \rightarrow R.C$，则 $R.A \rightarrow R.(B, C)$。

(7) 若 $R.B \rightarrow R.A$，$R.C \rightarrow R.A$，则 $R.(B, C) \rightarrow R.A$。

(8) 若 $R.(B, C) \rightarrow R.A$，则 $R.B \rightarrow R.A$，$R.C \rightarrow R.A$。

6. 简述关系模式规范化的步骤。

第 7 章　数据库设计

在 1.5 节已经简要介绍了数据库设计的原则与步骤，本章将详细说明如何设计一个数据库系统。

7.1　数据库设计的步骤

目前设计数据库系统主要采用的是以逻辑数据库设计和物理数据库设计为核心的规范设计方法。其中逻辑数据库设计是根据用户要求和特定数据库管理系统的具体特点，以数据库设计理论为依据，设计数据库的全局逻辑结构和每个用户的局部逻辑结构。物理数据库设计是在逻辑结构确定之后，设计数据库的存储结构及其他实现细节。各种规范设计方法在设计步骤上存在差别，各有千秋。通过分析、比较与综合各种常用的数据库规范设计方法，将数据库设计的过程分为以下 6 个阶段，如图 7-1 所示。

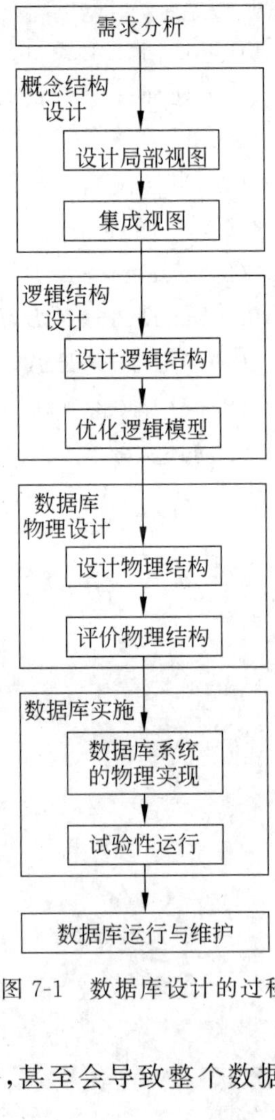

在数据库设计开始之前，首先必须选定参加设计的人员，包括数据库分析设计人员、用户、程序员和操作员。数据库分析设计人员是数据库设计的核心人员，他们将自始至终参与数据库设计，他们的水平决定了数据库系统的质量。用户在数据库设计中也是举足轻重的，他们主要参加需求分析和数据库的运行与维护，他们的积极参与不但能加速数据库设计，而且也是决定数据库设计质量的又一因素。程序员和操作员则在系统实施阶段参与进来，分别负责编制程序和准备软硬件环境。

如果所设计的数据库应用系统比较复杂，还应该考虑是否需要使用计算机辅助软件工程（computer aided software engineering，CASE）工具以简化数据库设计各阶段的工作量，以及选用何种 CASE 工具。

需求分析
概念结构设计
设计局部视图
集成视图
逻辑结构设计
设计逻辑结构
优化逻辑模型
数据库物理设计
设计物理结构
评价物理结构
数据库实施
数据库系统的物理实现
试验性运行
数据库运行与维护

图 7-1　数据库设计的过程

1. 需求分析阶段

进行数据库设计首先必须准确了解与分析用户需求（包括数据与处理）。需求分析是整个设计过程的基础，是最困难、最耗费时间的一步。作为地基的需求分析是否做得充分与准确，决定了在其上构建数据库大厦的速度与质量。需求分析做得不好，甚至会导致整个数据库设计返工重做。

2. 概念结构设计阶段

概念结构设计是整个数据库设计的关键,它通过对用户需求进行综合、归纳与抽象,形成一个独立于具体 DBMS 的概念模型。

3. 逻辑结构设计阶段

逻辑结构设计是将概念结构转换为某个 DBMS 所支持的数据模型,并对其进行优化。

4. 数据库物理设计阶段

数据库物理设计是为逻辑数据模型选取一个最适合应用环境的物理结构(包括存储结构和存取方法)。

5. 数据库实施阶段

在数据库实施阶段,设计人员运用 DBMS 提供的数据语言及其宿主语言,根据逻辑结构设计和物理设计的结果建立数据库,编制与调试应用程序,组织数据入库,并进行试运行。

6. 数据库运行与维护阶段

数据库应用系统经过试运行后,即可投入正式运行。在数据库系统运行过程中必须不断地对其进行评价、调整与修改。

设计一个完善的数据库应用系统是不可能一蹴而就的,它往往是上述 6 个阶段不断反复的过程。下面各节将分别介绍这 6 个阶段。

7.2 需求分析

需求分析简单地说就是分析用户的需要与要求。需求分析是设计数据库的起点,需求分析的结果是否准确地反映了用户的实际要求,将直接影响后面各个阶段的设计,并影响设计结果是否合理和实用。

7.2.1 需求分析的任务

需求分析的任务是通过详细调查现实世界要处理的对象(组织、部门、企业等),充分了解原系统(手工系统或计算机系统)工作概况,明确用户的各种需求,然后在此基础上确定新系统的功能。新系统必须充分考虑今后可能的扩充和改变,不能仅仅按当前应用需求来设计数据库。

需求分析的重点是调查、收集与分析用户在数据管理中的信息要求、处理要求、安全性与完整性要求。信息要求是指用户需要从数据库中获得信息的内容与性质。由用户的信息要求可以导出数据要求,即在数据库中需要存储哪些数据。处理要求是指用户要求完成哪些处理功能,对处理的响应时间有什么要求,处理方式是批处理还是联机处理。新系统的功能必须能够满足用户的信息要求、处理要求、安全性与完整性要求。

确定用户的最终需求其实是一件很困难的事,这是因为一方面用户缺少计算机专业知识,开始时无法确定计算机究竟能为自己做什么,不能做什么,因此无法一下子准确地表达自己的需求,他们所提出的需求往往在不断变化。另一方面,设计人员缺少用户的专业知识,不易理解用户的真正需求,甚至误解用户的需求。此外新的软硬件技术的出现也会使用户需求发生变化。因此,设计人员必须与用户不断深入地进行交流,才能逐步得以确定用户的实际需求。

7.2.2 需求分析的方法

进行需求分析首先要调查清楚用户的实际需求并进行初步分析,与用户达成共识后,再进一步分析与表达这些需求。

调查与初步分析用户的需求通常需要 4 个步骤。

(1) 调查组织机构情况,包括了解该组织的部门组成情况,各部门的职责等,为分析信息流程做准备。

(2) 调查各部门的业务活动情况,包括了解各部门输入和使用什么数据,如何加工处理这些数据,输出什么信息,输出到什么部门,输出结果的格式是什么。这是调查的重点。

(3) 在熟悉了业务活动的基础上,协助用户明确对新系统的各种要求,包括信息要求、处理要求、完全性与完整性要求。这是调查的又一个重点。

(4) 对前面调查的结果进行初步分析,确定新系统的边界,确定哪些功能由计算机完成或将来准备让计算机完成,哪些活动由人工完成。由计算机完成的功能就是新系统应该实现的功能。

在调查过程中,可以根据不同的问题和条件,使用不同的调查方法。常用的调查方法有以下 6 种。

(1) 跟班作业。通过亲身参加业务工作来了解业务活动的情况。这种方法可以比较准确地理解用户的需求,但比较耗费时间。

(2) 开调查会。通过与用户座谈来了解业务活动情况及用户需求。座谈时,参加者之间可以相互启发。

(3) 请专人介绍。

(4) 询问。对某些调查中的问题,可以找专人询问。

(5) 设计调查表请用户填写。如果调查表设计得合理,这种方法很有效,也易于为用户接受。

(6) 查阅记录。查阅与原系统有关的数据记录。

做需求调查时,往往需要同时采用上述多种方法。但无论使用何种调查方法,都必须有用户的积极参与和配合。设计人员应该和用户取得共同的语言,帮助不熟悉计算机的用户建立数据库环境下的共同概念,并对设计工作的最后结果共同承担责任。

通过调查了解了用户需求后,还需要进一步分析和表达用户的需求。分析和表达用户需求的方法主要包括自顶向下和自底向上两类方法,如图 7-2 所示。

其中,自顶向下的结构化分析(structured analysis,SA)方法是一种最为简单实用,得以普遍推广的方法。SA 方法从最上层的系统组织机构入手,采用逐层分解的方式分析系统,并用数据流图和数据字典描述系统。

用 SA 方法做需求分析,设计人员首先需要把任何一个系统都抽象为图 7-3 的形式。

然后将处理功能的具体内容分解为若干子功能,再将每个子功能继续分解,直到把系统

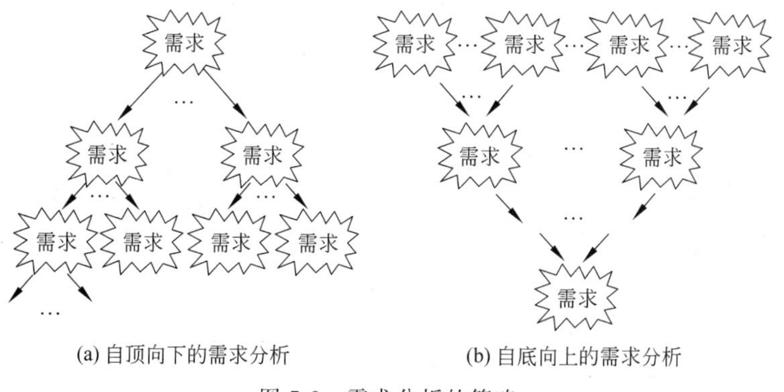

图 7-2　需求分析的策略

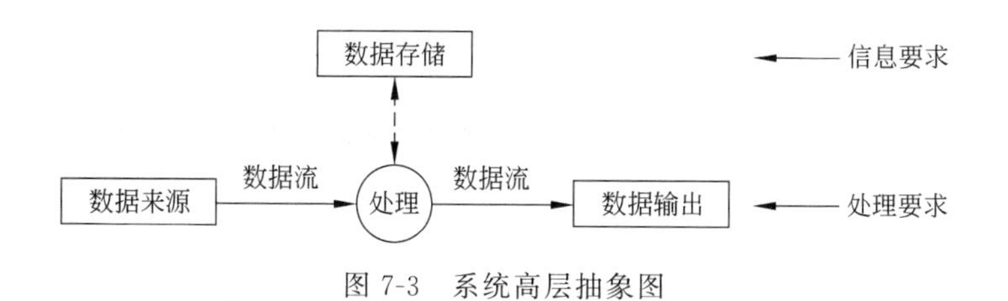

图 7-3　系统高层抽象图

的工作过程表达清楚为止。在处理功能逐步分解的同时,它们所用的数据也逐级分解,形成若干层次的数据流图。数据流图表达了数据和处理过程的关系。在 SA 方法中,处理过程的处理逻辑常常借助判定表或判定树来描述。系统中的数据则借助数据字典(data dictionary,DD)来描述。

对用户需求进一步分析与表达后,还必须再次提交给用户,需征得用户的认可。图 7-4 描述了需求分析的过程。

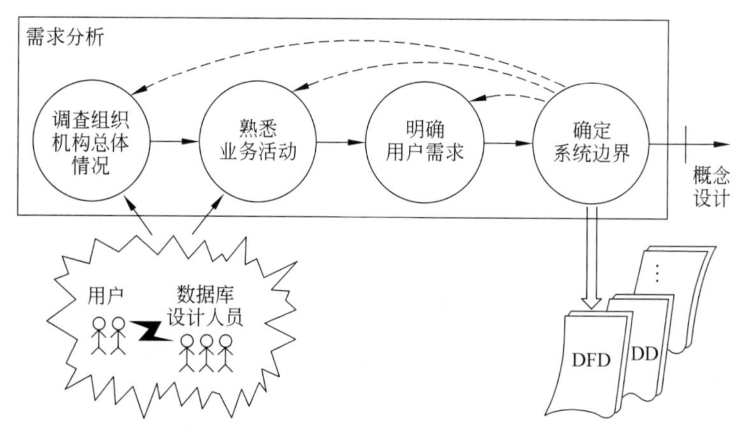

图 7-4　需求分析的过程

实例:假设要开发一个学校管理系统。经过可行性分析和初步需求调查,抽象出该系统最高层数据流图,如图 7-5 所示。该系统由教师管理子系统、学生管理子系统、后勤管理子系统等组成,每个子系统分别配备一个开发小组。

其中,学生管理子系统开发小组通过做进一步的需求调查,明确了该子系统的主要功能是进行学籍管理和课程管理,包括学生报到、入学、毕业的管理,学生上课情况的管理。通过详细

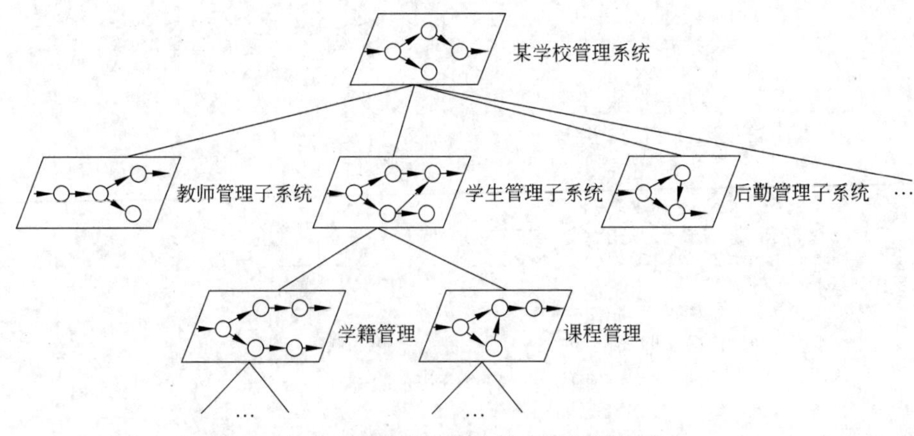

图 7-5　学校管理系统最高层数据流图

的信息流程分析和数据收集后,生成了该子系统的数据流图,如图 7-6 和图 7-7 所示。

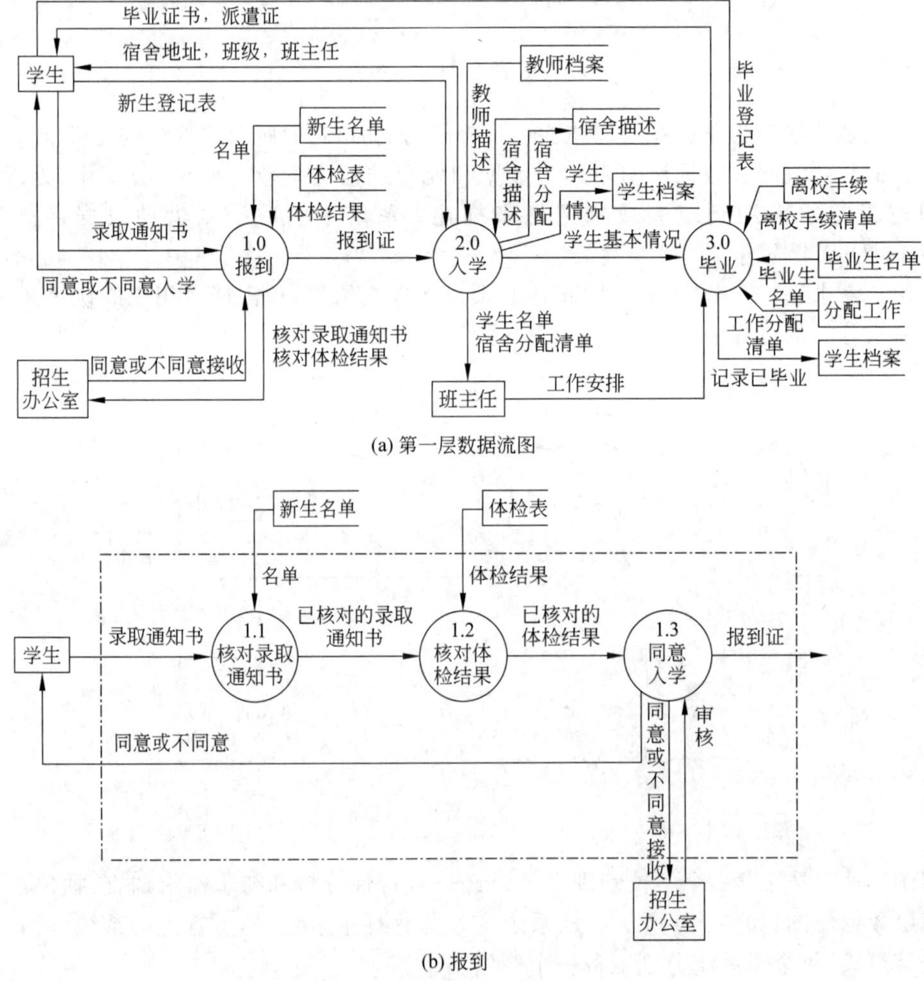

图 7-6　学籍管理的数据流图

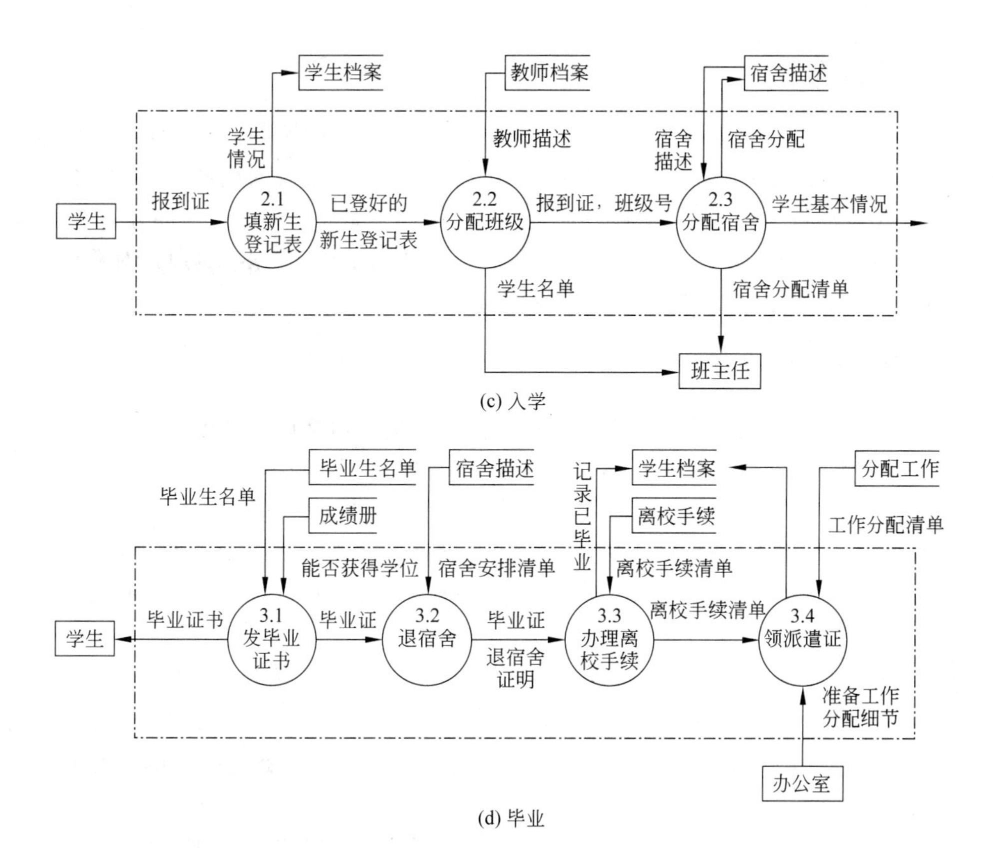

(c) 入学

(d) 毕业

图 7-6 （续）

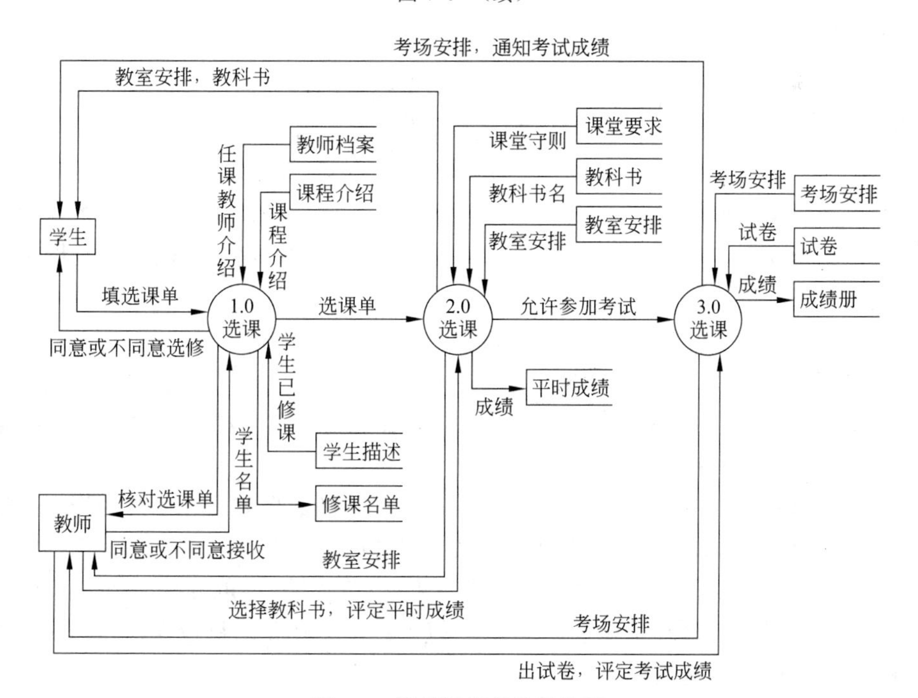

图 7-7 课程管理的数据流图

7.2.3 数据字典

数据字典是各类数据描述的集合。对于数据库设计，数据字典是进行详细的数据收集和数据分析所获得的主要结果。因此在数据库设计中占有很重要的地位。

数据字典通常包括数据项、数据结构、数据流、数据存储和处理过程 5 部分。其中，数据项是数据的最小组成单位，若干数据项可以组成一个数据结构，数据字典通过对数据项和数据结构的定义来描述数据流、数据存储的逻辑内容。

1. 数据项

数据项是不可再分的数据单位。对数据项的描述通常包括以下内容：

数据项描述＝{数据项名，数据项含义说明，别名，数据类型，长度，
取值范围，取值含义，与其他数据项的逻辑关系}

其中，取值范围、与其他数据项的逻辑关系（例如，该数据项等于另几个数据项的和，该数据项值等于另一数据项的值等）定义了数据的完整性约束条件，是设计数据检验功能的依据。

2. 数据结构

数据结构反映了数据之间的组合关系。一个数据结构可以由若干数据项组成，也可以由若干数据结构组成，或由若干数据项和数据结构混合组成。对数据结构的描述通常包括以下内容：

数据结构描述＝{数据结构名，含义说明，组成：{数据项或数据结构}}

3. 数据流

数据流是数据结构在系统内传输的路径。对数据流的描述通常包括以下内容：

数据流描述＝{数据流名，说明，数据流来源，数据流去向，
组成：{数据结构}，平均流量，高峰期流量}

其中，数据流来源是说明该数据流来自哪个过程；数据流去向是说明该数据流将到哪个过程去；平均流量是指在单位时间（每天、每周、每月等）的传输次数；高峰期流量则是指在高峰时期的数据流量。

4. 数据存储

数据存储是数据结构停留或保存的地方，也是数据流的来源和去向之一。对数据存储的描述通常包括以下内容：

数据存储描述＝{数据存储名，说明，编号，流入的数据流，流出的数据流，
组成：{数据结构}，数据量，存取方式}

其中，数据量是指每次存取多少数据，每天（或每小时、每周等）存取几次等信息。存取方法包括是批处理还是联机处理；是检索还是更新；是顺序检索还是随机检索；等等。另外，流入的数据流要指出其来源，流出的数据流要指出其去向。

5. 处理过程

处理过程的具体处理逻辑一般用判定表或判定树来描述。数据字典中只需要描述处理过程的说明性信息，通常包括以下内容：

处理过程描述={处理过程名，说明，输入：{数据流}，输出：{数据流}，
处理：{简要说明}}

其中，简要说明中主要说明该处理过程的功能及处理要求。功能是指该处理过程用来做什么（而不是怎么做），处理要求包括处理频度要求，如单位时间里处理多少事务，多少数据量，以及响应时间要求等。这些处理要求是后面物理设计的输入及性能评价的标准。

可见，数据字典是关于数据库中数据的描述，即元数据，而不是数据本身。数据本身将存放在物理数据库中，由数据库管理系统管理。数据字典有助于这些数据的进一步管理和控制，为设计人员和数据库管理员在数据库设计、实现和运行阶段控制有关数据提供依据。

以上述学生学籍管理子系统为例，简要说明如何定义数据字典。该子系统涉及很多数据项，其中"学号"数据项可以描述如下。

数据项：　　学号
含义说明：　唯一标识每个学生
别名：　　　学生编号
类型：　　　字符型
长度：　　　8
取值范围：　00000000～99999999
取值含义：　前两位标识该学生所在年级，后 6 位按顺序编号
与其他数据项的逻辑关系：无

"学生"是该系统中的一个核心数据结构，它可以描述如下。

数据结构：　学生
含义说明：　是学籍管理子系统的主体数据结构，定义了一个学生的有关信息
组成：　　　学号，姓名，性别，年龄，所在系，年级

数据流"体检结果"可描述如下。

数据流：　　体检结果
说明：　　　学生参加体检的最终结果
数据流来源：体检
数据流去向：批准
组成：　　　……
平均流量：　……
高峰期流量：……

数据存储"学生登记表"可描述如下。

数据存储：　学生登记表
说明：　　　记录学生的基本情况
流入数据流：……
流出数据流：……

组成：　　　　……

数据量：　　　每年3000张

存取方式：　　随机存取

处理过程“分配宿舍”可描述如下。

处理过程：　　分配宿舍

说明：　　　　为所有新生分配学生宿舍

输入：　　　　学生,宿舍

输出：　　　　宿舍安排

处理：　　　　在新生报到后,为所有新生分配学生宿舍。要求同一间宿舍只能安排同一性别的学生,同一学生只能安排在一个宿舍中。每个学生的居住面积不小于$3m^2$。安排新生宿舍其处理时间不应超过15min

为节省篇幅,这里省略了数据字典中关于其他数据项、数据结构、数据流、数据存储、处理过程的描述。

7.3　概念结构设计

在需求分析阶段,数据库设计人员充分调查并描述了用户的应用需求,但这些应用需求还是现实世界的具体需求,应该首先把他们抽象为信息世界的结构,才能更好地、更准确地用某个DBMS实现用户的这些需求。将需求分析得到的用户需求抽象为信息结构即概念模型的过程就是概念结构设计。

概念结构独立于数据库逻辑结构,也独立于支持数据库的DBMS。它是现实世界与机器世界的中介,它一方面能够充分反映现实世界,包括实体和实体的联系,同时又易于向关系、网状、层次等各种数据模型转换。它是现实世界的一个真实模型,易于理解,便于和不熟悉计算机的用户交换意见,使用户易于参与,当现实世界需求改变时,概念结构又可以很容易地进行相应调整。因此,概念结构设计是整个数据库设计的关键所在。

7.3.1　概念结构设计的方法与步骤

设计概念结构通常有4类方法。

(1) 自顶向下。首先定义全局概念模式,然后逐步细化,如图7-8(a)所示。

(2) 自底向上。首先定义各局部应用的概念模式,然后将它们集成起来,得到全局概念模式,如图7-8(b)所示。

(3) 逐步扩张。首先定义最重要的核心概念结构,然后向外扩充,以滚雪球的方式逐步生成其他概念结构,直至全局概念结构,如图7-8(c)所示。

(4) 混合策略。将自顶向下和自底向上相结合,用自顶向下策略设计一个全局概念模式,以它为骨架集成由自底向上策略中设计的各局部概念模式。

其中,最经常采用的方法是自底向上方法。即自顶向下地进行需求分析,然后再自底向上地设计概念结构。但无论采用哪种设计方法,一般都以E-R模型为工具来描述概念结构。

这里只介绍自底向上设计概念结构的方法。它通常分为两步:①抽象数据并设计局部

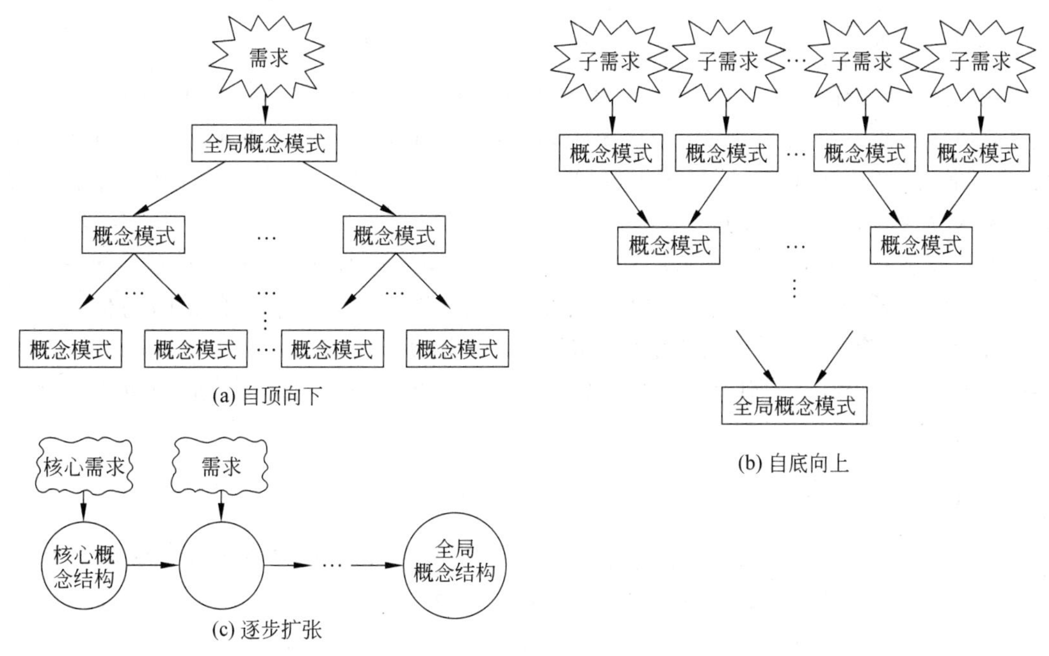

图 7-8　设计概念结构的方法

视图；②集成局部视图，如图 7-9 所示。

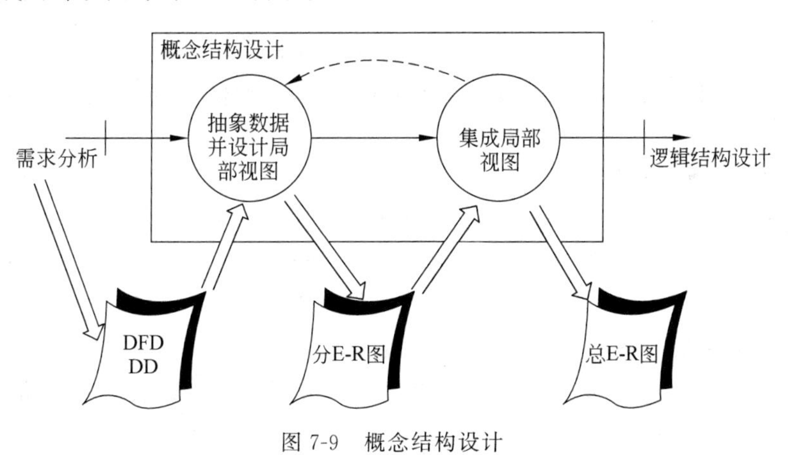

图 7-9　概念结构设计

7.3.2　抽象数据并设计局部视图

概念结构是对现实世界的一种抽象，即对实际的人、事、物和概念进行人为处理，抽取人们关心的共同特性，忽略非本质的细节，并把这些特性用各种概念精确地加以描述。因此，用自底向上的方法设计概念结构首先要根据需求分析的结果（数据流图、数据字典等）对现实世界的数据进行抽象，设计各个局部视图即分 E-R 图。

设计分 E-R 图的步骤如下。

1. 选择局部应用

在需求分析阶段,已对应用环境和要求进行了详尽的调查分析,并用多层数据流图和数据字典描述了整个系统。设计分 E-R 图的第一步,就是要根据系统的具体情况,在多层的数据流图中选择一个适当层次的数据流图,让这组图中每一部分对应一个局部应用,即可以这一层次的数据流图为出发点,设计分 E-R 图。

由于高层的数据流图只能反映系统的概貌,而中层的数据流图能较好地反映系统中各局部应用的子系统组成,因此人们往往以中层数据流图作为设计分 E-R 图的依据。对于 7.2.2 节学校管理系统的例子,由于学籍管理、课程管理等都不太复杂,因此可以从图 7-5 和图 7-6(a)入手设计学生管理子系统的分 E-R 图。如果局部应用比较复杂,则可以从更下一层的数据流图入手。

2. 逐一设计分 E-R 图

每个局部应用都对应了一组数据流图,局部应用涉及的数据都已经收集在数据字典中。现在就是要将这些数据从数据字典中抽取出来,参照数据流图,标定局部应用中的实体、实体的属性,标识实体的码,确定实体间的联系及其类型($1:1$,$1:n$,$m:n$)。

现实世界中一组具有某些共同特性和行为的对象可以抽象为一个实体。对象和实体间是 is member of 的关系。例如,在学校环境中,可以把张三、李四、王五等对象抽象为学生实体。

对象类型的组成成分可以抽象为实体的属性。组成成分与对象类型之间是 is part of 的关系。例如,学号、姓名、专业、年级等可以抽象为学生实体的属性。其中,学号为标识学生实体的码。

实际上实体与属性是相对而言的,很难有截然划分的界限。同一事物,在一种应用环境中作为"属性",在另一种应用环境中就必须作为"实体"。例如,学校中的系,在某种应用环境中,它只是作为"学生"实体的一个属性,表明一个学生属于哪个系;而在另一种环境中,由于需要考虑一个系的系主任、教师人数、学生人数、办公地点等,这时它就需要作为实体了。一般说来,在给定的应用环境中:

(1) 属性不能再具有需要描述的性质,即属性必须是不可分的数据项,不能再由另一些属性组成;

(2) 属性不能与其他实体具有联系,联系只发生在实体间。

符合上述两条准则的事物一般作为属性对待。为了简化分 E-R 图的处置,现实世界中的事物凡能够作为属性对待的,应尽量作为属性。

例如,"学生"由学号、姓名等属性进一步描述,根据准则(1),"学生"只能作为实体,不能作为属性。又如,职称通常作为教师实体的属性,但在涉及住房分配时,由于分房与职称有关,也就是说,职称与住房实体间有联系,根据准则(2),这时把职称作为实体来处理会更合适些,如图 7-10 所示。

定义分 E-R 图时可以首先以数据字典为出发点。数据字典中的数据结构、数据流和数据存储等已是若干属性的有意义的聚合。首先从这些内容出发定义分 E-R 图,然后按上面给出的准则进行必要的调整。

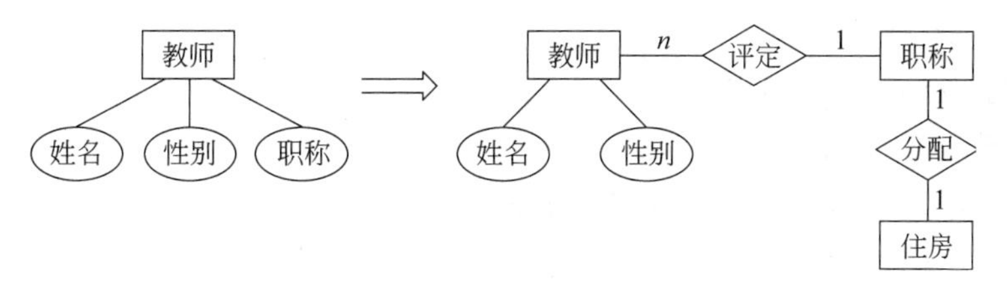

图 7-10　实体和属性

在 7.2.2 节学校管理系统的例子中，学籍管理局部应用中主要涉及的实体包括学生、宿舍、档案材料、班级、班主任。那么，这些实体间的联系又是怎样的呢？

由于一个宿舍可以住多个学生，而一个学生只能住在某一宿舍中，因此宿舍与学生之间是 1∶n 的联系。

由于一个班级往往有若干学生，而一个学生只能属于一个班级，因此班级与学生之间也是 1∶n 的联系。

由于班主任同时还要教课，因此班主任与学生之间存在指导联系，一个班主任要教多名学生，而一个学生只对应一个班主任，因此班主任与学生之间也是 1∶n 的联系。

而学生与其自己的档案材料之间，班级与班主任之间都是 1∶1 的联系。

这样，学籍管理局部应用的分 E-R 草图可以用图 7-11 表示。

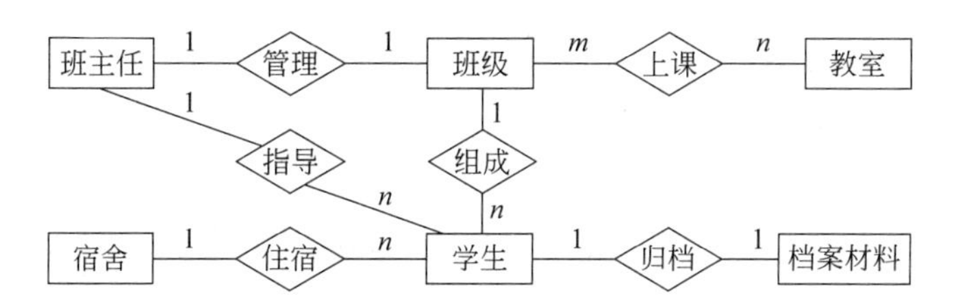

图 7-11　学籍管理局部应用的分 E-R 草图

接下来需要进一步斟酌该分 E-R 图，做适当调整。

(1) 在一般情况下，性别通常作为学生实体的属性，但在本局部应用中，由于宿舍分配与学生性别有关，根据准则(2)，应该把性别作为实体对待。

(2) 数据存储“新生登记表”，由于是手工填写，供存档使用，其中有用的部分已转入学生档案材料中，因此这里就不必作为实体了。

最后得到学籍管理局部应用的分 E-R 图，如图 7-12 所示。

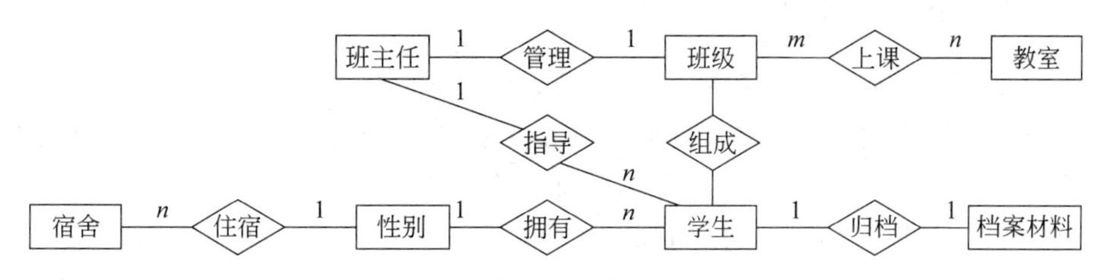

图 7-12　学籍管理局部应用的分 E-R 图

为节省篇幅，该分 E-R 图中省略了各个实体的属性描述。这些实体的属性分别如下。

学生：{<u>学号</u>，姓名，出生日期}

性别：{性别}

档案材料：{档案号,……}

班级：{班级号,学生人数}

班主任：{职工号,姓名,性别,是否为优秀班主任}

教室：{教室编号,地址,容量}

宿舍：{宿舍编号,地址,人数}

其中,有下画线的属性为实体的码。

同样方法,可以得到课程管理局部应用的分 E-R 图,如图 7-13 所示。各实体的属性分别如下。

学生：{姓名,学号,性别,年龄,所在系,年级,平均成绩}

课程：{课程号,课程名,学分}

教师：{职工号,姓名,性别,职称}

教科书：{书号,书名,价钱}

教室：{教室编号,地址,容量}

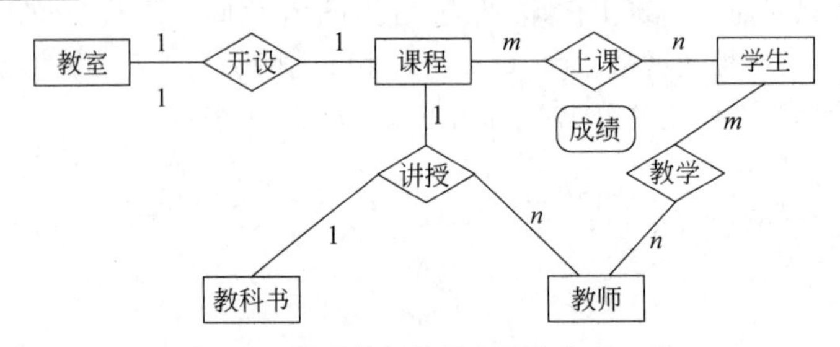

图 7-13 课程管理局部应用的分 E-R 图

7.3.3 集成局部视图

各个局部视图即分 E-R 图建立好后,还需要对它们进行合并,集成为一个整体的数据概念结构,即总 E-R 图。视图集成一般采用逐步累积的方式,即首先集成两个局部视图(通常是比较关键的两个局部视图),以后每次将一个新的局部视图集成进来。

当然,如果局部视图比较简单,也可以一次集成多个分 E-R 图。

如图 7-14 所示,集成局部分 E-R 图时都需要两步：①合并;②修改与重构。

1. 合并分 E-R 图,生成初步 E-R 图

各个局部应用所面向的问题不同,且通常是由不同的设计人员进行局部视图设计,这就导致各个分 E-R 图之间必定会存在许多不一致的地方,因此合并分 E-R 图时并不能简单地将各个分 E-R 图画到一起,而是必须着力消除各个分 E-R 图中的不一致,以形成一个能为全系统中所有用户共同理解和接受的统一的概念模型。合理消除各分 E-R 图的冲突是合并分 E-R 图的主要工作与关键所在。

各分 E-R 图之间的冲突主要有三类：属性冲突、命名冲突和结构冲突。

1) 属性冲突

(1) 属性域冲突,即属性值的类型、取值范围或取值集合不同。例如,由于学号是数字,

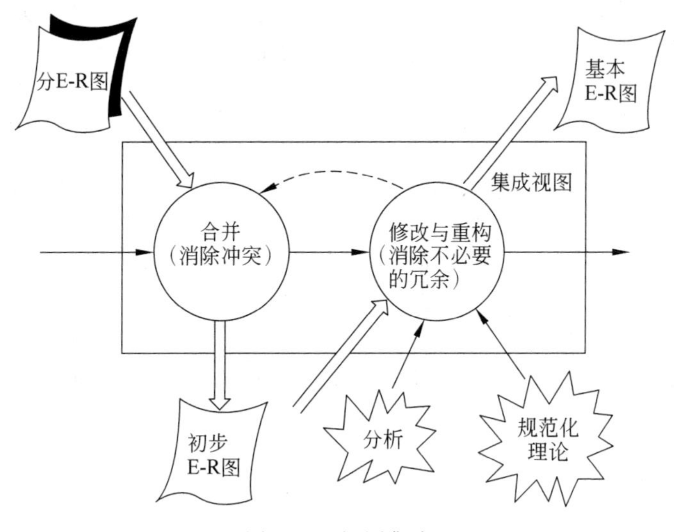

图 7-14　视图集成

因此某些部门(即局部应用)将学号定义为整数形式,而由于学号不用参与运算,因此另一些部门(即局部应用)将学号定义为字符型形式。又如,某些部门(即局部应用)以出生日期形式表示学生的年龄,而另一些部门(即局部应用)用整数形式表示学生的年龄。

(2) 属性取值单位冲突。例如,学生的身高,有的以米为单位,有的以厘米为单位。

属性冲突通常用讨论、协商等行政手段加以解决。

2) 命名冲突

(1) 同名异义,即不同意义的对象在不同的局部应用中具有相同的名字。例如,局部应用 A 中将教室称为房间,局部应用 B 中将学生宿舍称为房间。

(2) 异名同义(一义多名),即同一意义的对象在不同的局部应用中具有不同的名字。例如,有的部门把教科书称为课本,有的部门则把教科书称为教材。

命名冲突可能发生在实体、联系一级上,也可能发生在属性一级上。其中,属性的命名冲突更为常见。处理命名冲突通常也像处理属性冲突一样,通过讨论、协商等行政手段加以解决。

3) 结构冲突

(1) 同一对象在不同应用中具有不同的抽象。例如,“课程”在某一局部应用中被当作实体,而在另一局部应用中则被当作属性。

解决方法通常是把属性变换为实体或把实体变换为属性,使同一对象具有相同的抽象。但变换时仍要遵循 7.3.2 中提及的两个准则。

(2) 同一实体在不同局部视图中所包含的属性不完全相同,或者属性的排列次序不完全相同。

这是很常见的一类冲突,原因是不同的局部应用关心的是该实体的不同侧面。解决方法是使该实体的属性取各分 E-R 图中属性的并集,再适当设计属性的次序。例如,如图 7-15 所示,在局部应用 A 中“学生”实体由学号、姓名、性别、平均成绩 4 个属性组成;在局部应用 B 中“学生”实体由姓名、学号、出生日期、所在系、年级 5 个属性组成;在局部应用 C 中“学生”实体由姓名、政治面貌两个属性组成；在合并后的 E-R 图中，“学生”实体的属性：学号、姓名、性别、出生日期、政治面貌、所在系、年级、平均成绩。

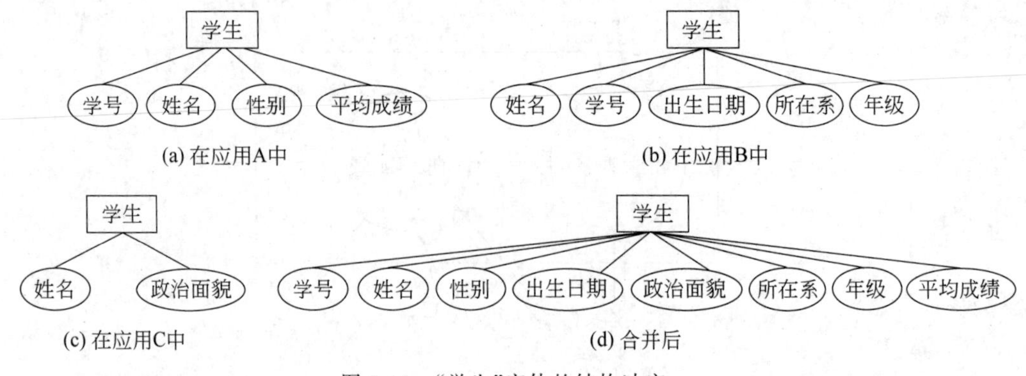

图 7-15 “学生”实体的结构冲突

(3) 实体间的联系在不同局部视图中呈现不同的类型。例如，实体 E1 与 E2 在局部应用 A 中是多对多联系，而在局部应用 B 中是一对多联系；又如在局部应用 X 中 E1 与 E2 发生联系，而在局部应用 Y 中 E1、E2、E3 三者之间有联系。

解决方法是根据应用的语义对实体联系的类型进行综合或调整。

下面来看看如何生成学校管理系统的初步 E-R 图。重点介绍学籍管理局部视图与课程管理局部视图的合并。这两个分 E-R 图存在着多方面的冲突。

(1) 班主任实际上也属于教师，也就是说，学籍管理中的班主任实体与课程管理中的教师实体在一定程度上属于异名同义，可以将学籍管理中的班主任实体与课程管理中的教师实体统称为教师，统一后教师实体的属性构成：

教师：{职工号，姓名，性别，职称，是否为优秀班主任}

(2) 将班主任改为教师后，教师与学生之间的联系在两个局部视图中呈现两种不同的类型：一种是学籍管理中教师与学生之间的指导联系，另一种是课程管理中教师与学生之间的教学联系。由于指导联系实际上可以包含在教学联系之中，因此可以将这两种联系综合为教学联系。

(3) 性别在两个局部应用中具有不同的抽象，它在学籍管理中为实体，在课程管理中为属性，按照前面提到的两个准则，在合并后的 E-R 图中性别只能作为实体，否则它无法与宿舍实体发生联系。

(4) 在两个局部 E-R 图中，学生实体属性组成及次序都存在差异，应将所有属性综合，并重新调整次序。假设调整结果如下：

学生：{学号，姓名，出生日期，年龄，所在系，年级，平均成绩}

解决上述冲突后，学籍管理分 E-R 图与课程管理分 E-R 图合并为图 7-16 的形式。

2. 修改与重构，生成基本 E-R 图

分 E-R 图经过合并生成的是初步 E-R 图。之所以称其为初步 E-R 图，是因为其中可能存在冗余的数据和冗余的实体间联系。冗余的数据是指可由基本数据导出的数据，冗余的

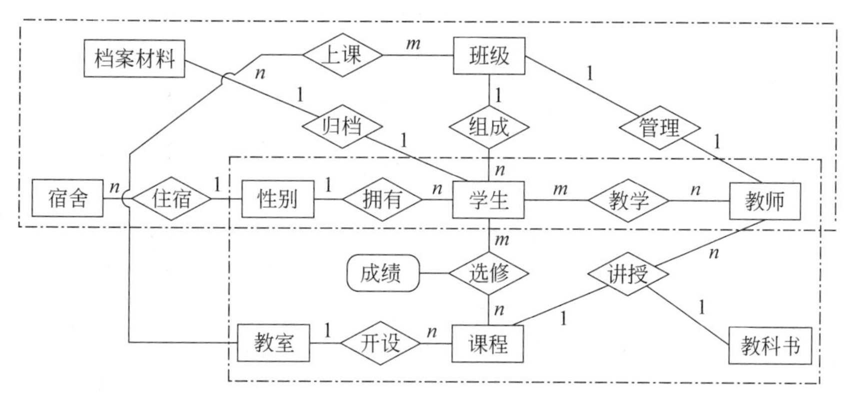

图 7-16　学生管理子系统的初步 E-R 图

实体间联系是指可由其他联系导出的联系。冗余的数据和冗余的实体间联系容易破坏数据库的完整性，给数据库维护增加困难，因此得到初步 E-R 图后，还应当进一步检查 E-R 图中是否存在冗余，如果存在则一般应设法予以消除。但并不是所有冗余的数据与冗余的实体间联系都必须加以消除，有时为了提高某些应用的效率，不得不以冗余信息作为代价。因此在设计数据库概念结构时，哪些冗余信息必须消除，哪些冗余信息允许存在，需要根据用户的整体需求来确定。消除不必要的冗余后的初步 E-R 图称为基本 E-R 图。

修改、重构初步 E-R 图以消除冗余主要采用分析方法，即以数据字典和数据流图为依据，根据数据字典中关于数据项之间逻辑关系的说明来消除冗余。例如，教师工资单中包括该教师的基本工资、各种补贴、应扣除的房租水电费以及实发工资，由于实发工资可以由前面各项推算出来，因此可以删除，在需要查询实发工资时根据基本工资、各种补贴、应扣除的房租水电费数据临时生成。

如果是为了提高效率，人为地保留了一些冗余数据，则应把数据字典中数据关联的说明作为完整性约束条件。

除分析方法外，还可以用规范化理论来消除冗余。在图 7-16 的初步 E-R 图中存在着冗余的数据和冗余的实体间联系。

(1) 学生实体中的年龄属性可以由出生日期推算出来，属于冗余的数据，应该删除。这样不仅可以节省存储空间，而且当某个学生的出生日期有误，进行修改后，无须相应修改年龄，减少了产生数据不一致的机会。

学生：{学号，姓名，出生日期，所在系，年级，平均成绩}

(2) 教室实体与班级实体间的上课联系可以由教室与课程之间的开设联系、课程与学生之间的选修联系、学生与班级之间的组成联系三者推导出来，因此属于冗余的实体间联系，可以删除。

(3) 学生实体中的平均成绩可以从选修联系中的成绩属性中推算出来，但如果应用中需要经常查询某个学生的平均成绩，每次都进行这种计算，效率就会太低，因此为提高效率，可以考虑保留该冗余的数据，但是为了维护数据一致性应该定义一个触发器来保证学生的平均成绩等于该学生各科成绩的平均值。任何一科成绩修改后，或该学生学了新的科目并有成绩后，就要触发该触发器去修改该学生的平均成绩属性值。否则会出现数据的不一致。

图 7-17 是对图 7-16 进行修改和重构后生成的基本 E-R 图。

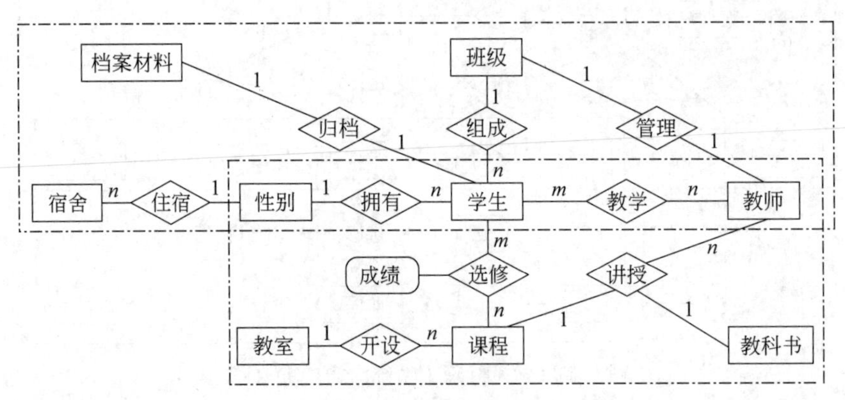

图 7-17 学生管理子系统基本 E-R 图

学生管理子系统的基本 E-R 图还必须进一步和教师管理子系统以及后勤管理子系统的基本 E-R 图合并,生成整个学校管理系统的基本 E-R 图。

视图集成后形成一个整体的数据库概念结构,对该整体概念结构还必须进一步验证,确保它能够满足下列条件。

(1) 整体概念结构内部必须具有一致性,即不能存在互相矛盾的表达。

(2) 整体概念结构能准确地反映原来的每个视图结构,包括属性、实体及实体间的联系。

(3) 整体概念结构能满足需要分析阶段所确定的所有要求。

整体概念结构最终还应该提交给用户,征求用户和有关人员的意见,进行评审、修改和优化,然后把它确定下来,作为数据库的概念结构,以及进一步设计数据库的依据。

7.3.4 UML

表示 E-R 图的方法有若干种,其中之一是使用统一建模语言(unified modeling language,UML)。

UML 是对象管理组织(Object Management Group,OMG)的一个标准。它不是专门针对数据建模的,而是为软件开发的所有阶段提供模型化和可视化支持的规范语言,从需求规格描述到系统完成后的测试和维护。UML 可以用于数据建模、业务建模、对象建模、组件建模等。它提供了多种类型的模型描述图(diagram),借助这些图可使计算机应用系统开发中的应用程序更易理解。关于 UML 的概念、内容、使用方法等已经超出本书范围,可以专门开设一门课程来讲解。这里简单介绍一下如何用 UML 中的类图来建立概念模型(即 E-R 图)的方法。

UML 中的类(class)大致对应 E-R 图中的实体。由于 UML 中的类具有面向对象的特征,它不仅描述对象的属性还包含对象的方法(method)。方法是面向对象技术中的重要概念,在对象关系数据库中支持方法,可是 E-R 模型和关系模型都不提供方法,因此本书在用 UML 表示 E-R 图时省略了对象方法的说明。

- 实体型用类表示:矩形框中实体名放在上部,下面列出属性名。
- 实体的码:在类图中属性后面加 PK(primary key)来表示码属性。

- 联系：用类图之间的“关联”来表示。早期的 UML 只能表示二元关联，关联的两个类用无向边相连，在连线上面写关联的名称。例如，学生、课程、它们之间的联系以及基数约束的 E-R 图用 UML 表示如图 7-18 所示。现在 UML 也扩展了非二元关联，并用菱形框表示关联，框内写联系名，用无向边分别与关联的类连接起来。

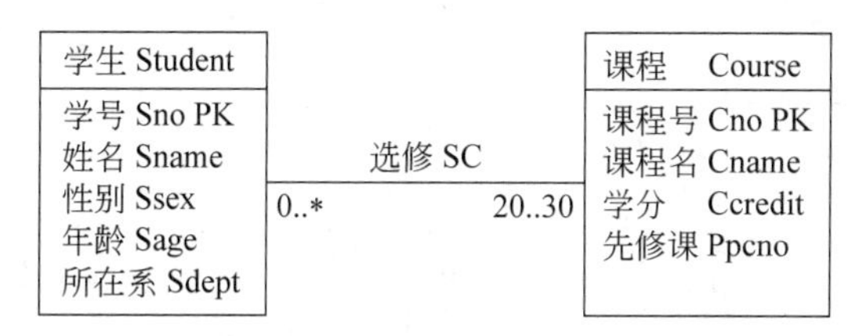

图 7-18 用 UML 的类图表示 E-R 图示例

- 基数约束：UML 中关联类之间的基数约束的概念、表示与 E-R 图中的基数约束类似。用一个数对 min..max 表示类中的任何一个对象可以在关联中出现的最少次数和最多次数。例如，0..1，1..3，1..＊。在图 7-18 中学生和课程的基数约束标注表示每个学生必须选修 20～30 门课程；一门课程一般会被很多同学选修，也可能没有同学选修，因此为 0..＊。
- UML 中的子类：面向对象技术支持超类-子类概念，子类可以继承超类的属性，也可以有自己的属性。这些概念和 E-R 图的父类-子类联系，或 ISA 联系是一致的。因此很容易用 UML 表示 E-R 图的父类-子类联系。

如果计算机应用系统的设计和开发的全过程是使用 UML 规范，开发人员通常会采用 UML 对数据建模。如果计算机应用系统的设计和开发不是使用 UML，则数据库设计采用 E-R 模型表示概念模型即可。

7.4 逻辑结构设计

概念结构是各种数据模型的共同基础，它比数据模型更独立于机器、更抽象，从而更加稳定。但为了能够用某一 DBMS 实现用户需求，还必须将概念结构进一步转化为相应的数据模型，这正是数据库逻辑结构设计所要完成的任务。

从理论上讲，设计逻辑结构应该选择最适于描述与表达相应概念结构的数据模型，然后对支持这种数据模型的各种 DBMS 进行比较，综合考虑性能、价格等各种因素，从中选出最合适的 DBMS。但在实际当中，往往是已给定了某台机器，设计人员没有选择 DBMS 的余地。目前 DBMS 产品一般只支持关系、网状、层次 3 种模型中的某种，对某种数据模型，各个机器系统又有许多不同的限制，提供不同的环境与工具。所以设计逻辑结构时一般要分 3 步进行(见图 7-19)。

(1) 将概念结构转化为一般的关系、网状、层次模型。

(2) 将转化来的关系、网状、层次模型向特定 DBMS 支持下的数据模型转换。

(3) 对数据模型进行优化。

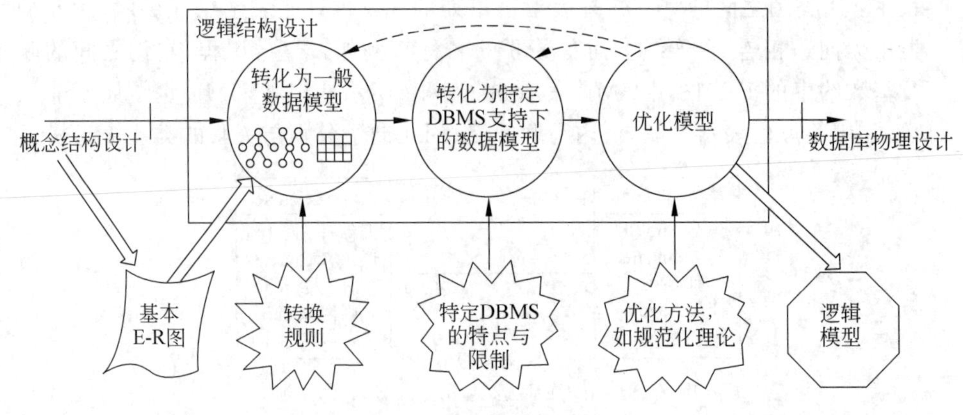

图 7-19　逻辑结构设计

7.4.1　E-R 图向数据模型的转换

某些早期设计的应用系统中还在使用网状或层次数据模型，而新设计的数据库应用系统都普遍采用支持关系数据模型的 DBMS，所以这里只介绍 E-R 图向关系数据模型的转换原则与方法。

关系模型的逻辑结构是一组关系模式的集合。而 E-R 图则是由实体、实体的属性和实体间的联系 3 个要素组成的。所以将 E-R 图转换为关系模型实际上就是要将实体、实体的属性和实体间的联系转换为关系模式，这种转换一般遵循如下原则。

(1) 一个实体转换为一个关系模式。实体的属性就是关系的属性。实体的码就是关系的码。

例如，在 7.2.2 节学校管理系统的例子中，学生实体可以转换为如下关系模式，其中学号为学生关系的码：

学生(学号，姓名，出生日期，所在系，年级，平均成绩)

同样，性别、宿舍、班级、档案材料、教师、课程、教室、教科书都分别转换为一个关系模式。

(2) 一个 $m:n$ 联系转换为一个关系模式。与该联系相连的各实体的码以及联系本身的属性均转换为关系的属性。而关系的码为各实体的码的组合。

例如，在 7.2.2 节学校管理系统的例子中，"选修"联系是一个 $m:n$ 联系，可以将它转换为如下关系模式，其中学号与课程号为关系的组合码：

选修(学号，课程号，成绩)

(3) 一个 $1:n$ 联系可以转换为一个独立的关系模式，也可以与 n 端对应的关系模式合并。如果转换为一个独立的关系模式，则与该联系相连的各实体的码以及联系本身的属性均转换为关系的属性，而关系的码为 n 端实体的码。

例如，在 7.2.2 节学校管理系统的例子中，"组成"联系为 $1:n$ 联系，将其转换为关系模式的一种方法是使其成为一个独立的关系模式：

组成(学号，班级号)

其中，学号为"组成"联系的码。另一种方法是将其与学生关系模式合并，这时学生关系模

式为

学生(学号,姓名,出生日期,所在系,年级,班级号,平均成绩)

后一种方法可以减少系统中的关系个数,一般情况下更倾向采用这种方法。

(4) 一个 1∶1 联系可以转换为一个独立的关系模式,也可以与任意一端对应的关系模式合并。如果转换为一个独立的关系模式,则与该联系相连的各实体的码以及联系本身的属性均转换为关系的属性,每个实体的码均是该关系的候选码。如果与某端对应的关系模式合并,则需要在该关系模式的属性中加入另一个关系模式的码和联系本身的属性。

例如,在 7.2.2 节学校管理系统的例子中,“管理”联系为 1∶1 联系,可以将其转换为一个独立的关系模式:

管理(职工号,班级号)

或

管理(职工号,班级号)

在管理关系模式中,职工号与班级号都是关系的候选码。由于“管理”联系本身没有属性,所以相应的关系模式中只有码。它反映了班主任与班级的对应关系。

另外,“管理”联系也可以与班级或教师关系模式合并。如果与班级关系模式合并,则只需在班级关系中加入教师关系的码,即职工号:

班级:{班级号,学生人数,职工号}

同样,如果与教师关系模式合并,则只需在教师关系中加入班级关系的码,即班级号:

教师:{职工号,姓名,性别,职称,班级号,是否为优秀班主任}

从理论上讲,1∶1 联系可以与任意一端对应的关系模式合并。但在一些情况下,与不同的关系模式合并效率会大不一样。因此究竟应该与哪端的关系模式合并需要依应用的具体情况而定。由于连接操作是最费时的操作,所以一般应以尽量减少连接操作为目标。例如,如果经常要查询某个班级的班主任姓名,则将“管理”联系与“教师”联系合并更好些。

(5) 3 个或 3 个以上实体间的一个多元联系转换为一个关系模式。与该多元联系相连的各实体的码以及联系本身的属性均转换为关系的属性。而关系的码为各实体的码的组合。

例如,在 7.2.2 节学校管理系统的例子中,“讲授”联系是一个三元联系,可以将它转换为如下关系模式,其中课程号、职工号和书号为关系的组合码:

讲授(课程号,职工号,书号)

(6) 同一实体集的实体间的联系,即自联系,也可按上述 1∶1,1∶n 和 m∶n 3 种情况分别处理。

例如,如果教师实体集内部存在领导与被领导的 1∶n 自联系,可以将该联系与教师实体合并,这时主码职工号将多次出现,但作用不同,可用不同的属性名加以区分,如在合并后的关系模式中,主码仍为职工号,再增设一个“系主任”属性,存放相应系主任的职工号。

(7) 具有相同码的关系模式可合并。为了减少系统中的关系个数,如果两个关系模式具有相同的主码,可以考虑将它们合并为一个关系模式。合并方法是将其中一个关系模式的全部属性加入另一个关系模式中,然后删除其中的同义属性(可能同名也可能不同名),并适当调整属性的次序。

例如,有一个“拥有”关系模式:

拥有(学号,性别)

有一个学生关系模式:

学生(学号,姓名,出生日期,所在系,年级,班级号,平均成绩)

这两个关系模式都以学号为码,可以将它们合并为一个关系模式,假设合并后的关系模式仍叫学生:

学生(学号,姓名,性别,出生日期,所在系,年级,班级号,平均成绩)

按照上述7条原则,学生管理子系统中的18个实体和联系可以转换为下列关系模型:

学生(学号,姓名,性别,出生日期,所在系,年级,班级号,平均成绩,档案号)

性别(性别,宿舍楼)

宿舍(宿舍编号,地址,性别,人数)

班级(班级号,学生人数)

教师(职工号,姓名,性别,职称,班级号,是否为优秀班主任)

教学(职工号,学号)

课程(课程号,课程名,学分,教室号)

选修(学号,课程号,成绩)

教科书(书号,书名,价钱)

教室(教室编号,地址,容量)

讲授(课程号,教师号,书号)

档案材料(档案号,……)

该关系模型由12个关系模式组成。其中学生关系模式包含了“拥有”联系、“组成”联系、“归档”联系所对应的关系模式;教师关系模式包含了“管理”联系所对应的关系模式;宿舍关系模式包含了“住宿”联系所对应的关系模式;课程关系模式包含了“开设”联系所对应的关系模式。

形成了一般的数据模型后,下一步就是向特定DBMS规定的模型进行转换。

这一步转换依赖机器,没有一个普遍的规则,转换的主要依据是所选用的DBMS的功能及限制。对于关系模型,这种转换通常比较简单,不会有太多的困难。

7.4.2 数据模型的优化

数据库逻辑设计的结果不是唯一的。为了进一步提高数据库应用系统的性能,还应该适当地修改、调整数据模型的结构,这就是数据模型的优化。关系数据模型的优化通常以规范化理论为指导,方法如下。

(1) 确定数据依赖。按需求分析阶段所得到的语义,分别写出每个关系模式内部各属性之间的数据依赖以及不同关系模式属性之间的数据依赖。

例如,课程关系模式内部存在下列数据依赖:

课程号→课程名

课程号→学分

课程号→教室号

选修关系模式中存在下列数据依赖:

(学号,课程号)→成绩

学生关系模式中存在下列数据依赖：

学号→姓名

学号→性别

学号→出生日期

学号→所在系

学号→年级

学号→班级号

学号→平均成绩

学号→档案号

学生关系模式的学号与选修关系模式的学号之间存在数据依赖：

学生.学号→选修.学号

(2) 对于各个关系模式之间的数据依赖进行极小化处理，消除冗余的联系。

(3) 按照数据依赖的理论对关系模式逐一进行分析，考查是否存在部分函数依赖、传递函数依赖、多值依赖等，确定各关系模式分别属于第几范式。

例如，经过分析可知，课程关系模式属于 BC 范式。

(4) 按照需求分析阶段得到的各种应用对数据处理的要求，分析对于这样的应用环境这些模式是否合适，确定是否要对它们进行合并或分解。

必须注意的是，并不是规范化程度越高的关系就越优。当一个应用的查询中经常涉及两个或多个关系模式的属性时，系统必须经常地进行连接运算，而连接运算的代价是相当高的，可以说关系模型低效的主要原因就是做连接运算引起的，因此在这种情况下，第二范式甚至第一范式也许是最好的。又如，非 BC 范式的关系模式虽然从理论上分析会存在不同程度的更新异常或冗余，但如果在实际应用中对此关系模式只是查询，并不执行更新操作，则就不会产生实际影响。所以对于一个具体应用，到底规范化进行到什么程度，需要权衡响应时间和潜在问题二者的利弊才能决定。但就一般而论，第三范式也就足够了。

例如，在学生成绩单(学号，英语，数学，语文，平均成绩)关系模式中存在下列函数依赖：

学号→英语

学号→数学

学号→语文

学号→平均成绩

(英语，数学，语文)→平均成绩

显然有

学号→(英语，数学，语文)

因此该关系模式中存在传递函数依赖。虽然平均成绩可以由其他属性推算出来，但如果应用中需要经常查询学生的平均成绩，为提高效率，仍然可保留该冗余数据，对关系模式不再做进一步分解。

(5) 对关系模式进行必要的分解或合并。规范化理论为数据库设计人员判断关系模式优劣提供了理论标准，可用来预测模式可能出现的问题，使数据库设计工作有了严格的理论基础。

7.4.3 设计用户子模式

7.3.3 节根据用户需求设计了局部应用视图，这种局部应用视图只是概念模型，用 E-R 图表示。在将概念模型转换为逻辑模型后，即生成了整个应用系统的模式后，还应该根据局部应用需求，结合具体 DBMS 的特点，设计用户的外模式。

目前，关系数据库管理系统一般都提供了视图概念，支持用户的虚拟视图。可以利用这一功能设计更符合局部用户需要的用户外模式。

定义数据库模式主要是从系统的时间效率、空间效率、易维护等角度出发。由于用户外模式与模式是独立的，因此在定义用户外模式时应该更注重考虑用户的习惯与方便。

(1) 使用更符合用户习惯的别名。

在合并各分 E-R 图时，曾做了消除命名冲突的工作，以使数据库系统中同一关系和属性具有唯一的名字。这在设计数据库整体结构时是非常必要的。

但对于某些局部应用，由于改用了不符合用户习惯的属性名，可能会使他们感到不方便，例如，负责学籍管理的用户习惯称教师模式的职工号为教师编号。因此在设计用户的子模式时可以重新定义某些属性名，使其与用户习惯一致。当然，为了应用的规范化，也不应该一味地迁就用户。

(2) 针对不同级别的用户定义不同的外模式，以满足系统对安全性的要求。

例如，教师关系模式中包括职工号、姓名、性别、出生日期、婚姻状况、学历、学位、政治面貌、职称、职务、工资、工龄、教学效果等属性。学籍管理应用只能查询教师的职工号、姓名、性别、职称数据；课程管理应用只能查询教师的职工号、姓名、性别、学历、学位、职称、教学效果数据；教师管理应用则可以查询教师的全部数据。为此只需定义 3 个不同的外模式，分别包含允许不同局部应用操作的属性。这样就可以防止用户非法访问本来不允许他们查询的数据，保证了系统的安全性。

(3) 简化用户对系统的使用。

如果某些局部应用中经常要使用某些很复杂的查询，为了方便用户，可以将这些复杂查询定义为视图，用户每次只对定义好的视图进行查询，以使用户使用系统时感到简单直观、易于理解。

7.5 数据库物理设计

数据库最终是要存储在物理设备上的。数据库在物理设备上的存储结构与存取方法称为数据库的物理结构，它依赖于给定的计算机系统。为一个给定的逻辑数据模型选取一个最适合应用环境的物理结构的过程，就是数据库的物理设计。

数据库的物理设计通常分为两步(见图 7-20)。

(1) 确定数据库的物理结构。

(2) 评价数据库的物理结构，评价的重点是时间和空间效率。

如果评价结果满足原设计要求则可进入物理实施阶段；否则，就需要重新设计或修改物理结构，有时甚至要返回逻辑设计阶段修改数据模型。

1. 确定数据库的物理结构

设计数据库的物理结构要求设计人员首先必须充分了解所用 DBMS 的内部特征，特别

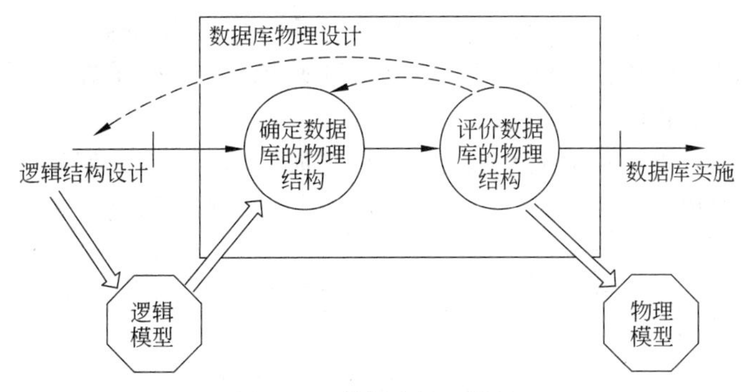

图 7-20　数据库物理设计

是存储结构和存取方法;其次充分了解应用环境,特别是应用的处理频率和响应时间要求;最后充分了解外存设备的特性。

数据库的物理结构依赖于所选用的DBMS,依赖于计算机硬件环境,设计人员进行设计时主要需要考虑以下4方面。

1）确定数据的存储结构

确定数据的存储结构时要综合考虑存取时间、存储空间利用率和维护代价3方面的因素。这3方面常常是相互矛盾的,例如,消除一切冗余数据虽然能够节约存储空间,但往往会导致检索代价的增加,因此必须进行权衡,选择一个折中方案。

许多关系数据库管理系统都提供了聚簇功能,即为了提高某个属性(或属性组)的查询速度,把在这个或这些属性上有相同值的元组集中存放在一个物理块中,如果存放不下,可以存放到预留的空白区或链接多个物理块。

聚簇功能可以大大提高按聚簇码进行查询的效率。例如,假设学生关系按所在系建有索引,现在要查询信息系的所有学生名单,设信息系有120名学生,在极端情况下,这120名学生所对应的元组分布在120个不同的物理块上,由于每访问一个物理块需要执行一次I/O操作,因此该查询即使不考虑访问索引的I/O次数,也要执行120次I/O操作。如果将同一系的学生元组集中存放,则每读一个物理块可得到多个满足查询条件的元组,从而显著地减少了访问磁盘的次数。

聚簇以后,聚簇码相同的元组集中在一起了,因而聚簇码值不必在每个元组中重复存储,只要在一组中存一次即可,因此可以节省一些存储空间。

聚簇功能不但适用单个关系,也适用多个关系。假设用户经常要按系别查询学生成绩单,这一查询涉及学生关系和课程关系的连接操作,即需要按学号连接这两个关系,为提高连接操作的效率,可以把具有相同学号值的学生元组和课程元组在物理上聚簇在一起。

但必须注意的是,聚簇只能提高某些特定应用的性能,而且建立与维护聚簇的开销是相当大的。对已有关系建立聚簇,将导致关系中元组移动其物理存储位置,并使此关系上原有的索引无效,必须重建。当一个元组的聚簇码改变时,该元组的存储位置也要做相应移动。因此只有在用户应用满足下列条件时才考虑建立聚簇,否则很可能会适得其反。

(1) 通过聚簇码进行访问或连接是该关系的主要应用,与聚簇码无关的其他访问很少或者是次要的。尤其当SQL语句中包含有与聚簇码有关的ORDER BY、GROUPBY、UNION、DISTINCT等子句或短语时,使用聚簇特别有利,可以省去对结果集的排序操作。

(2) 对应每个聚簇码值的平均元组数既不能太少,也不能太多。太少了,聚簇的效益不明显，甚至浪费块的空间；太多了，就要采用多个链接块，同样对提高性能不利。

（3）聚簇码值相对稳定，以减少修改聚簇码值所引起的维护开销。

2）设计数据的存取路径

在关系数据库中，选择存取路径主要是指确定如何建立索引。例如，应把哪些域作为次码建立次索引，建立单码索引还是组合索引，建立多少个为合适，是否建立聚集索引等。

3）确定数据的存放位置

为了提高系统性能，数据应该根据应用情况将易变部分与稳定部分、经常存取部分和存取频率较低部分分开存放。

例如，数据库数据备份、日志文件备份等，由于只在故障恢复时才使用，而且数据量很大，可以考虑存放在磁带上。目前许多计算机都有多个磁盘，因此进行物理设计时可以考虑将表和索引分别放在不同的磁盘上，在查询时，由于两个磁盘驱动器分别在工作，因而可以保证物理读写速度比较快。也可以将比较大的表分别放在两个磁盘上，以加快存取速度，这在多用户环境下特别有效。此外还可以将日志文件与数据库对象（表、索引等）放在不同的磁盘以改进系统的性能。

由于各个系统所能提供的对数据进行物理安排的手段、方法差异很大，因此设计人员必须仔细了解给定的DBMS在这方面提供了什么方法，再针对应用环境的要求，对数据进行适当的物理安排。

4）确定系统配置

DBMS产品一般都提供了一些存储分配参数，供设计人员和DBA对数据库进行物理优化。在初始情况下，系统都为这些变量赋予了合理的默认值。但是这些值不一定适合每种应用环境，在进行物理设计时，需要重新对这些变量赋值以改善系统的性能。

在通常情况下，这些配置变量包括同时使用数据库的用户数，同时打开数据库对象数，使用的缓冲区长度、个数，时间片大小，数据库的大小，装填因子，锁的数目等。这些参数值影响存取时间和存储空间的分配，在物理设计时要根据应用环境确定这些参数值，以使系统性能最优。

在物理设计时对系统配置变量的调整只是初步的，在系统运行时还要根据系统实际运行情况做进一步的调整，以期切实改进系统性能。

2. 评价数据库的物理结构

数据库物理设计过程中需要对时间效率、空间效率、维护代价和各种用户要求进行权衡，其结果可以产生多种方案，数据库设计人员必须对这些方案进行细致的评价，从中选择一个较优的方案作为数据库的物理结构。

评价物理数据库的方法完全依赖于所选用的DBMS，主要是从定量估算各种方案的存储空间、存取时间和维护代价入手，对估算结果进行权衡、比较，选择一个较优的、合理的物理结构。如果该结构不符合用户需求，则需要修改设计。

7.6 数据库实施

对数据库的物理设计初步评价完成后就可以开始建立数据库了。数据库实施主要包括以下工作（见图7-21）：

- 定义数据库结构；

- 数据装载；
- 编制与调试应用程序；
- 数据库试运行。

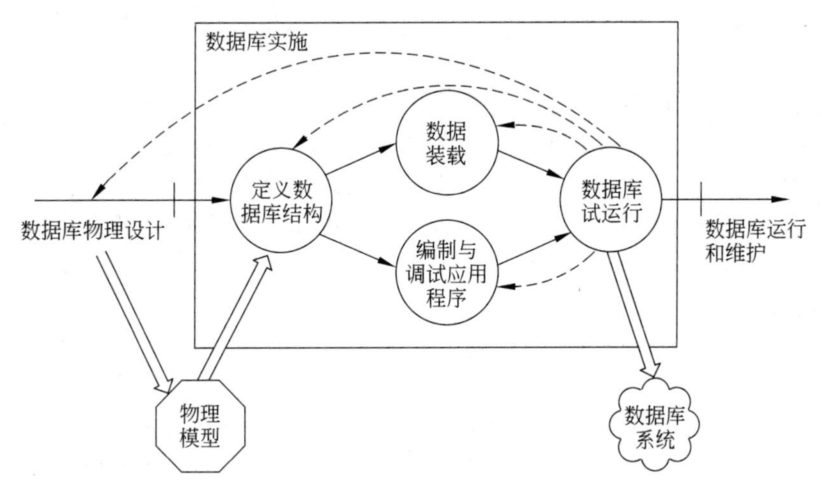

图 7-21　数据库实施

1. 定义数据库结构

确定了数据库的逻辑结构与物理结构后，就可以用所选用的 DBMS 提供的数据定义语言(DDL)来严格描述数据库结构。

例如，对于 7.2.2 节学校管理系统的例子，可以用 SQL 语句定义如下表结构：

```
CREATE TABLE 学生
(学号 NUMBER(8),
…);
CREATE TABLE 课程
(
…
);
…
```

接下来是在这些基本表上定义视图：

```
CREATE VIEW …
(
…
);
…
```

如果需要使用聚簇，在建基本表之前，应先用 CREATE CLUSTER 语句定义聚族。

2. 数据装载

数据库结构建立好后，就可以向数据库中装载数据了。组织数据入库是数据库实施阶段最主要的工作。

对于数据量不是很大的小型系统，可以用人工方法完成数据的入库，其步骤如下。

(1) 筛选数据。需要装入数据库中的数据通常都分散在各个部门的数据文件或原始凭证中，所以首先必须把需要入库的数据筛选出来。

(2) 转换数据格式。筛选出来的需要入库的数据，其格式往往不符合数据库要求，还需要进行转换。这种转换有时可能很复杂。

(3) 输入数据。将转换好的数据输入计算机中。

(4) 校验数据。检查输入的数据是否有误。

对于中大型系统，由于数据量极大，用人工方式组织数据入库将会耗费大量人力物力，而且很难保证数据的正确性。因此应该设计一个数据输入子系统，由计算机辅助数据的入库工作，其步骤如下。

(1) 筛选数据。

(2) 输入数据。由录入员将原始数据直接输入计算机中。数据输入子系统应提供输入界面。

(3) 校验数据。数据输入子系统采用多种检验技术检查输入数据的正确性。

(4) 转换数据。数据输入子系统根据数据库系统的要求，从录入的数据中抽取有用成分，对其进行分类，然后转换数据格式。抽取、分类和转换数据是数据输入子系统的主要工作，也是数据输入子系统的复杂性所在。

(5) 综合数据。数据输入子系统对转换好的数据根据系统的要求进一步综合成最终数据。

如果数据库是在旧的文件系统或数据库系统的基础上设计的，则数据输入子系统只需要完成转换数据、综合数据两项工作，直接将旧系统中的数据转换成新系统中需要的数据格式。

为了保证数据能够及时入库，应在数据库物理设计的同时编制数据输入子系统。

3. 编制与调试应用程序

数据库应用程序的设计应该与数据设计并行进行。在数据库实施阶段，当数据库结构建立好后，就可以开始编制与调试数据库的应用程序，也就是说，编制与调试应用程序是与组织数据入库同步进行的。调试应用程序时由于数据入库尚未完成，可先使用模拟数据。

4. 数据库试运行

应用程序调试完成，并且已有一小部分数据入库后，就可以开始数据库的试运行。数据库试运行也称联合调试，其主要工作如下。

(1) 功能测试。实际运行应用程序，执行对数据库的各种操作，测试应用程序的各种功能。

(2) 性能测试。测量系统的性能指标，分析是否符合设计目标。

数据库物理设计阶段在评价数据库结构估算时间、空间指标时，作了许多简化和假设，忽略了许多次要因素，因此结果必然很粗糙。数据库试运行则是要实际测量系统的各种性能指标(不仅是时间、空间指标)，如果结果不符合设计目标，则需要返回物理设计阶段，调整物理结构，修改参数；有时甚至需要返回逻辑设计阶段，调整逻辑结构。

重新设计物理结构甚至逻辑结构，会导致数据重新入库。由于数据入库工作量实在太大，所以可以采用分期输入数据的方法，即先输入小批量数据供先期联合调试使用，待试运行基本合格后再输入大批量数据，逐步增加数据量，完成运行评价。

在数据库试运行阶段，由于系统还不稳定，软、硬件故障随时都可能发生。而系统的操作人员对新系统还不熟悉,误操作也不可避免,因此必须做好数据库的转储和恢复工作,尽量减少对数据库的破坏。

7.7 数据库运行与维护

数据库试运行结果符合设计目标后,数据库就可以真正投入运行了。数据库投入运行标志开发任务的基本完成和维护工作的开始,并不意味着设计过程的终结,由于应用环境在不断变化,数据库运行过程中物理存储也会不断变化,对数据库设计进行评价、调整、修改等维护工作是一个长期的任务,也是设计工作的继续和提高。

在数据库运行阶段,对数据库经常性的维护工作主要是由 DBA 完成的,它包括以下内容。

1. 数据库的转储和恢复

数据库的转储和恢复是系统正式运行后最重要的维护工作之一。DBA 要针对不同的应用要求制订不同的转储计划,定期对数据库和日志文件进行备份,以保证一旦发生故障,能利用数据库备份及日志文件备份,尽快将数据库恢复到某种一致性状态,并尽可能减少对数据库的破坏。

2. 数据库的安全性、完整性控制

DBA 必须对数据库安全性和完整性控制负起责任。根据用户的实际需要授予不同的操作权限。此外,在数据库运行过程中,由于应用环境的变化,对安全性的要求也会发生变化,如有的数据原来是机密,现在可以公开查询了,而新加入的数据又可能是机密了。而系统中用户的密级也会改变。这些都需要 DBA 根据实际情况修改原有的安全性控制。同样,由于应用环境的变化,数据库的完整性约束条件也会变化,也需要 DBA 不断修正,以满足用户要求。

3. 数据库性能的监督、分析和改进

在数据库运行过程中,监督系统运行,对监测数据进行分析,找出改进系统性能的方法是 DBA 的又一重要任务。目前许多 DBMS 产品都提供了监测系统性能参数的工具,DBA 可以利用这些工具方便地得到系统运行过程中一系列性能参数的值。DBA 应该仔细分析这些数据,判断当前系统是否处于最佳运行状态,若不是,则需要通过调整某些参数来进一步改进数据库性能。

4. 数据库的重组织和重构造

数据库运行一段时间后,由于记录的不断增加、删除、修改,会使数据库的物理存储变坏,从而降低数据库存储空间的利用率和数据的存取效率,使数据库的性能下降。这时 DBA 就要对数据库进行重组织,或部分重组织(只对频繁增加、删除的表进行重组织)。数据库的重组织不会改变原设计的数据逻辑结构和物理结构,只是按原设计要求重新安排存储位置,回收垃圾,减少指针链,提高系统性能。DBMS 一般都提供了供重组织数据库使用的实用程序,帮助 DBA 重新组织数据库。

当数据库应用环境发生变化,例如,增加新的应用或新的实体,取消某些已有应用,改变某些已有应用,这些都会导致实体及实体间的联系也发生相应的变化,使原有的数据库设计不能很好地满足新的需求,从而不得不适当调整数据库的模式和内模式。例如,增加新的数

据项，改变数据项的类型，改变数据库的容量，增加或删除索引，修改完整性约束条件等。这就是数据库的重构造。DBMS 都提供了修改数据库结构的功能。

重构造数据库的程度是有限的。若应用变化太大，已无法通过重构数据库来满足新的需求，或重构数据库的代价太大，则表明现有数据库应用系统的生命周期已经结束，应该重新设计新的数据库系统，开始新数据库应用系统的生命周期了。

7.8 小　　结

设计一个数据库应用系统需要经历需求分析、概念结构设计、逻辑结构设计、数据库物理设计、数据库实施、数据库运行与维护 6 个阶段，设计过程中往往还会有许多反复，整个过程可用图 7-22 表示。

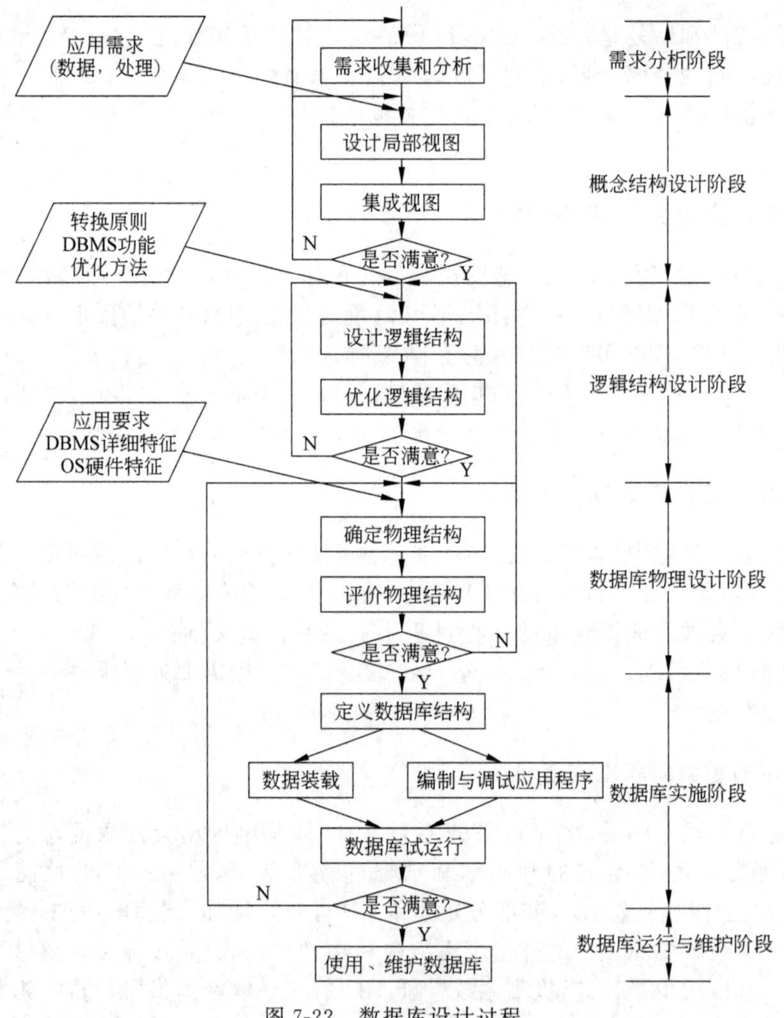

图 7-22　数据库设计过程

数据库的各级模式正是在这样一个设计过程中逐步形成的，如图 7-23 所示。需求分析阶段综合各个用户的应用需求（现实世界的需求），在概念结构设计阶段形成独立于机器特点、独立于各个 DBMS 产品的概念模式(信息世界模型),用 E-R 图来描述。在逻辑结构设计阶段将 E-R 图转换成具体的数据库产品支持的数据模型(如关系模型),形成数据库逻辑模式。然后根据用户处理的要求,安全性的考虑,在基本表的基础上再建立必要的视图,形成数据的外模式。在数据库物理设计阶段根据 DBMS 特点和处理的需要,进行物理存储安排,设计索引,形成数据库内模式。

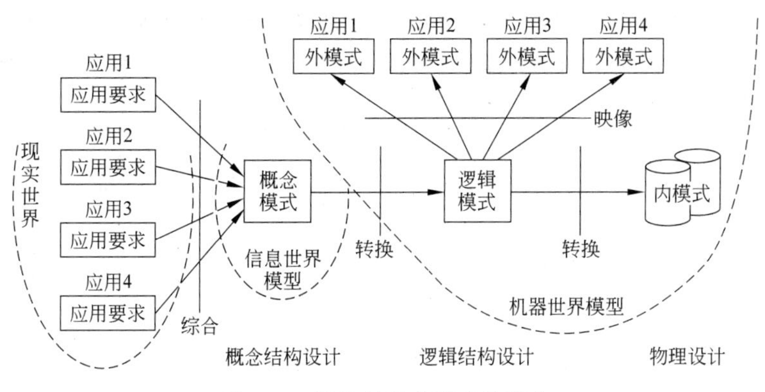

图 7-23　设计过程中形成的模式

整个数据库设计过程体现了结构设计与行为设计的紧密结合,如图 7-24 所示。为加快

设计阶段	设计描述	
	数 据	处 理
需求分析	数据字典、全系统中数据项、数据流、数据存储的描述	数据流图和判定表(判定树)、数据字典中处理过程的描述
概念结构设计	概念模型(E-R图) 数据字典	系统说明书包括以下内容: ① 新系统要求、方案和系统概貌图; ② 反映新系统信息流的数据流图
逻辑结构设计	某种数据模型 关系　非关系	系统结构图 (模块结构图)
数据库物理设计	存储安排、 存取方法选择、 存取路径建立 分区1 分区2	模块设计、 IPO表、 测试计划 IPO 表 输入: 输出: 处理:
数据库实施	编写模式、 数据装载、 数据库试运行 Create··· Load···	程序编码、 编译、 连接、测试 main(　) if··· then ··· end
数据库运行与维护	性能监督、转储和恢复、 数据库重组织和重构造	新旧系统转换、运行、维护(修正性、适应性、改善性维护)

图 7-24　各阶段的结构设计与行为设计

数据库设计速度，目前很多 DBMS 都提供了一些辅助工具（CASE 工具），设计人员可根据需要选用。例如需求分析完成之后，设计人员可以使用 Oracle Designer/2000 画 E-R 图，将 E-R 图转换为关系数据模型，生成数据库结构；画数据流图，生成应用程序。但是利用 CASE 工具生成的仅仅是数据库应用系统的一个雏形，比较粗糙，数据库设计人员需要根据用户的应用需求进一步修改该雏形，使之成为一个完善的系统。

值得注意的是，早期就选择某种 CASE 工具固然能减少数据库设计的复杂性，加快数据库设计的速度，但往往容易将自己限制于某个 DBMS 上，而不是根据概念设计的结果选择合适的 DBMS。

习　题

1. 简述数据库设计的基本步骤。
2. 简述需求分析阶段的任务和方法。
3. 数据字典的内容和作用是什么？
4. 什么是数据库的概念结构？简述其特点和设计策略。
5. 简述数据库概念结构设计的步骤。
6. 什么是数据库的逻辑结构设计？简述其设计步骤。
7. 简述将 E-R 图转换为关系模型的一般规则。
8. 规范化理论对数据库设计有什么指导意义？
9. 简述数据库物理设计的内容和步骤。
10. 数据库实施阶段的主要工作有哪些？
11. 数据库的日常维护工作主要包括哪些？
12. 什么是数据库的重组织和重构造？为什么要进行数据库的重组织和重构造？

第8章 数据库技术新进展

数据库系统在计算机软硬件发展的基础上，在应用需求的推动和引导下，从文件系统发展而来。数据库技术以应用为导向，形成了从“理论研究”到“原型开发与技术攻关”再到“产品研制和应用”的良性循环，成为计算机领域的成功典范。它吸引了学术界和工业界众多的科技人员，使得数据库研究日新月异，新技术、新系统层出不穷，科技队伍也不断壮大。

本章从数据模型、数据库管理系统开发技术、数据库应用等3方面，概述数据库的发展历程，展示数据库学科在理论、系统关键技术、应用开发等研究和应用领域的主要内容与成就。通过提供一个宏观的、总体的数据库学科的视图，使读者了解数据库技术的发展过程，了解数据库分支的基本内容以及这些分支之间的相互联系。最后对数据库与大数据技术的有关新进展进行了简要介绍，包括当前大数据时代数据管理技术遇到的挑战以及数据管理新技术的发展与展望。

8.1 数据库技术发展概述

数据库技术产生于20世纪60年代中期，在过去短短60余年间已经历了几代演变，即层次数据库、网状数据库，关系数据库，面向对象型数据库，多模型数据库，造就了C.W. Bachman、E.F.Codd 、James Gray 和 M.R.Stonebraker 4位图灵奖得主，发展了以数据建模和DBMS核心技术（主要有数据的物理独立性和逻辑独立性、描述性查询、基于代价的优化和事务管理等）为主，且内容丰富的一门学科。同时，带动了一个巨大的软件产业，这60年可谓成就辉煌。更重要的是，这些技术进步为现在的大数据管理和分析奠定了基础，进一步催生新一代数据库与智能技术的结合。

数据库技术是计算机科学技术中发展最快的领域之一，也是应用最广的技术之一，已经成为计算机信息系统与智能应用系统的核心技术和重要基础。

数据库系统是一个大家族，数据模型丰富多样，新技术内容层出不穷，应用领域广泛深入，当读者步入数据库领域时，面对众多复杂的数据库技术和系统难免产生迷惑和混乱。图8-1从数据模型、计算机技术、应用领域三方面，通过一个三维空间的视图，阐述现代数据库系统及其相互关系。

每类数据库的产生都是这三维力量交互推动的结果。例如在关系模型基础上，受并行分布式处理技术、云计算技术等影响，就先后发展了并行分布式数据库及云数据库等。

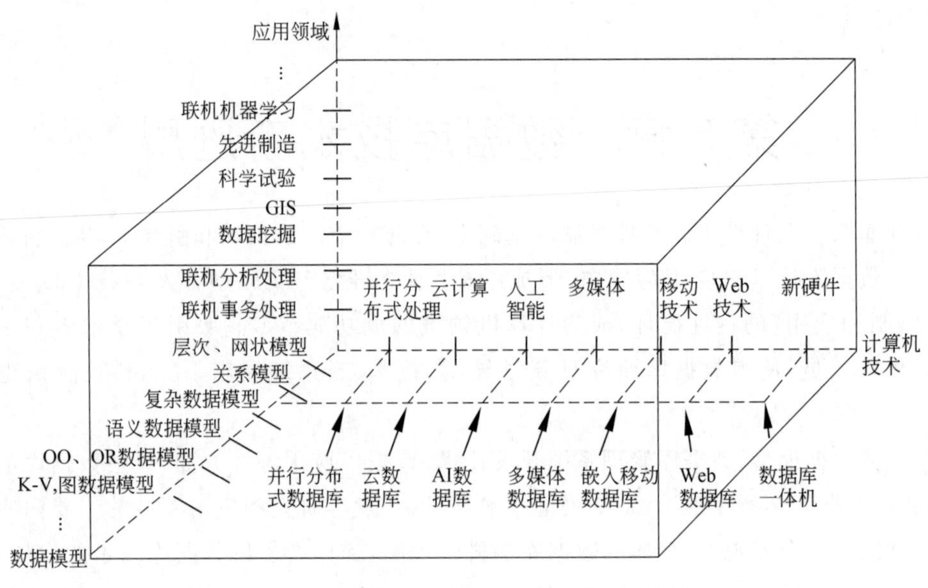

图 8-1　现代数据库系统及其相互关系示意图

8.2　数据模型及数据库系统的发展

数据模型是数据库系统的核心和基础。依据数据模型的关键进展,数据库技术可以相应地分为若干发展阶段。

8.2.1　第一代数据库系统

层次模型和网状模型是数据库技术中研究得最早的两种数据模型。层次模型对应有根定向有序树,网状模型对应的是有向图,可以统称为格式化数据模型,二者在体系结构、数据库语言到数据存储管理等方面均具有共同特征。支持层次模型和网状模型的数据库系统是第一代数据库系统。

第一代数据库系统的代表是1969年由IBM公司研制的层次模型的IMS(information management system)数据库管理系统。层次数据库系统和网状数据库系统具有以下4个共同特点。

1. 支持三级模式的体系结构

通过外模式与模式、模式与内模式之间的映像,保证了数据库系统具有数据与程序的物理独立性和一定的逻辑独立性。

2. 用存取路径来表示数据之间的联系

数据库不仅存储数据而且存储数据之间的联系。在层次数据库系统和网状数据库系统中数据之间的联系用存取路径来表示和实现。例如,DBTG中一对多的联系用**系**(set)来表示,而系一般是用指引元的方法实现的,因此系值就是一种数据的存取路径。

3. 独立的数据定义语言

层次数据库系统和网状数据库系统有独立的数据定义语言，用以描述数据库的外模式、模式、内模式以及相互映像。模式一经定义，就很难修改。这就要求数据库设计人员在建立数据库应用系统时，不仅充分考虑用户的当前需求，还要充分了解需求可能的变化和发展。对数据库设计的要求比较高。

4. 导航式数据操纵语言

层次数据库和网状数据库的数据查询和数据操纵语言是一次一个记录的导航式的过程化语言。这类语言通常嵌入某种高级语言中，如COBOL、FORTRAN、C++、Java、R等。

导航就是指用户不仅要了解“干什么”，而且要指出“怎么干”。用户使用某种高级语言编写程序，一步一步地“引导”程序按照某条预先定义的存取路径来访问数据库，最终达到要访问的数据目标。

导航式数据操纵语言的**优点**是存取效率高。存取路径由应用程序员指定，更容易选取一条较优的存取路径，从而优化了存取效率。**缺点**是编程烦琐。用户编写应用程序的难度大。此外，应用程序的可移植性较差，数据的独立性也较差。

8.2.2 第二代数据库系统

支持关系数据模型的数据库系统是第二代数据库系统。第二代关系数据库系统具有模型简单清晰、理论基础好、数据独立性强、数据库语言非过程化和标准化等特色。

1970年IBM公司San Jose实验室的研究员E.F.Codd在论文《大型共享数据库数据的关系模型》中提出了关系模型，开创了数据库关系方法和理论的研究，为关系数据库技术奠定了理论基础。关系模型建立在严格数学概念的基础上，概念简单、清晰，易于用户理解和使用，大大简化了用户的开发工作。之后的七八十年代既是关系数据库理论的迅速发展成熟期，也是原型开发大发展的时代。高层次的理论研究和系统开发都取得了累累成果：

1. 奠定了关系模型的理论基础，给出了关系模型的规范说明

关系模型的概念单一，实体以及实体间的联系都用关系来表示。它以关系代数为基础，数学形式化基础好。

2. 研究了关系数据操纵语言，包括关系代数、关系演算、SQL及QBE等

确立了SQL为关系数据库语言标准。保证了不同数据库系统之间的互操作性，为数据库的产业化和广泛应用打下基础。

SQL是非过程化的，操作对象和操作结果都是集合，用户编程从数据库记录的导航式检索中解放出来，大大降低了难度，提高了软件开发的生产率。同时，也对用户隐蔽了数据的物理存储和存取路径，提高了数据独立性。

3. 研制了大量的RDBMS原型系统以及众多优秀产品系统

IBM San Jose研究室开发的System R和Berkeley大学研制的INGRES是最早期原型

系统的典型代表，攻克了系统实现中查询优化、事务管理、并发控制、故障恢复等一系列关键技术。这不仅大大丰富了 DBMS 实现技术和数据库理论，更促进了数据库的产业化。相继涌现出 DB2、Oracle、Sybase、Informix、SQL Server 等一系列优秀的数据库产品。也出现了众多开源数据库，包括 MySQL、PostgreSQL、Firebird 等。

8.2.3 新一代数据库系统

层次、网状和关系数据模型能够描述现实世界数据的结构和一些重要的相互联系，但不能充分表达现实世界中多样化数据对象所具有的丰富而重要的语义以及提供相应的各种操作。

新一代数据库系统以更丰富多样的数据模型和数据管理功能为特征，满足广泛、复杂的新应用的要求，诸多新技术的研究和发展催生了众多不同于第一、二代数据库的系统。这些新的数据库系统无论是基于面向对象模型、对象关系数据模型、XML 模型、RDF 模型，还是图模型或 K-V 模型；是分布式、客户-服务器，还是混合式体系结构的；是并行数据库系统、云数据库，还是内存数据库；是联机数据分析与挖掘系统；等等。上述这些数据系统都可以广泛地称为新一代数据库系统。

1990 年，高级 DBMS 功能委员会发表了《第三代数据库系统宣言》的文章(以下简称《宣言》)，提出了第三代 DBMS 应具有的 3 个基本特征(称为 3 条基本原则)，进而导出 13 个具体的特征和功能(称为 13 个命题)[①]。这 3 个基本特征至今看来仍然有效，具体内容如下。

1. 支持数据管理、对象管理和知识管理

除提供传统的数据管理服务外，第三代数据库系统支持更加丰富的对象结构和规则，集数据管理、对象管理和知识管理为一体。第三代数据库系统可能没有统一的数据模型，但要支持各种复杂的、非传统的数据模型，具有面向对象模型的基本特征。可以看到在近年来各种 NoSQL 或 NewSQL 数据库在逻辑或语义上都将复杂数据抽象为对象。

2. 保持或继承第二代数据库系统的技术

第三代数据库系统应继承第二代数据库系统已有的技术。保持非过程化数据存取方式和数据独立性，这不仅能很好地支持对象管理和规则管理，而且能更好地支持原有的数据管理，保持系统的向上兼容性。

3. 对其他系统开放

数据库系统的开放性表现在支持数据库语言标准，支持标准网络协议，系统具有良好的可移植性、可连接性、可扩展性和可互操作性等。

8.3 数据库系统发展的特点

数据库系统按照广义观点包括数据库管理系统内核技术、计算环境等相关技术及面向的具体应用领域，本节将按照图 8-1 所示，从数据模型、计算机技术、应用领域三个维度来描

① 全球顶尖数据库专家学者每隔 5 年左右就会组织一次类似的研讨并发布报告来总结当前所面临的关键挑战和未来发展的方向与机遇。最近一次研讨会是 2018 年底在美国的西雅图举办的。

述数据库系统发展的特点及其相互关系。

8.3.1 数据模型的发展

数据模型是数据库系统的核心和基础。它的进展历程可以分为 3 个发展阶段[①]：格式化数据模型(包括层次数据模型和网状数据模型)、关系数据模型，以及多模型或非传统数据模型(包括对象模型、XML 模型、文档模型、RDF 模型、K-V 模型、图模型等)。

数据模型的发展反映了对客观世界的认知、建模及交互等技术的发展。从最初的层次、网状数据模型发展到关系数据模型，数据库技术产生了巨大的飞跃。关系模型的提出是数据库发展史上具有划时代意义的重大事件。关系理论研究和关系数据库管理系统研制的巨大成功进一步促进了关系数据库的发展，使关系数据模型成为具有统治地位的数据模型。

随着数据库应用领域的扩展，数据对象的多样化，传统的关系数据模型逐渐暴露出许多弱点，如对复杂对象的表示能力较差，语义表达能力较弱，缺乏灵活丰富的建模能力，对文本、时间、空间、声音、图像和视频等数据类型的处理能力差等。于是使数据模型的发展进入多模型阶段。下面介绍其中 5 种重要的数据模型。

1. 对象数据模型

将语义数据模型和面向对象程序设计方法结合起来，用对象观点来描述现实世界实体(对象)的逻辑组织，对象间限制、联系等的模型。一系列面向对象核心概念构成了面向对象数据模型(object oriented data model，OO 模型)的基础，主要包括如下内容。

(1) 现实世界中的任何事物都被建模为对象。每个对象具有一个唯一的对象标识(object indentifier，OID)。

(2) 对象是其状态和行为的封装，其中状态是对象属性值的集合，行为是变更对象状态的方法集合。

(3) 具有相同属性和方法的对象的全体构成了类，类中的对象称为类的实例。

(4) 类的属性的定义域也可以是类，从而构成了类的复合。类具有继承性，一个类可以继承另一个类的属性与方法，被继承类和继承类也称超类和子类。类之间的继承关系形成了一个有向无环图，称为类层次。

(5) 对象是被封装起来的，它的状态和行为在对象外部不可见，从外部只能通过对象显式定义的消息传递对对象进行操作。

面向对象数据库(object-oriented database，OODB)系统的研究始于 20 世纪 80 年代，较著名产品的有 ObjectStore、O2、Ontos 等。OODB 与传统数据库类似，对数据的操纵包括数据查询、增加、删除、修改等，也具有并发控制、故障恢复、存储管理等完整的功能。不仅能支持传统数据库应用，也能支持非传统领域的应用，包括 CAD/CAM、OA、CIMS、GIS 以及图形、图像等多媒体领域、工程领域和数据集成等领域。但由于操纵语言过于复杂，没有得到广大开发人员的认可，加上 OODB 企图完全替代 RDBMS 的市场推广思路，增加了企业系统升级的负担，客户也不接受，因此终究没有在市场上获得成功。

对象关系数据库系统(object relational database system，ORDBS)是 RDB 与 OODB 的

---

① 当然学术界和业界也有提出将第三个阶段分为数据仓库和大数据库系统两个阶段，形成 4 个阶段分法。

结合。它保持了 RDB 的优势技术，又支持 OO 模型和对象管理。1999 年发布的 SQL 标准，也称 SQL99，增加了 SQL/Object Language Binding，提供了面向对象的功能标准。SQL99 对 ORDBS 标准的制定滞后实际系统的实现，所以各个 ORDBS 产品在支持对象模型方面虽然思想一致，但是所采用的术语、语言语法、扩展的功能都不尽相同。在后来的 SQL 标准中陆续都有所增加和修改，到 SQL2016 中陆续引入了 XML 类型、时序数据，以及 JSON 类型等。这些也都可以视作新的内嵌对象类型。

2. XML 数据模型

随着互联网的迅速发展，各种半结构化、非结构化数据成为重要的信息来源，XML 成为网上数据交换的标准，形成了表示半结构化数据的 XML 数据模型。

XML 模型由表示 XML 文档的结点标记树、树操作和语义约束组成。XML 结点标记树中包括不同类型的结点：文档结点是树的根结点，XML 文档的根元素作为该文档结点的子结点；元素结点对应 XML 文档中的每个元素；元素结点的排列顺序按照 XML 文档中对应标签的出现次序；属性结点对应元素相关的属性值，元素结点是其每个属性结点的双亲结点；命名空间结点描述元素的命名空间字符串；树操作主要包括树中子树的定位以及树之间的转换。XML 元素中的 ID/IDref 属性提供了一定的语义约束的支持。

XML 数据管理可以采用纯 XML 数据库或扩展关系的方式。纯 XML 数据库基于 XML 结点树模型，能够较自然地支持 XML 数据的管理。同时也需要解决查询优化、并发、事务、索引等问题。另外，很多关系数据库通过扩展的关系代数来支持 XML 数据的管理。扩展的关系代数增加支持 XML 数据的投影、选择、连接等运算。查询优化机制也要扩展来满足新的 XML 数据操作的要求。通过扩展关系数据库查询引擎，XML 数据管理能够更有效地利用关系数据库成熟的查询技术。

3. RDF 数据模型

为应对万维网信息表示方式不统一所带来的数据管理困难，W3C 提出了资源描述框架（resource description framework，RDF），用来描述和注解万维网中的资源，并向计算机系统提供理解和交换数据的手段。

RDF 是一种用于描述 Web 资源的标记语言，其结构是由（主语、谓词、宾语）构成的三元组。其中，主语通常是网页的 URL；谓词是属性，如 Web 页面的标题、作者和修改时间、Web 文档的版权和许可信息等；宾语是具体的值或者其他数据对象。推而广之，RDF 可用于表达任何数据对象及其关系，例如在线购物平台上的某项产品的信息（规格、价格和库存等信息）。因此，RDF 也是一种数据模型，并被广泛作为语义网、知识库的基础数据模型。

RDF 模型中谓词的语义是由谓词符号本身决定。因此，在使用 RDF 建模时，需要一个词汇表或者领域本体，用于描述这些谓词之间的语义关系。

RDF 模型的形式化描述是 RDF 三元组（triple）：给定一个 URI 集合 R、空结点集合 B，文字描述集合 L，一个 RDF 三元组 t 是形如(s,p,o)的三元组，其中 $s\in R\cup B$，$p\in R$，$o\in R\cup B\cup L$。这里的 s 通常称为主语（subject）、资源（resource）或主体，p 称为谓词（predicate）或属性（property），o 称为宾语（object）、属性值（value）或客体。

SPARQL（simple protocol and rdf query language）是 W3C 提出的 RDF 数据的查询标

准语言，目前被广泛应用。它有4种查询方式：SELECT、CONSTRUCT、DESCRIBE和ASK。目前最常用的是SELECT查询方式，它与SQL的语法相似，能够返回满足条件的数据。变种nSPARQL、SPARQL-DL等对SPARQL语法进行了扩充，增强SPARQL的查询表达功能。

4. K-V数据模型

K-V数据模型是Key-Value模型或键-值对模型的缩写。每个键映射到一个值，该值可以是任意类型的数据，且对存储层透明。换句话说，存储层并不知道所存储的值的内容是什么，只是在需要时将值持久存入数据库或者传回给应用程序。

K-V模型的数据表示形式：(＜Key＞，＜Value＞)，其中Key是主码，Value存储的可以是数据库大对象(large object，LOB)。比如

```
(
    Student:20200016,
        "{ "firstName": "Ming", "lastName": "Li", "sex": "male", "age": 17}"
)
```

就是一个键-值对。其中，Student:20200016代表键，表示一名ID号为20200016的学生，这里冒号是一种分隔符，没有特别的含义。而"{…}"则是值，它是实际存储的内容，形式上是字符串，但可以看出，数据组织格式实际是JSON。要想得到这个学生的信息，必须通过Student：20200016这个键，它是获取数据的唯一入口。键-值模型多采用哈希函数实现键到值之间的映射。查询数据时，基于键的哈希值直接定位到数据所在的地址，实现快速查询。

Key-Value存储具有良好的可扩展性和读写性能。Key-Value数据库代表有Aerospike、LevelDB、Scalaris、Voldemort、HyperDex、Berkeley DB、Accumulo、Cassandra、Redis、MongoDB、MemCache等。

5. NoSQL数据库和NewSQL数据库

这是近年来关于数据库系统的两个热词。与之前介绍的具体模型不同，它们不是数据模型，而是各自代表了一类数据库系统。

NoSQL(not only SQL)是对不同于传统关系数据库的数据库管理系统的统称。这类系统中可能有部分数据使用SQL系统存储，同时也允许使用其他系统来存储数据。其数据存储可以不使用关系模式，也没有元数据，数据查询会避免连接操作，通常有很好的水平可扩展性。代表系统有MarkLogic、MongoDB、Cassandra、Redis等。

NewSQL是一类关系数据库，目标是为联机事务处理(online transaction processing，OLTP)提供类比NoSQL系统的可扩展性，同时维护传统数据库系统的ACID① 特性。许多处理重要数据的企业级信息系统(例如，财务和订单处理系统)对于常规的关系数据库而言规模太大，但具有事务性和一致性要求。以前可供选择的方案基本是购买功能更强大的计算机，或开发可通过常规DBMS分发请求的定制中间件。这两种方法都具有高成本或高

① ACID特性即原子性(atomicity)、一致性(consistency)、隔离性(isolation)、持久性(durability)的缩写。

开发成本的特点。NewSQL 数据库解决方案的特点则是，它们既支持 NoSQL 数据库的在线可扩展性，又继承了以 SQL 为主要接口的关系数据模型（包括 ACID 特性中的一致性）的特点。

8.3.2 数据库技术与相关计算机技术相结合

数据库技术的核心功用是持久保存和管理有组织的海量数据，并为多种用户提供共享使用。通过与其他学科领域的新技术相结合就能够形成新的数据库技术，并以此为基础涌现出各种新型的数据库（见图 8-2）。

- 数据库技术与并行分布式处理技术相结合，出现了并行分布式数据库。
- 数据库技术与云计算技术相结合，出现了云数据库等。
- 数据库技术与人工智能技术相结合，出现了 AI 数据库。
- 数据库技术与多媒体技术相结合，出现了多媒体数据库。
- 数据库技术与新硬件技术相结合，出现了内存数据库、数据库一体机等。
- 数据库技术与移动技术相结合，出现了嵌入移动数据库等。
- 数据库技术与 Web 技术相结合，出现了 Web 数据库。

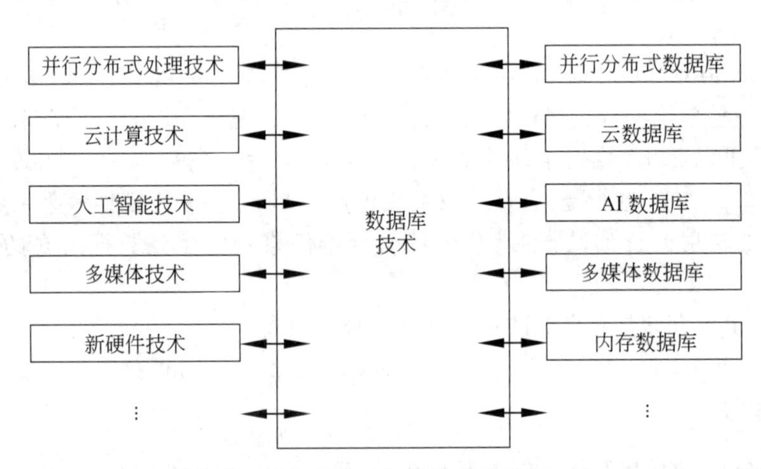

图 8-2 数据库技术与其他计算机技术的相互渗透

下面以并行分布式数据库和云数据库、内存数据库为例，简要介绍数据库技术是如何吸收、融合其他计算机技术，从而形成了数据库领域的众多分支和研究课题，极大地丰富和发展了数据库技术。

1. 并行分布式数据库与云数据库

随着硬件技术和网络技术的发展、数据量的急速增加及大数据应用的快速发展和增长，数据库系统从最初运行在单一计算机上的集中式数据库向网络中多台计算机/并行器上的并行和分布式发展，当前，发展到运行在大规模集群或云端的云数据库。

本节分别介绍分布式数据库系统、并行数据库系统、分布式事务处理，以及云服务和云数据库。

1）分布式数据库系统

分布式数据库系统（distributed database system，DDBS）是在集中式数据库系统和计算机网络相结合的基础上发展起来的，它是分布式数据处理的关键技术之一。分布式数据库由一组数据库组成，这组数据库分布在计算机网络的不同计算机上，网络中的每个结点具有独立处理的能力(称为场地自治)，可以执行局部应用。同时，每个结点也能通过网络通信系统执行全局应用。分布式数据库系统如图 8-3 所示。

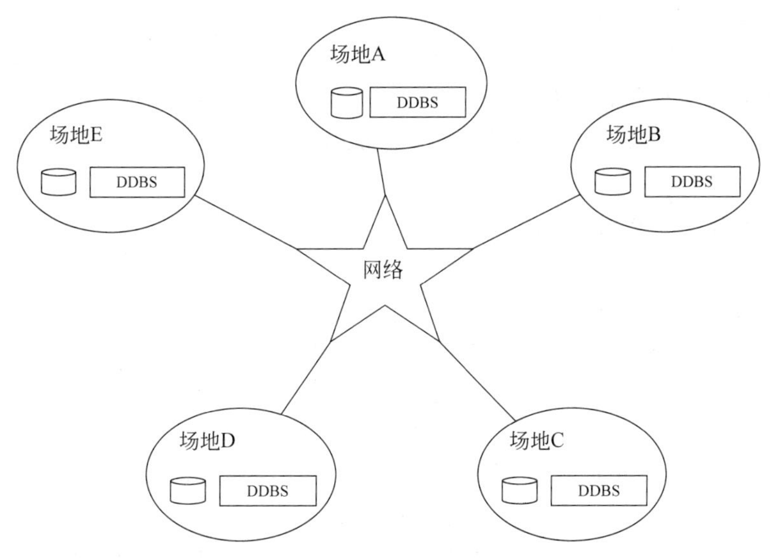

图 8-3　分布式数据库系统示意图

分布式数据库系统具有本地自治性和分布透明性。**本地自治性**(local autonomy)是指局部场地的数据库系统可以自己决定本地数据库的设计、使用以及与其他结点的数据库系统的通信。**分布透明性**(distributed transparency)是指分布式数据库管理系统将数据的分布封装起来，用户访问分布式数据库就像访问集中式数据库一样，不必知道也不必关心数据的存放和操作位置等细节。对于用户，一个分布式数据库系统从逻辑上看如同一个集中式数据库系统一样，用户可以在任何一个场地执行全局应用。

分布式数据库系统在集中式数据库系统的组成基础上增加了 3 部分：DDBMS、全局字典和分布目录、网络访问进程。全局字典和分布目录为 DDBMS 提供了数据定位的元信息，网络访问进程执行站点间通信。

分布式数据库的研究从 20 世纪 70 年代中期就开始了，在应用需求、技术发展和硬件价格等因素共同推动下迅速发展。20 世纪 80 年代的一些代表性的分布式数据库系统有 SDD-1、POREL、R※、分布式 INGRES 系统、SIRIUS 计划和 ADA-DDM 系统等。从 20 世纪 90 年代起，主要的商用数据库产品逐步进入实用阶段。

(1) 分布式数据库系统的特点。

分布式数据库系统就是分布在计算机网络上的多个逻辑相关的数据库的集合。分布式数据库应具有以下特点。

① 数据的物理分布性。数据库中的数据分布在不同场地的计算机上。

② 数据的逻辑整体性。数据库虽然在物理上是分布的，但这些数据在逻辑上是相互联系的整体。

③ 数据的分布独立性(也称分布透明性)。分布式数据库中除了数据的物理分布性和

逻辑整体性外，还有数据的分布独立性。在用户看来，整个数据库仍然是一个集中的数据库，用户不必关心数据的分片、数据物理位置分布的细节、数据副本一致性等问题，分布的实现完全由 DDBMS 来完成。

④ 场地自治和协调。系统中的每个结点都具有独立性，能执行局部的应用请求；每个结点又是整个系统的一部分，可处理全局的应用请求。

⑤ 数据冗余及冗余透明性。与集中式数据库不同，分布式数据库中应存在适当冗余以提高系统处理效率和可靠性。数据复制技术是分布式数据库的重要冗余技术。但这种数据冗余对用户是透明的，即用户不必知道冗余数据的存在，维护各数据副本一致性也由 DDBMS 来负责。

(2) 分布式数据库系统的优点。

分布式数据库系统具有以下优点。

① 分布式控制。分布式数据库的局部自治性使得系统不仅能执行全局应用，而且能执行局部应用，这样就可以把一组用户的常用数据放在他们所在的场地，并进行局部控制，以减少通信开销。

② 数据共享。分布式数据库系统中的数据共享有两个层次：局部共享和全局共享。也就是说，各场地的用户可以共享本场地局部数据库中的数据，全体用户可以共享网络中所有局部数据库中的数据(包括存储在其他场地的数据)。

③ 高可靠性和可用性。由于存在冗余数据，当一个场地出现故障时，系统可以对另一场地上的相同副本进行操作，不会因一处故障造成整个系统瘫痪。同时系统还可以自动检测故障所在，并利用冗余数据修复出故障的场地，这种检测和修复是联机完成的，从而提高了系统的可用性，这对实时应用尤为重要。

④ 性能提升。由于用户的常用数据放在用户所在场地，从而既缩短了系统的响应时间，又减少了通信开销；由于冗余数据的存在，系统可以选择离用户最近的数据副本进行操作，也缩短了响应时间、减少了通信开销；由于每个场地只处理整个数据库的一部分，因此对 CPU 和 I/O 服务的争用不像集中式数据库那么激烈；由于一个事务所涉及的数据可能分布在多个场地，因此增加了并行处理事务的可能性。

但是分布式数据库系统也存在以下一些缺点。

① 复杂。与集中式数据库相比，分布式数据库更为复杂，为协调各场地必须做很多额外工作。

② 增加开销。这些开销主要包括硬件开销、通信开销、冗余数据的维护开销，以及保证数据库全局并行性、并行操作的可串行性、安全性和完整性的开销等。

(3) 分布式数据库系统的模式结构。

集中式数据库系统的模式结构是一种三级模式结构，由外模式、模式和内模式组成。分布式数据库系统的模式结构则是“(若干)局部数据库模式 ＋(一个)全局数据库模式”(见图 8-4)。其中，局部数据库模式是各场地上局部数据库系统的模式结构，它具有集中式数据库系统的三级模式结构；全局数据库模式是用来协调各局部数据库模式使之成为一个整体的模式结构，它具有四层，即全局外模式、全局概念模式、分片模式和分布模式。

① 全局外模式。

全局外模式是全局应用的用户视图，是全局概念模式的子集。

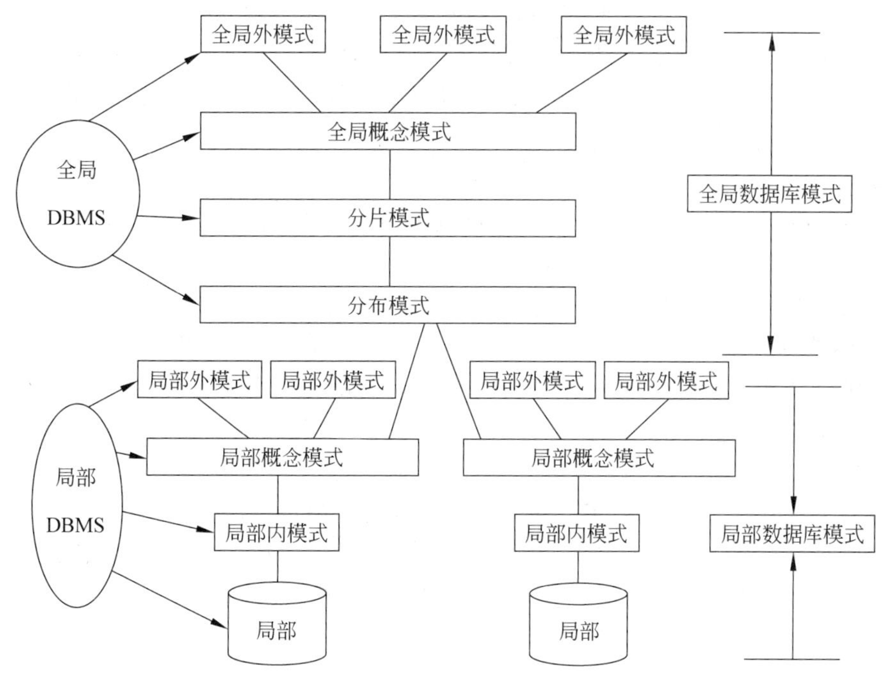

图 8-4　分布式数据库系统的模式结构

② 全局概念模式。

全局概念模式定义分布式数据库系统中所有数据的整体逻辑结构，就好像数据都储存在一起，它是所有全局应用的公共数据视图。全局概念模式中所用的数据模型应该易于映像到分片模式，通常使用关系模型，这时全局概念模式就是一组全局关系的定义。

③ 分片模式。

每个全局关系可以分解为若干不相交的部分，以更好地按用户的需求组织数据，每部分称为一个片段(fragment)。分片模式用来定义这些片段。

在分布式数据库中，数据分片的方法有以下 3 种。

- **水平分片**。按一定条件将关系按行(水平方向)分为若干不相交的子集，每个子集为关系的一个片段，各片段的并必须构成原来的关系。
- **垂直分片**。将关系按列(垂直方向)分为若干子集(片段)。垂直分片片段的连接必须是原关系。
- **混合分片**。水平分片和垂直分片混合使用。

为保证数据分片不会使数据库的语义发生改变，分片时必须遵循下面 3 条准则。

- **完备性**(completeness)。一个全局关系中的数据必须被完全划分，不存在属于全局关系但不属于任何一个片段的数据。
- **可重构性**(reconstruction)。通过对所有水平划分的片段执行并操作或对所有垂直划分的片段执行连接操作可以重构全局关系。
- **不相交性**(disjointness)。一个全局关系的任何两个片段的交集均为空(垂直分片的码属性除外)，也就是说，除垂直分片的码属性外，不存在同时属于一个全局关系的两个片段的数据。

在对数据进行分片时要注意数据的分片程度。片段过大或过小都会影响系统效率；片段过大不利于数据的分布和并发控制；片段过小会使查询操作经常要涉及多个片段，从而系统必须经常做额外的重构操作。分片程度取决于将在该分布式数据库上运行的各应用程序。

④ 分布模式。

数据分片的目的是要将数据物理地分配到网络的不同结点上。分布模式是用来定义各个片段的物理存放地点的。

常用的数据总体分配方案如下。

- **分区式**(partitioned)。每个片段只分配到某个结点上，片段没有副本。
- **全副本式**(fully replicated)。每个结点都拥有所有片段的副本。
- **部分副本式**(partially replicated)。部分片段冗余分配。这是目前最常用的分配方案。

可见，片段的分配方法决定了分布式数据库的冗余程度和所能执行的局部应用。对于一个具体的分布式数据库系统，其各应用程序的数据需求情况、常用操作、对系统可靠性和可用性的要求等因素决定着它的片段分配的总体方案和详细方案。

类似集中数据库中的三级模式＋两层映像，分布式数据库中的上述四层模式之间的联系和转换，采用了三层映像。

分布透明性是分布式数据库系统的一个显著特点。分布透明性有三层，从高到低依次为分片透明性、位置透明性和局部数据模型透明性。分片透明性是指用户或应用程序只对全局关系进行操作，无须考虑关系是如何分片的；位置透明性是指用户或应用程序不必了解片段的存储场地；局部数据模型透明性是指用户或应用程序不需要了解局部场地上使用的是哪种数据模型，模型、查询语言等的转换均由映像机制来负责。

事实上，提供局部数据模型透明性是分布式数据库的一个难题。当用户同时使用多个不同的 DBMS，以支持各种不同特点和功能的应用系统时，需要访问由异构 DBMS 管理的数据库。到目前为止，现有的分布式数据库技术仍然未能完全解决异构数据和系统的许多问题。

近年来，Internet 的发展和海量异构数据的应用需求使分布式数据管理和分布式数据处理技术遇到了新的挑战。根据 CAP① 理论，在分布式系统中数据一致性、系统可用性、网络分区容错性三者不可兼得，满足其中任意两项便会损害第三项。分布数据管理在 Web 海量数据搜索和数据分析中可以适当降低对数据一致性的严格要求以提高系统的可用性和系统性能。因此，对分布式数据处理的研究和开发进入了新的阶段，即大数据时代的大规模分布式处理。

2) 并行数据库系统

并行数据库系统是在并行机上运行的具有并行处理能力的数据库系统。并行数据库系统能充分发挥多处理和 I/O 并行性，是数据库技术与并行计算技术相结合的产物。

并行数据库技术起源于 20 世纪 70 年代的数据库机(database machine)研究。数据库机研究的内容主要集中在关系代数操作的并行化和实现关系操作的专用硬件设计上，希望

① CAP 即一致性(consistency)、可用性(availability)、分区容错性(partition tolerance)的缩写。

通过硬件实现关系数据库操作的某些功能，因多种原因该研究没有成功如愿。20 世纪 80 年代后期，并行数据库技术的研究方向逐步转到了通用并行机方面，研究的重点是并行数据库的物理组织、并行操作算法、查询优化和调度策略。20 世纪 90 年代，随着处理器、存储、网络等相关计算机技术的发展，开展了并行数据库在数据操作的时间并行性和空间并行性方向的研究。

并行计算机的典型体系结构主要有以下四大类：第一类是紧耦合全对称多处理器(symmetric multiprocessor，SMP)系统，所有 CPU 共享内存与磁盘；第二类是松耦合集群机系统，所有 CPU 共享磁盘；第三类是大规模并行处理(massively parallel processing，MPP)系统，所有 CPU 均有自己的内存与磁盘；此外还有一类混合结构，比较常见的是 SMP 集群(cluster)系统，即 MPP 系统的每个结点不是一个单一的处理器，而是一个 SMP 系统。

相应地，并行数据库系统的体系结构有以下 3 种。

(1) 全共享(shared-everything，SE)结构。如图 8-5(a)所示，在 SE 结构中，共同执行一条 SQL 语句的多个数据库构件通过共享内存交换消息与数据。数据库中的数据划分在多个局部磁盘上，并可以为所有处理器访问。共享内存结构是单 SMP 硬件平台上最优的并行数据库系统的体系结构。

(2) 共享磁盘(shared-disk，SD)结构。图 8-5(b)为 SD 结构，其中所有处理器可以直接访问所有磁盘中的数据，但它们无共享内存。因此该结构需要一个分布式缓存管理器来对各处理器(结点)并发访问缓存进行全局控制与管理。多个 DBMS 实例可以在多个结点上运行，并通过分布式缓存管理器共享数据。

(3) 无共享(shared-nothing，SN)结构。在图 8-5(c)所示的 SN 结构中，数据库表划分在多个结点上，可以由网络的多个结点并行执行一条 SQL 语句，各个结点拥有自己的内存与磁盘，执行过程中通过共享的高速网络交换消息与数据。无共享结构是 MMP 和 SMP 集群机硬件平台上最优的并行数据库系统的体系结构。

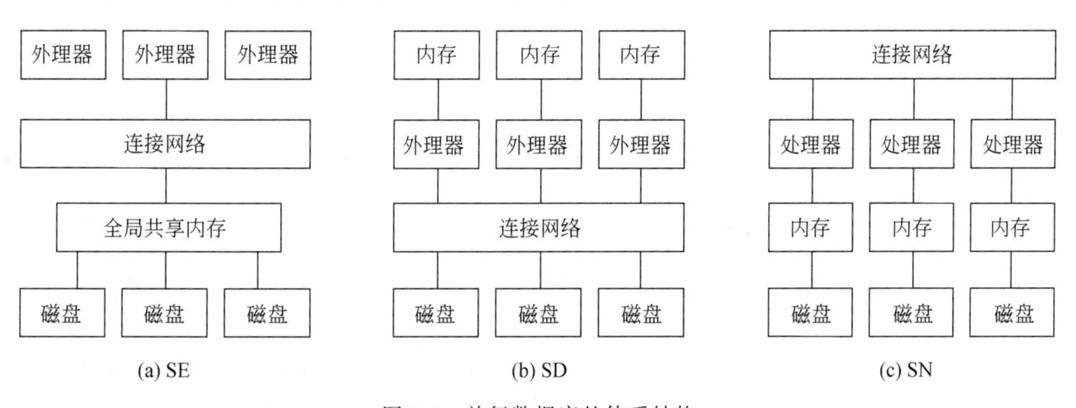

图 8-5　并行数据库的体系结构

并行数据库系统的 3 种体系结构各有其优缺点。

- SE 系统相对容易实现。各处理器的负载比较均衡，但访问共享内存和磁盘会成为瓶颈，因此可伸缩性不佳，扩充到多个 CPU 的数据有限。原因之一是数目太多时，CPU 间的通信开销超过处理收益。
- SD 系统消除了访问内存的瓶颈，但访问磁盘的瓶颈仍然存在，分布式缓存管理器也是一个瓶颈,它的可扩充性仍不够理想。

- SN 系统不易做到负载均衡,往往只是根据数据的物理位置而不是系统的实际负载来分配任务。但它最大限度地减少了共享资源,具有极佳的可伸缩性,结点数目可达数千个或更多,并可获得接近线性的伸缩比。普遍认为,SN 结构是优选结构,非常适合复杂查询及超大型数据库应用,但也是最难实现的结构。

早期比较著名的并行数据库原型系统有 Arbre、Bubba、Gamma、Teradata 及 XPRS 等。

并行数据库成本较高,扩展性有限,面对大数据分析需要大规模横向扩展(scale out)能力时,遇到了挑战。新硬件的发展,推动了数据库一体机的出现。同时,作为面向大数据分析和处理的并行计算模型,MapReduce 技术也成为并行数据处理的一个基本框架。

3) 分布式事务处理

分布式数据库与并行数据库中任务调度的基本单位仍然是事务。与集中式数据库有所不同,分布式数据库与并行数据库中的事务可以统称为分布式事务(distributed transaction)。分布式事务分为两类：**局部事务**(local transaction)和**全局事务**(global transaction)。局部事务指仅仅访问、更新局部某个局部数据库数据的事务,全局事务指需要访问、更新几个局部数据库数据的事务。局部事务保证数据一致性相对容易,类似传统的集中数据库。对于全局事务,需要考虑更多可能导致失败的因素,例如网络传输错误、某结点发生故障等,这些都可能造成结果错误。

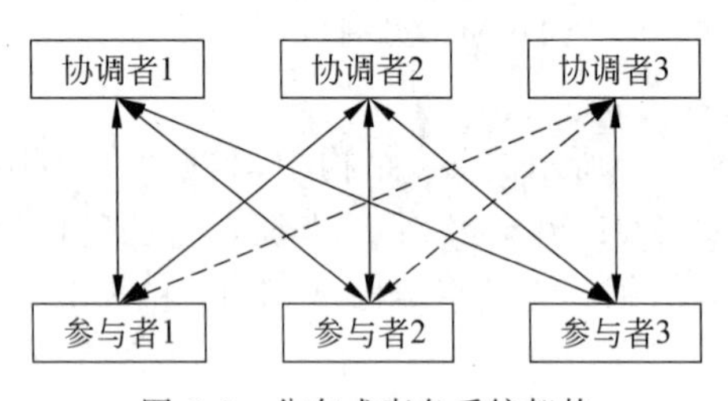

图 8-6　分布式事务系统架构

分布式事务系统架构如图 8-6 所示,每个结点都有各自独立的事务管理器(transaction manager),称为**参与者**,能够保证结点内处理的事务具有 ACID 特性。参与者处理的事务可以是一个完整的局部事务,也可以是全局事务的一部分。而事务**协调者**负责协调结点间处理的不同事务。

参与者主要负责：维护日志,以便系统恢复;参与并发控制机制,协调结点内同时运行的事务。而协调者负责协调结点发起的所有事务：①开启事务的执行；②将事务划分为多个子事务,并将这些子事务分配到合适的结点执行；③协调如何结束事务,这可能会使所有相关结点都提交或放弃该事务。

分布式事务除了有集中式系统中各种故障(如软硬件错误等)外,还要应对分布式环境下特有的故障,如某结点发生错误、消息传递丢失、通信网络故障等。通信网络故障一般可由传输协议进行保障,为了保障事务的原子性,分布式数据库领域设计了不同的提交协议。分布式事务在提交阶段,需要一个原子提交算法,来确保带有写操作的分布式事务的原子性。经典的算法包括两阶段提交,以及两阶段提交的改进算法三阶段提交。

两阶段提交(two-phase commit,2PC)是把事务的提交操作分为两阶段。第一阶段任务是投票发起,称为准备阶段;第二阶段是执行投票结果,称为提交阶段。准备阶段在分布式环境中各个参与的结点上预先达成事务成功提交或进行回滚的一致意见,然后进行提交阶段以实施达成的协议。

三阶段提交(three-phase commit,3PC)协议是对 2PC 的改进,改进之处在于：为协调者和参与者中引入超时机制,并且把 2PC 的第一阶段细分成了两步,如此变成 3PC,包括先询问是否可以提交、然后预提交并记录日志、最后真正提交。

分布式事务提交协议是一种投票表决型协议，核心目标是在系统发生结点或网络故障时，仍然能够保持多数据副本之间的一致性状态。最常用的基本协议是 Paxos 和 Raft。上面的 2PC 和 3PC 都是简化版的投票表决型协议。

4）云服务和云数据库

在传统模式下，企业完成信息化或数据中心建设时需要购置服务器设备并安装运行数据库。显然，企业维护服务器的成本很高，同时要处理可能发生的各种故障，包括机房设施、空调、电源等。此外，需求变化和基础设施之间的配比规划也不灵活。而在云环境下，企业的应用可以在云服务供应商所管理的基础设施上执行。云服务供应商可以是托管许多企业/用户应用的大型计算中心，它们不仅可以提供硬件，还可以提供数据库和应用软件等支撑平台。例如，亚马逊、微软、IBM、谷歌、阿里、腾讯、华为等公司都是云服务供应商。其中亚马逊公司是最初建立了一个内部使用的大型计算基础设施，后来逐渐转变为向其他用户提供计算服务。

（1）云服务。

云计算形成了 3 种常见的服务模式，即软件即服务（software as a service，SaaS）、平台即服务（platform as a service，PaaS）以及基础设施即服务（infrastructure as a service，IaaS）。

① **软件即服务**：提供应用软件加上底层平台。应用软件层作为服务出租，用户不用自己安装应用软件，直接使用即可，这降低了云服务消费者的技术门槛。

② **平台即服务**：提供数据存储、数据库、应用程序服务器及虚拟机（VM），平台软件层作为服务出租，用户自己开发或者安装程序，并运行程序。

③ **基础设施即服务**：为客户端提供了一个虚拟机，基础设施层作为服务出租，用户自己安装操作系统、中间件、数据库系统和应用程序。

在 Saas 模式中，供应商提供应用程序软件作为服务。用户不需要关心软件安装或升级等工作，而是直接使用服务接口，如 Web 接口、前端移动应用程序接口都可以作为后端的软件。

IaaS 模式中的企业需要租用计算设施，而供应商则通常提供虚拟机。多个虚拟机可以在一台服务器上运行。基于大型数据中心，云服务提供商可以使得企业使用基础设施的成本更低。IaaS 的主要优势之一是可伸缩性高。云服务商通常有大量的机器，具有备用容量。企业在需要更多虚拟机时，能够很容易地快速获得，从而具有高可伸缩性或高弹性。当然，由于潜在的安全风险等原因，在高安全需求的企业中，租用虚拟机仍然有限。

在 PaaS 模式中，服务商不仅提供计算基础设施，同时也负责部署和管理用户要使用的平台软件或工具，而用户仅需要安装和维护应用程序软件。例如，用户需要安装的 ERP 系统可以直接使用供应商提供的数据存储、数据库和应用服务器等平台服务。其中，云存储平台提供应用程序可以使用的存储和检索数据服务，它的主要优势之一也是可伸缩性高。

云服务模型如图 8-7 所示。

（2）云数据库。

PaaS 模式中包括一类数据库即服务（database as a service，DaaS），它能够提供给用户

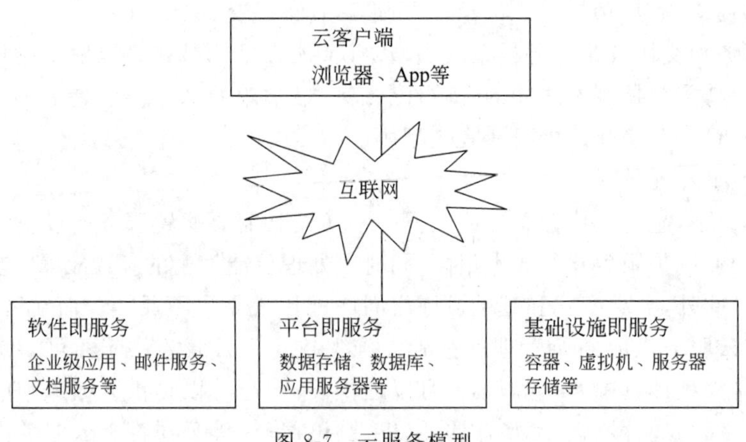

图 8-7　云服务模型

访问数据库的各项功能，包括使用 SQL 或其他语言查询数据库内容。DaaS 可以部署在单点运行，也可以在云平台上并行。当数据库被部署到一个云(或虚拟)计算环境中时，可以称其为**云数据库**。

云数据库可以实现按需付费，具有高可扩展性、高可用性及存储整合等优势。云数据库也可以通过简化可用信息，支持云上的业务应用程序作为 SaaS 部署的一部分。另外，云数据库可以实现存储整合，把企业的多个数据库整合成一个数据库管理系统。

云数据库根据类型一般分为关系数据库和非关系数据库。云数据库的代表有阿里云关系数据库服务(relational database service，RDS)、亚马逊关系数据库服务、MongoDB、亚马逊 DynamoDB 等。

(3) 云服务的利弊。

云服务具有一些显而易见的益处。首先，它节省了企业维护大型系统所需的人力，特别对于新企业，可以避免前期计算机系统的投资。其次，它的高可扩展性保证了能够为企业不断增长的需要提供足够的资源(计算和存储)。最后，供应商的各种丰富资源可以按需分配。

另外，云服务的用户必须愿意其他组织来处理和维护自己的数据。这可能带来安全和法律方面的各种风险责任。例如服务的安全漏洞可能造成数据泄露，使得客户公司面临它自身客户的法律挑战。特别是，境外的云服务可能因为各国国情和法律的不同使得情况更加复杂。

总之，云服务或云数据库的用户必须采用多种技术，确保数据隐私和安全，避免经济和法律出现问题，同时提供足够强大的性能。

2. 内存数据库

内存数据库(in-memory database，IMDB)是系统将内存作为主存储设备的数据库系统，有时也称主存数据库(main-memory database，MMDB)。如图 8-8 所示，内存数据库的数据组织、存储访问模型和查询处理模型都针对内存特性来优化设计，内存数据被处理器直接访问，磁盘作为后备存储设备，不是系统优化设计的重点。

内存数据库消除了磁盘数据库中巨大的 I/O 代价。同时，数据的存储和访问算法以内存访问特性为基础，处理器可以对数据直接访问，在算法和代码效率上远高于磁盘数据库。

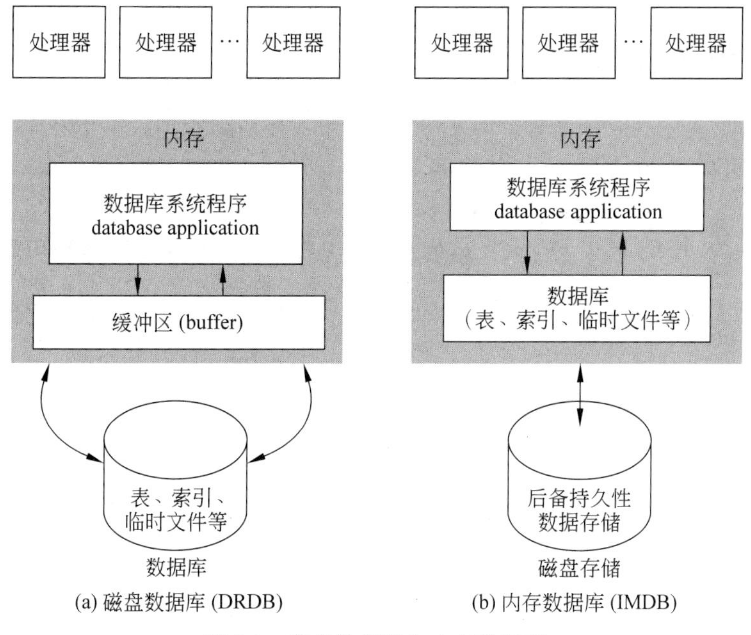

图 8-8　磁盘数据库和内存数据库

在内存数据库中，使用针对内存特性进行优化的 B+树索引、T 树索引和哈希索引、面向高整缓冲存储器(cache)优化的查询处理算法和多种面向连接操作的优化技术，进一步优化了内存数据库的性能。即使与数据全部缓存到内存的磁盘数据库相比，内存数据库的性能仍然超出数倍。

由于内存是易失性存储介质，内存数据库在事务的 ACID 特性上能够满足 ACI 特性，但 D 特性的满足需要特殊的硬件设备、系统设计和实现机制。

- 日志(log)。内存数据库需要在事务提交前将日志写到可靠存储设备上，可靠存储设备的访问性能将影响内存数据库的性能。
- 检查点(checkpoint)。检查点周期性地将内存数据记录到磁盘上，在发生系统故障并进行恢复时能够还原某一时刻的数据，和日志配合来保证数据的一致性。
- 非易失性存储器(non-volatile memory，NVM)日志存储。内存数据库使用一些新的高性能非易失性存储器作为低延迟日志存储设备，提高事务处理性能。例如闪存(flash memory)、相变存储器(phase change random access memory，PCM)、非易失性磁性随机存取存储器(magnetic random access memory，MRAM)、3D XPoint 非易失性内存等。
- 高可用性(high availability)技术。使用双机热备等技术，在发生故障时系统能够自动在数据库副本之间进行切换，实现不间断服务，提高数据库可靠性。

内存数据库一般应用于对实时响应性要求较高的高端应用领域，如电信、金融等领域的核心事务处理。内存数据库既可以作为独立的高性能数据库来处理核心业务，也可以作为磁盘数据库的 cache，加速磁盘数据库中“热”数据集的处理性能。在后一种应用模式中，需要对数据库的模式进行优化，划分出“热”数据集和“冷”数据集，由内存数据库和磁盘数据库来分别处理，在两个数据库之间通过数据迁移技术实现底层数据的融合。

将内存数据库运行在大内存、多级 cache 和多核硬件环境下，可以有效解决计算密集型的联机分析处理(online analytical processing，OLAP)应用的性能瓶颈。这类分析型内存数据库需要重点解决多方面技术的优化问题，涉及存储模型、查询处理模型、轻量压缩、cache、多核并行查询处理、cache 分区等。一般来说，分析型内存数据库多采用列存储和轻量数据压缩技术来提高内存存储效率和访问效率，也能在连接操作中优化内存带宽和 cache 性能。

随着内存集成度的提高、内存容量的增大和内存成本的降低，高性能内存 OLTP 和高性能内存联机分析处理将成为实现实时数据处理的关键技术。一个发展趋势是将内存 OLTP 和内存 OLAP 融合在一个统一的内存数据库框架内，为用户提供统一的事务处理与分析处理平台。

另外，通用图形处理器(general purpose graphic，processing unit，GPGPU)以其强大的并行计算性能成为高性能计算的新平台，近年来，图形处理器(graphics processing unit，GPU)数据库也成为新兴的高性能数据库。现阶段的 GPU 数据库通常将 GPU 作为数据库的加速引擎，对一些计算密集型操作提供计算加速。随着 GPU 内存的容量和带宽性能不断增长，GPU 数据库将可以提供更高的查询处理性能，在高实时性分析处理领域发挥越来越大的作用。

1) 内存数据库实现方案

针对不同的应用目标，内存数据库有不同的实现方案，这里简要介绍 3 种代表性方案：混合的内存加速引擎、独立的内存数据库系统和 GPU 数据库。

(1) 混合的内存加速引擎。

混合的内存加速引擎是在传统数据库的磁盘处理引擎基础上通过集成内存数据处理引擎技术提升数据库的实时处理能力。当前最新发展趋势是混合双/多引擎结构数据库。

Oracle 推出了支持两个存储格式的内存数据库产品 Oracle Database In-Memory(见图 8-9 所示(a))，行存储结构用于加速内存 OLTP 负载，列存储结构用于加速内存 OLAP 负载。列存储引擎是完全内存列存储结构，应用 SIMD(single instruction multiple data)、向量化处理、数据压缩、存储索引等内存优化技术，并可以扩展到 RAC 集群提供横向扩展能力和高可用性。

IBM BLU Acceleration(见图 8-9(b))是面向商业智能查询负载的加速引擎，它采用内存列存储、改进的数据压缩、面向硬件特性的并行查询优化等技术来加速分析处理性能。BLU Acceleration 与 DB2 构成双引擎，数据库引擎采用磁盘行存储结构，提供事务处理能力；BLU Acceleration 引擎采用列存储，提供高性能分析处理能力。

SQL Server 在传统磁盘行存储引擎的基础上增加内存行存储引擎 Hekaton 以加速事务处理性能，还增加了列存储索引来加速分析处理性能(见图 8-9(c))。列存储索引可以用于内存基本表，支持 B+树索引及数据同步更新，通过 SIMD 优化及批量处理技术提高查询性能。SQL Server 2019 CTP 2.1 支持基于 Intel OPTANE DC PMEM 非易失性内存的混合式缓冲池技术，通过直接访问非易失性内存中的数据来消除数据从磁盘向动态随机存储器(dynamic random access memory，DRAM)缓冲区加载的代价。

随着大内存、多核处理器逐渐成为主流的计算平台，传统的关系数据库系统正从磁盘数

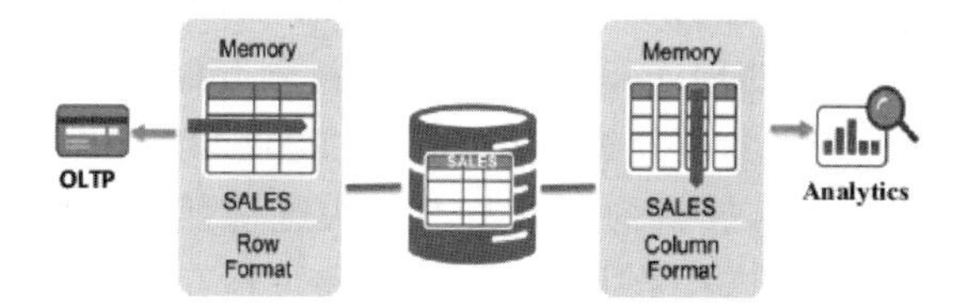

(a) Oracle Database In-Memory

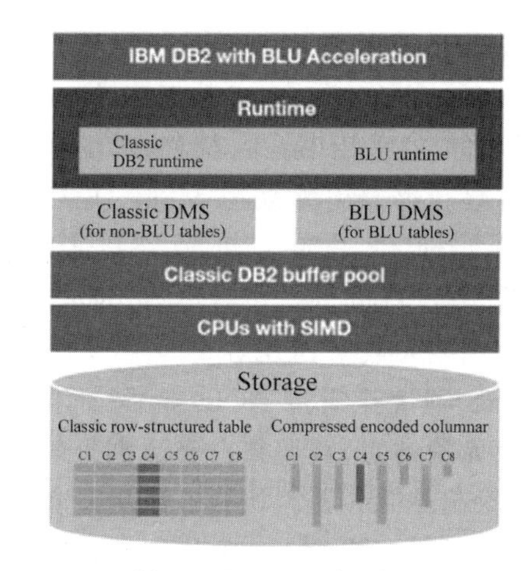

(b) IBM BLU Acceleration

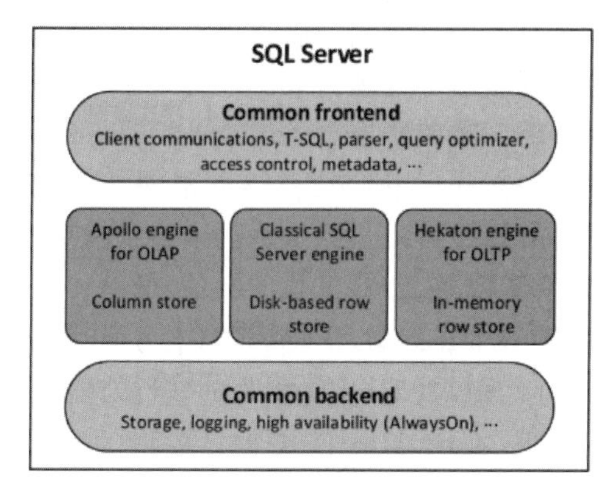

(c) SQL Server Hekaton/NVM

图 8-9　几种典型混合引擎结构数据库

据库到内存数据库的升级，而内存计算的高性能进一步提高了实时分析处理能力，推动了OLTP 与 OLAP 的融合技术，提高分析处理的数据实时性。

（2）独立的内存数据库系统。

独立的内存数据库系统是专门针对大内存平台而全新设计的内存数据库系统，代表系统有 SAP HANA、Vector（Vectorwise）、VoltDB 等。

SAP HANA 是一个集 OLTP 与 OLAP 负载于一体的高性能内存数据库系统，列存储引擎通过面向多核处理器、SIMD 指令、cache、数据压缩和大内存的优化技术来最大化数据库内核的并行处理能力，事务处理引擎采用适合事务处理的存储结构，数据库支持在操作数据上同时执行事务处理与分析处理任务。HANA 通过列存储数据压缩技术提高内存利用率，事务处理数据则采用简单的数据压缩方式，通过主存储和 delta 列存储两种存储模型分别优化 OLTP 与 OLAP 负载。最新的研究将非易失性随机存储器(non-volatile random access memory，NVRAM)作为内存数据库的新型非易失性存储，利用 NVRAM 大容量、低成本、接近内存访问性能的特点进一步提高内存数据库的性价比，以及内存数据库在重启动时的数据加载性能。

Vector(Vectorwise)是荷兰 CWI 研究院在 MonetDB/X100 的基础上于 2008 年推出的商业化内存分析型数据库产品，它结合了 Ingres 数据库，由 Action 公司在 2010 年推出了 Vectorwise 1.0 版本。数据库的顶层采用 Ingres 架构，提供数据库管理、连接、查询解析和代价优化等功能，查询执行引擎和存储引擎采用 MonetDB/X100 的模块，以列存储、CPU 高效的轻量数据压缩、向量处理、多核并行处理等技术提高了 Vectorwise 的性能。Vectorwise 1.0 分析数据库集成了 Hadoop，由 Hadoop MapReduce 提供海量数据处理能力，同时由 Vectorwise 提供高性能大数据 SQL 引擎。

VoltDB 是一个基于 SN 架构、完全支持 ACID 特性的内存数据库。VoltDB 使用水平扩展技术增加 SN 集群中数据库的结点数量，数据和数据上的处理相结合，分布在 CPU 核上作为虚拟结点，每个单线程分区作为一个自治的查询处理单元，消除并发控制代价，分区透明地在多个结点中分布，结点故障时自动由复制结点接替其处理任务。VoltDB 采用快照技术实现持久性，快照是存在磁盘上的某个时间点的完整的数据库副本。VoltDB 将事务处理转化为存储过程调用，查询则分配到结点控制器串行执行，通过 CPU 核分区机制来最大化并行事务处理能力，满足高通量事务处理需求。

(3) GPU 数据库。

GPU 数据库是在数据库中充分利用 GPU 技术的快速发展成果来提升数据库性能，既可以加速传统的磁盘数据库系统，也可以作为全新的内存加速引擎，通过 GPU 的高并发线程提供强大的并行数据访问和计算能力。

PG-Strom 是磁盘数据库 PostgreSQL 的 GPU 加速引擎，它通过 GPU 代码生成器为 SQL 查询创建 GPU 上的执行代码，通过 GPU 强大的并行处理能力加速查询处理。最新版本支持将查询中的 SCAN、JOIN、GROUP BY 等操作运行在 GPU 端，还支持 SSD-to-GPU 模式的 GPU 直接存储访问技术。

OmniSci (MapD)是一个基于 GPU 和 CPU 混合架构的内存数据库，它分为内存数据库模式的 CPU 版本与加速模式的 GPU 版本。OmniSci 将用户查询编译为 CPU 和 GPU 上执行的机器码以提高查询性能，通过向量化查询执行和 GPU 代码优化技术进一步提高查询执行性能。在执行查询时，CPU 负责查询解析，与 GPU 计算并行执行。OmniSci 将存储与计算划分为三层：GPU 内存作为热数据计算层，通过 GPU 的高并行计算能力和 GPU 内存的高带宽性能提供高性能查询处理能力；较大的 CPU 内存作为暖数据计算层，提供暖数据存储及 CPU 多核并行处理能力；固态盘(solid state disk，SSD)等非易失性存储作为冷数据层，提供大容量的数据存储能力。OmniSci 通过将热数据集放在高达 512GB 的 GPU 内存中进行计算来降低 PCIe 通道上巨大的数据传输代价。

传统数据库的基础硬件正在发生变化，非易失性内存正成为大容量、低成本、高性能的新内存，需要改变传统数据库面向易失性内存而设计的日志、缓存、恢复等机制；面向 GPU 架构及 CPU-GPU 异构计算平台的数据库也成为一个新的技术发展趋势。

2）内存数据库与传统数据库的对比

多数传统数据库是关系数据库，开发这种数据库的目的是处理永久、稳定的数据。关系数据库强调维护数据的完整性、一致性，但很难顾及特定数据及其处理的定时限制，难以满足工业生产管理实时应用的需要，因为实时事务要求系统能较准确地预报事务的运行时间。

对于磁盘数据库，由于磁盘存取、内外存的数据传递、缓冲区管理、排队等待及锁的延迟等使得事务实际平均执行时间与估算的最坏情况执行时间相差很大。如果将整个数据库或其主要的“工作”部分放入内存，使每个事务在执行过程中没有 I/O，则为系统较准确地估算和安排事务的运行时间，使之具有较好的动态可预报性提供了有力的支持，同时也为实现事务的定时限制打下了基础。这就是内存数据库出现的主要原因。

内存数据库所处理的数据通常是短暂的，即有一定的有效时间，过时则有新的数据产生，而当前的决策推导变成无效。所以，实际应用中采用内存数据库来处理实时性强的业务逻辑处理数据。而传统数据库旨在处理永久、稳定的数据，其性能目标是高的系统吞吐量和低的代价，处理数据的实时性就要考虑得相对少一些。实际应用中利用传统数据库这一特性存放相对实时性要求不高的数据。

在实际应用中这两种数据库常常结合使用，而不是以内存数据库替代传统数据库。内存数据库分为全内存计算和热内存计算。全内存计算，即数据需要全部装载到内存中进行计算，对硬件要求高，如 QlikView 等产品；热内存计算，部分数据加载到内存中即可以进行计算，硬盘和内存会有数据交换来计算未加载的数据，如 Yonghong Z-Suite。

总之，大容量内存、非易失性内存、闪存、多核 CPU、众核处理器、高性能网络传输等硬件技术的发展为内存数据库提供了良好的平台。虽然内存价格相对于传统的磁盘仍然很高，但内存数据库的软件结构相对简单，代码执行效率更高，不需要复杂的索引、物化视图等传统的数据库调优技术，具有更好的性价比。当前服务器已经能够支持太字节（TB）级内存，在数据压缩技术的支持下，内存数据库平台能够支持数倍甚至数十倍于物理内存的大数据处理任务，成为大数据应用的有效解决方案。随着新硬件技术的不断发展，内存数据库技术必将不断发展和改进。

8.3.3 小结

数据库技术和其他计算机技术的结合，大大丰富并提高了数据库的功能、性能和应用领域，发展了数据库的概念和技术。

数据库技术和其他技术相结合产生了众多新型的数据库系统，它们是新一代数据库大家族的重要成员。应该指出，它们之间并不是孤立的概念和系统。例如，分布数据库系统强调了分布式的数据库结构和分布式处理功能，而它们支持的数据模型可以是关系模型、扩展关系模型、OO 模型或者某一特定数据模型。

各种新技术与数据库相结合，必然对二者都产生重要的影响并相互促进，同时将能够更好地满足各类应用需求。

8.4 数据仓库与数据分析

传统的数据库技术是以单一的数据资源为中心,同时进行各种类型的处理,从事务处理到批处理到决策分析。随着分析型业务的大规模增长,人们逐渐将计算机系统中存在的处理分为两类:操作型处理和分析型处理。操作型处理就是通常所说的事务处理,是指对数据库联机的日常操作,通常是对一个或一组记录的查询和修改,主要是为企业的特定应用服务的,人们关心的是响应时间、数据的安全性和完整性。分析型处理主要用于管理人员的决策分析。例如,决策支持系统(decission support system,DSS)和多维分析(multidimentsional analysis,MDA)等,经常要访问大量的历史数据。二者的巨大差异使得操作型处理和分析型处理需要在原有的操作型环境上发展为一种由操作型环境和分析型环境(数据仓库级、部门级、个人级)构成的新的体系化环境。

数据仓库是体系化环境的核心,它是支持 OLAP 建立 DSS 和 MDA 的基础。

8.4.1 从数据库到数据仓库

数据库系统作为数据管理手段,主要用于事务处理,在这些数据库中已经保存了大量的日常业务数据。传统的 DSS 一般直接建立在这种事务处理环境上。数据库技术一直力图使自己能胜任从事务处理、批处理到分析处理的各种类型的信息处理任务。尽管数据库在事务处理方面的应用获得了巨大的成功,但它对分析处理的支持并不能令人满意,尤其是当以事务处理为主的 OLTP 应用与以分析处理为主的 DSS 应用共存于同一数据库系统时,会发生明显冲突。人们逐渐认识到事务处理和分析处理具有极不相同的性质,直接使用事务处理环境来支持 DSS 是行不通的。

经分析总结,具体原因如下。

1. 事务处理和分析处理的性能特性不同

在事务处理环境中,用户的行为特点是数据的存取操作频率高而每次操作处理的时间短,因此,系统可以允许多个用户按分时方式使用系统资源,同时保持较短的响应时间,OLTP 是这种环境下的典型应用。

在分析处理环境中,用户的行为模式与此完全不同,某个 DSS 应用程序可能需要连续运行几小时,从而消耗大量的系统资源。

将具有如此不同处理性能的两种应用放在同一个环境中运行显然是不适当的。

2. 数据集成问题

DSS 需要集成的数据。全面而正确的数据是有效分析和决策的首要前提,相关数据收集得越完整,得到的结果就越可靠。因此,DSS 不仅需要整个企业内部各部门的相关数据,还需要企业外部、竞争对手等处的相关数据。

而事务处理的目的在于使业务处理自动化,一般只需要与本部门业务有关的当前数据,对整个企业范围内的集成应用考虑很少。当前绝大部分企业内数据的真正状况是分散而非集成的,尽管每个单独的事务处理应用可能是高效的,能产生丰富的细节数据,但这些数据却不能成为一个统一的整体。对于需要集成数据的DSS应用,必须自己在应用程序中对这些纷杂的数据进行集成。而数据集成是一项十分繁杂的工作,都交给应用程序完成会大大增加程序员的负担。并且,如果每做一次分析,都要进行一次这样的集成,将导致极低的处理效率。DSS对数据集成的迫切需要可能是数据仓库技术出现的最重要动因。

3. 数据动态集成问题

由于每次分析都进行数据集成的开销太大,一些应用仅在开始时对所需的数据进行了集成,以后就一直以这部分集成的数据作为分析的基础,不再与数据源发生联系,这种方式的集成被称为静态集成。静态集成的最大缺点在于如果在数据集成后数据源中数据发生了改变,这些变化将不能反映给决策者,导致决策者使用的是过时的数据。对于决策者,虽然并不要求随时准确地探知系统内的任何数据变化,但也不希望他所分析的是几个月以前的情况。因此,集成数据必须以一定的周期(例如24h)进行刷新,这种方式的集成被称为动态集成。显然,事务处理系统不具备动态集成的能力。

4. 历史数据问题

事务处理一般只需要当前数据,在数据库中一般也只存储短期数据,且不同数据的保存期限也不一样,即使有一些历史数据保存下来了,也被束之高阁,未得到充分利用。但对于决策分析,历史数据是相当重要的,许多分析方法必须以大量的历史数据为依托。没有对历史数据的详细分析,是难以把握企业的发展趋势的。

5. 数据的综合问题

在事务处理系统中积累了大量的细节数据,一般而言,DSS并不对这些细节数据进行分析,这主要有两个原因:一是细节数据量太多,会严重影响分析的效率;二是太多的细节数据不利于分析人员将注意力集中于有用的信息上。因此,在分析前往往需要对细节数据进行不同程度的综合。而事务处理系统不具备这种综合能力,根据规范化理论,这种综合还往往因为是一种数据冗余而加以限制。

以上这些问题表明在事务型环境中直接构建分析型应用是一种失败的尝试。数据仓库本质上是对这些存在问题的回答。但是数据仓库的主要驱动力并不是要去掉过去的缺点,而是市场商业经营行为的改变,市场竞争要求捕获和分析事务级的业务数据。建立在事务处理环境上的分析系统无法达到这一要求。要提高分析、决策的效率和有效性,分析型处理及其数据必须与操作型处理及其数据相分离。必须把分析数据从事务处理环境中提取出来,按照DSS处理的需要进行重新组织,建立单独的分析处理环境,数据仓库正是为此而出现的一种技术。

8.4.2 数据仓库的基本特征

数据仓库(data warehouse,DW)概念的创始人W.H.Inmon在*Building the Date Warehouse*一书中列出了原始数据(操作型数据)与导出型数据(DSS数据)之间的区别,如表8-1所示。

表 8-1 原始数据与导出型数据之间的区别

原始数据(操作型数据)	导出型数据(DSS 数据)
• 细节的	• 综合的或提炼的
• 在存取瞬间是准确的	• 代表过去的数据
• 可更新	• 不更新
• 操作需求事先可知道	• 操作需求事先不知道
• 生命周期符合 SDLC	• 完全不同的生命周期
• 对性能要求高	• 对性能要求宽松
• 事务驱动	• 分析驱动
• 面向应用	• 面向分析
• 一次操作数据量少	• 一次操作数据量多
• 支持日常操作	• 支持管理需求

W.H.Inmon 还给数据仓库做出了如下定义：数据仓库是面向主题的、集成的、稳定的、不同时间的数据集合，用以支持经营管理中的决策制定过程。面向主题、集成、稳定和随时间变化是数据仓库 4 个最主要的特征。

1. 数据仓库是面向主题的

数据仓库面向主题是与传统数据库面向应用相对应的。主题是一个在较高层次将数据归类的标准，每个主题基本对应一个宏观的分析领域。例如，一个保险公司的数据仓库所组织的主题可能为客户、政策、保险金、索赔，而按应用来组织则可能分为汽车保险、生命保险、健康保险、伤亡保险。我们可以看出，基于主题的数据组织被划分为各自独立的领域，每个领域有自己的逻辑内涵而不相互交叉；而基于应用的数据组织则完全不同，它的数据只是为处理具体应用而组织在一起的。应用是客观世界既定的，它对于数据内容的划分未必适用分析需求。主题在数据仓库中是由一系列表实现的。也就是说，依然是基于关系数据库的。虽然许多人可能认为多维数据库更适用建立数据仓库，它以多维数组形式存储数据，但“大多数多维数据库在数据量超过 10GB 时效率不佳”。

一个主题之下可能是由于对数据的综合程度不同(图 8-10 展示了多种综合粒度)，也可能是由于数据所属时间段不同而进行表的划分。但无论如何，基于一个主题的所有表都含有一个公共码键的属性作为其主码的一部分。公共码键将各个表统一联系起来。

同时，由于数据仓库中的数据都是同某一时刻联系在一起的，所以每个表除了其公共码键外，还必然包括时间成分作为其码键的一部分。

有一点需要说明的是，同一主题的表未必存在同样的介质中，根据数据被关心的程度不同，不同的表分别存储在磁盘、磁带、光盘等不同介质中。一般而言，年代久远的、细节的或查询概率低的数据存储在廉价、慢速设备(如磁带)上，而近期的、综合的或查询概率高的数据则可以保存在磁盘等介质上。

2. 数据仓库是集成的

操作型数据与适合 DSS 分析的数据之间差别甚大。因此数据在进入数据仓库之前，必然要经过加工与集成。这一步要统一原始数据中所有矛盾之处，如字段的同名异义、异名同

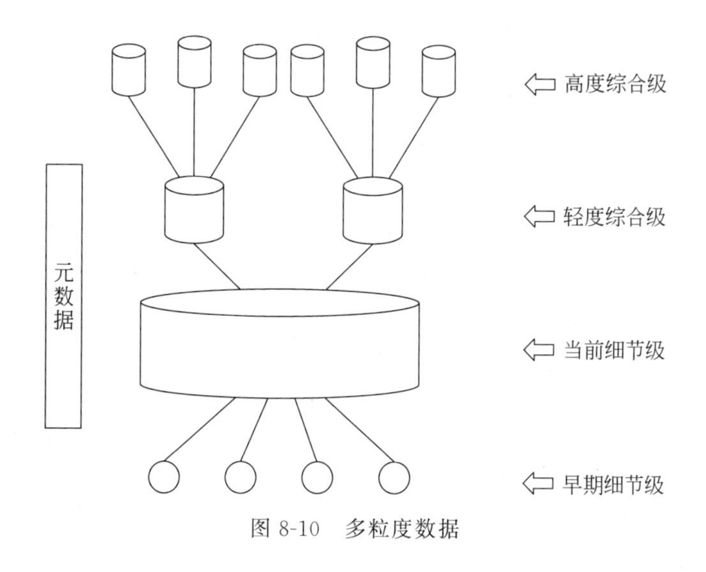

图 8-10　多粒度数据

义、单位不统一、字长不一致等。并且将原始数据结构做一个从面向应用到面向主题的大转变。

3. 数据仓库是稳定的

数据仓库反映的是历史数据的内容，而不是处理联机数据。因而，数据经集成进入数据库后是极少或根本不更新的。

4. 数据仓库是随时间变化的

数据仓库是随时间变化的包括 3 个含义：首先，数据仓库内的数据时限要远远长于操作环境中的数据时限。前者一般在 5～10 年，而后者只有 60～90 天。数据仓库保存数据时限较长是为了适应 DSS 进行趋势分析的要求。其次，操作环境包含当前数据，即在存取一刹那是正确且有效的数据。而数据仓库中的数据都是历史数据。最后，数据仓库数据的码键都包含时间项，从而标明该数据的历史时期。

8.4.3　分析工具

有了数据就如同有了矿藏，而要从大量数据中获得决策所需的数据就如同开采矿藏一样，必须要有丰富而有效的数据分析工具，它们是数据仓库系统的重要组成部分。仅拥有数据仓库，而没有高效的数据分析工具，就只能望“矿”兴叹。

20 世纪 80 年代，一些流行的数据库开发工具有效地帮助了应用开发人员快速建立数据库应用系统，使数据库获得了广泛的应用，有效地支持了 OLTP 应用。人们认识到工具同样重要。

1. OLAP 技术及工具

OLAP 应用是完全不同于 OLTP 的一类应用。人们十分清醒地认识到仅有数据仓库是不够的，OLAP 工具更加重要。OLAP 产品具有灵活的分析功能，直观的数据操作和可视化的分析结果表示等突出优点，从而使用户对基于大量数据的复杂分析变得轻松而高效。

在 OLAP 中，特别应指出的是多维数据视图的概念和多维数据库（multidimensional database，MDB）的实现。维是人们观察现实世界的角度，决策分析需要从不同的角度观察分析数据，以多维数据为核心的多维数据分析是决策的主要内容。早期的分析方法和数据结构是紧密捆绑在一个应用程序当中的，对数据施加不同的分析方法就十分困难了。多维数据库则是以多维方式来组织数据。这一技术的发展使决策分析中数据结构和分析方法相分离，有利于研制出通用而灵活的分析工具，才使分析工具的产品化成为可能。

OLAP 工具可分为两大类：一类是基于多维数据库的；另一类是基于关系数据库的。二者相同之处是基本数据源仍是数据库和数据仓库，是基于关系模型的，向用户呈现的也都是多维数据视图。二者不同之处是前者把分析所需的数据从数据仓库中抽取出来物理地组织成多维数据库；后者则利用关系表来模拟多维数据，并不物理地生成多维数据库。

2. 数据挖掘技术及工具

数据挖掘（data mining，DM）是从大型数据库或数据仓库中发现并提取隐藏在内的信息的一种新技术。其目的是帮助决策者寻找数据间潜在的关联，发现被忽略的要素，它们对预测趋势、决策行为也许是十分有用的信息。

数据挖掘技术涉及数据库技术、人工智能技术、机器学习（machine learning，ML）、统计分析、可视化、并行计算等多种技术，是一门广义的交叉学科。传统的 DSS 通常是在某个假设的前提下通过数据查询和分析来验证或否定这个假设。而数据挖掘技术则能够自动分析数据，进行归纳性推理，从中发掘出潜在的模式；或产生联想，建立新的业务模型帮助决策者调整市场策略，找到正确的决策。

数据挖掘技术专注数据分析和知识发现，经学术界和产业界多年的研究和共同努力，已形成了大量的分析产品，在如今的大数据时代形成一个独立的领域。

8.4.4 基于数据库技术的数据仓库系统

为了充分满足用户需求，人们给出了基于数据库技术的 DSS 的解决方案——数据仓库系统（data warehousing system，DWS），即 DWS＝DW＋OLAP＋DM 方案，如图 8-11 所示。

数据仓库、OLAP 和数据挖掘是作为 3 种独立的信息处理技术出现的。数据仓库用于数据的存储和组织，OLAP 集中于数据的分析，数据挖掘则致力于知识的自动发现。它们都可以分别应用到信息系统的设计和实现中，以提高相应部分的处理能力。但是，由于这 3 种技术内在的联系性和互补性，将它们结合起来即是一种新的 DSS 构架。这一构架以数据库中的大量数据为基础，系统由数据驱动。其特点如下。

(1) 在底层的数据库中保存了大量的事务级细节数据。这些数据是整个 DSS 的数据来源。

(2) 数据仓库对底层数据库中的事务级数据进行集成、转换、综合，重新组织成面向全局的数据视图，为分析提供数据存储和组织的基础。

(3) OLAP 从数据仓库中的集成数据出发，构建面向分析的多维数据模型，再使用多维分析方法从多个不同的视角对多维数据进行分析、比较，分析活动从以前的方法驱动转向了数据驱动，分析方法和数据结构实现了分离。

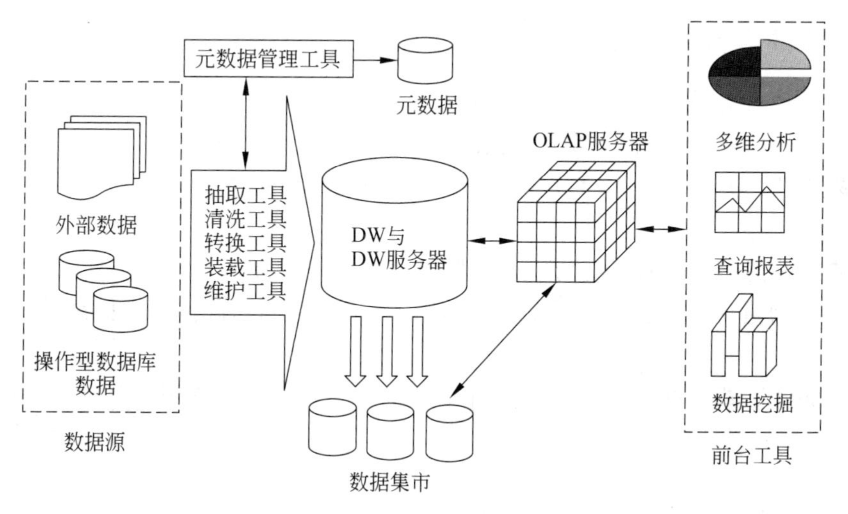

图 8-11 数据仓库系统示例

(4) 数据挖掘以数据仓库和多维数据库中的大量数据为基础，自动地发现数据中的潜在模式，并以这些模式为基础自动地进行预测。数据挖掘表明知识就隐藏在日常积累下来的大量数据中，仅靠复杂的算法和推理并不能发现知识，数据才是知识的真正源泉。数据挖掘为人工智能技术指出了一条新的发展道路。

从 DSS 的这一解决方案中，也可以清晰地看出数据库、数据仓库和分析工具之间的关系。就像采矿使用工具从矿石中提炼金属那样，数据分析就是利用各种分析工具从数据库和数据仓库中搜集和维护的海量结构、半结构以及非结构化的数据中，提取隐含的、未知的而又有潜在使用价值的信息和知识以及凝练的过程。数据分析的结果通常可以从不同角度得到展示，用于决策支持与系统管理。随着时间和数据的变化以及应用的反馈，数据库和数据仓库的内容不断演化，知识也随之变化，特定的数据挖掘应用会形成一个循环往复的迭代过程。

迄今为止，数据挖掘成功在商业和工业领域应用，在其他领域的应用中也有很好的表现。例如，影响产品质量的关键因素分析、金融风险评估、保险产品适用人群发现，以及司法案例分析等。它也用在数据清洗、软件测试、系统安全漏洞分析等。

8.5 开源数据库

开源数据库是数据库技术的主流发展趋势之一，它不仅仅是个人兴趣的简单分享，典型的开源数据库会从一个开源项目逐步发展形成自己的一个社区[①]，包括开发者、使用者、维护者等各类参与人。本章将开源数据库根据系统特点和使用场景分为 SQL/RDBMS、NoSQL/NewSQL 数据库、嵌入式数据库(embedded database)等不同类别。

① 开源社区又称开放源代码社区，是根据相应的开源软件许可证协议发布软件源代码的网络平台，同时也是全体用户自由学习和交流的空间。由于开放源码软件允许世界范围内的用户开发和使用，开源社区就成为人们沟通和交流的途径，它对推动开源软件发展、建立软件生态环境起着巨大的作用。

8.5.1 开源数据库的特色

开源数据库具有很多特色，从开源软件(open source software)的角度来讲，源代码开放具有许多优点、缺点以及注意事项。下面首先介绍它的优点。

(1) **成本低**。开源数据库都是免费的，不需要购买，可能只需要一些上网费或网络流量。

(2) **安全性高**。数据库系统的安全问题至关重要。例如对于后门问题，开源数据库的高级用户可以通过深入分析源代码来发现和修补可能存在的后门，自主提高或增强系统的安全性。

(3) **可测试性高**。对于黑盒系统，它的某些特性参数的测试受限于执行码，不能进行修改。而开源数据库是白盒系统，容易对某个或某些特性测试。例如，测试数据缓冲块尺寸BufSize对性能的影响，就可以从4KB调整到$n\times 4$KB来进行性能对比。

(4) **升级周期短**。开源数据库系统升级周期通常不受到商业利益的驱动，版本升级周期可以根据系统技术开发进度和成熟度来控制。开发组一般采用“周期短＋新技术”的方式。

开源数据库也存在一些不足。

(1) 门槛较高。用户对代码的理解要求更高。

(2) 产品化程度差异可能很大，有些开源数据库的产品形态还不够完整。

(3) 不同开发组的侧重各有不同，需求更多样化，如有的希望作为实验室研究，有的则可能需要用于自己的产品系统中。

开源数据库还有一些特点或注意事项。

(1) 获得系统的多方式选择。可以选择从源代码生成，也可能直接下载，使用执行码。

(2) 开放式团队特点。开源数据库通过开放式团队来维护，某种意义上可以算作优点，但受到人员流动的影响比较大，如突然很多人或核心人员退出开发组，队伍存在不稳定的风险。

(3) 在使用中还会遇到定制问题，也称客户化(customization)。用户获得开源系统的源代码之后，可以根据需要开发或改造出自己想要的系统功能。例如，可以借鉴原系统框架来增加更多的内置函数，或者基于GIST索引框架增加所需的其他索引。在定制中需要平衡好两个问题：①参考标准。通常可以参考SQL标准，针对标准来定制所需的系统或功能。②需求要明确。首先要进行认真、充分的需求分析，其次设计系统的关键指标，最后选择合适的开源数据库。

8.5.2 三类开源数据库

目前的开源数据库很多，而且还在不断涌现新的系统，限于篇幅这里仅列出具有代表性的系统。本书将开源数据库分为三大类，即SQL/RDBMS、NoSQL/NewSQL和嵌入式。下面简单介绍各类中的若干开源数据库，供读者分析选择。

1. 开源SQL/RDBMS

SQL/RDBMS是传统的关系数据库，这类数据库历史相对悠久，主要采用关系模式组织数据。代表系统有 PostgreSQL、MySQL 与 MariaDB、Firebird 和 Ingres III 等。

PostgreSQL 是最早的开源数据库之一，来自 UC Berkeley，是 Postgres 的变换版本。1994，Andrew Yu 和 Jolly Chen 增加了 SQL 解释器，支持标准 SQL 命令，并于 1995 年发布了 Postgres95，改名为 PostgreSQL，它也有企业级版本 EnterpriseDB。Postgres 项目的发起人是 UCB 的 Michael Stonebraker 教授，他 2015 年获得图灵奖。

MySQL 与 MariaDB 应用很广泛，特别是 MySQL 的用户群非常大。这两个系统都是 Michael Widenius 主导开发的，其中 Michael Widenius 将开发的 MySQL 的原始版本以 10 亿美元卖给了 Sun，后来虽然再次被 Oracle 收购，但仍然还属于开源系统。MariaDB 可算作 MySQL 的分支，据说是 Michael Widenius 因为担心 Oracle 的管理影响发展进度，单独开发的这个分支。

Firebird 来自 InterBase 数据库，属于 Borland 公司，主要开发设计者是 Ann Harrison。

Ingres III 也出自 UCB Ingres，后被美国 CA 收购了，现在很难找到源代码了。

2. 开源 NoSQL/NewSQL 数据库

NoSQL/NewSQL 数据库是在云计算、大数据等技术背景下催生出来的新一类数据库，数据组织基于键-值对、大表或宽表(bigtable/widetable)、文档或图等方式。下面简要介绍 HBase、MongoDB、CouchDB、Neo4J 四个开源系统。

HBase 是 Apache 公司 Hadoop 项目的子项目。主要参考了 MapReduce 并行处理框架，运行于 Hadoop 环境下，作业调度使用 ZooKeeper。数据组织模式借鉴了大表模式。

文档数据库 MongoDB 是 NoSQL 数据库的代表之一，数据组织采用二进制 JSON (Binary JSON，BSON)的数据模式，存储和访问效率优于 JSON。JSON/BSON 格式基本都是按照 DOM 树来访问数据的。

CouchDB 也是一个文档数据库，它是 Apache 自己孵化的一个开源数据库，能够运行在不可靠的普通硬件集群，提供 REST 接口。开发者是 Damien Katz。

Neo4J 是图数据库。这是 Neo Technology 发布的 Java 开发的系统。数据组织使用图模式，对于多层 JOIN 操作的执行效率优于传统的关系数据库。

3. 开源嵌入式数据库

第三类开源数据库是嵌入式数据库(embedded database)。嵌入式数据库都是小规模的数据库，功能精简、资源占用相对较少、执行效率高。在实际应用中主语言程序和嵌入式数据库一体化运行，一般都是通过调用级接口(call-level interface，CLI)实现主语言应用程序与数据库的交互操作，而不是以客户-服务器模式工作。

SQLLite 是目前比较流行的一个支持 ACID 特性的嵌入式数据库，以 C 语言库函数存在。它是 Dwayne Richard Hipp 主持的一个项目，支持 C/C++、TCL、Java 等语言，能够运行于 Windows、Linux、UNIX 等多种操作系统。

Berkeley DB 是 UC Berkeley 开发的一款嵌入式数据库，后被 Oracle 收购。它支持 XQuery，能够组织 XML 数据，按照访问 XML 数据的规范来访问数据。

此外，还有其他类别的开源数据库，如内存数据库(MonetDB)、流数据库(SparkStreaming)等，限于篇幅有限就不一一介绍了。

无论哪类开源数据库，选用时都要考虑实际需求和技术储备。一般来说，使用开源数据库，特别是如果要对开源数据库进行二次开发，那需要技术人员储备必要的数据库管理系统内核的知识、培养并提高系统开发能力和产品研发素质。

8.6 数据管理技术的发展趋势

进入21世纪以来，数据和应用需求都发生了巨大变化，硬件技术有了飞速发展，尤其是大数据时代的到来，数据库技术，特别是更广义的数据管理技术和数据处理技术都遇到了前所未有的挑战，也迎来了新的发展机遇。

8.6.1 数据管理与应用所面临的巨大变化[①]

多年来人们一直致力于实现数据驱动的决策制定，近五年来大数据正发挥越来越大的助推作用，而各种机器学习和人工智能技术的发展则进一步加快这一进程。深度神经网络(deep neural networks，DNN)、强化学习(reinforcement learning，RL)、BERT模型、TensorFlow和PyTorch编程框架，以及新的FPGA、GPU和专用硬件等都大大降低了编写基于ML的应用程序的难度。另外，数据发现、版本控制、数据清理和数据集成等方面的成果为ML用户提供了更多从数据中获得关键洞察力的可用技术，而查询优化技术可用于推理和训练工作流。因此，数据库社区所面临的一个问题就是如何将传统的SQL查询功能与ML无缝集成，以及如何利用ML来改进数据库平台。

另一个重要发展是数据科学的兴起，它结合了数据清洗、转换、统计分析、数据可视化和机器学习技术等要素，远远超出了传统的统计工具或者传统数据集成时的数据转换所使用的技术。同时，数据库的声明式查询语言可以使没有计算机背景的数据科学领域专家更容易访问数据。显然，这里存在结合的契机。

数据治理受到越来越多的关注。它要求数据所有者遵守数据隐私和与数据传播有关的各种限制与规定。这需要数据溯源和元数据管理技术。数据治理还促进了保密云计算的兴起，其目标是开发云资源的同时保持数据加密。另外，数据伦理和公平使用也是一个社会关注点。该问题影响到整个计算机学科，而数据管理尤其要直接面对这个问题。

云数据系统按需分配资源，为数据存储和应用提供了最大限度的灵活性和弹性。分析领域融合数据湖架构(data lake architecture)，使用弹性计算来服务"按需"分析云存储中的数据。这里的弹性计算可以是大数据系统上的作业，如Apache Spark、传统的SQL数据仓库查询引擎或ML工作流。它在云存储上运行，实现将计算和存储分离。

工业物联网(internet of things，IoT)也得到了快速发展。在制造业、零售业和医疗保健等领域，利用互联网、云数据服务和数据分析基础设施，物联网要求对监控类实时场景能够实现快速接收数据和最小延迟地深入了解问题，系统的有效性还取决于对边缘数据的有效处理，包括数据过滤、采样和聚合。

此外，硬件环境也在发生重大变化。随着DNN等计算密集型工作负载的增加，对

---

① 本节内容主要参考西雅图研究报告(Abadi Daniel，Ailamaki Anastasia，Andersen David，et al. The Seattle Report on Database Research[J]. SIGMOD Record，2019，48(4)：44-53)。

FPGA、GPU 和 ASIC 等新一代硬件技术的需求快速增加。新一代 SSD 和低延迟 NVRAM 的出现，内存层次结构也在继续发展。此外，5G 的应用也在重塑数据平台的工作负载特征。这些现象都表明：在重构下一代数据库引擎的体系结构时需要充分利用硬件环境。

以上简要列举了数据管理和应用所面临的巨大变化。

8.6.2 数据管理技术面临的挑战

随着数据获取手段的自动化、多样化、智能化，数据量越来越巨大，对于海量数据的存储和管理，要求系统具有高度的可扩展性和可伸缩性，以满足数据量不断增长的需要。传统的分布式数据库和并行数据库在可扩展性和可伸缩性方面明显不足。

数据类型越来越多样和异构，从结构化数据扩展到文本、图形图像、音频、视频等多媒体数据，HTML、XML、网页等半结构化非结构化数据，还有流数据、队列数据和程序数据等。这就要求系统具有存储和处理多样异构数据的能力，特别是异构数据之间联系的表示、存储和处理能力，以满足对复杂数据的检索和分析的需要。传统数据库对半结构化、非结构化数据的存储、管理和处理能力十分有限。

数据常常如潮水般涌来，来得特别快。例如，图形图像、视频、音频等视觉和听觉数据由于传感、网络和通信技术的发展使得对它们的获取、传输更加便利，而这类数据的语义蕴含在流数据中，并且存在大量冗余和噪声。许多应用中数据快速流入并要立即处理，数据的快变性、实时性，要求系统必须迅速决定什么样的数据需要保留，什么样的数据可以丢弃，如何在保留数据的同时存储其正确的元数据等，现有技术还远远不能应对。

以上是数据的变化，再来看看应用和需求的发展。

数据处理和应用的领域已经从 OLTP 为代表的事务处理扩展到 OLAP。从对数据仓库中结构化的海量历史数据的多维分析发展到对海量非结构化数据的复杂分析和深度挖掘。并且希望把数据仓库的结构化数据与互联网上的非结构化数据结合起来进行分析挖掘，把历史数据与实时流数据结合起来进行处理。人们已经认识到基于数据进行决策分析具有广阔的前景和巨大价值。但是，数据的海量异构、形式繁杂、高速增长以及价值密度低等问题都阻碍了数据价值的创造。大数据分析已经成为大数据应用中的瓶颈。现有的分析挖掘算法缺乏可扩展性，缺乏对复杂异构数据的高效分析算法，缺乏大规模知识库的支持和应用，缺乏能被非技术领域专家理解的分析结果表达方法。对数据的组织、检索和分析都是基础性的挑战。

计算机硬件技术是数据库系统的基础。当今，计算机硬件体系结构的发展十分迅速，数据处理平台由单处理器平台向多核、大内存、集群、云计算平台转移。处理器已全面进入多核时代，在主频缓慢提高的同时，处理核心的密度不断增加；内存容量变得越来越大，成本却变得越来越低；非易失性内存、闪存等技术日益成熟。因此，必须充分利用新的硬件技术，满足海量数据存储和管理的需求。一方面，要对传统数据库的体系结构包括存储策略、存取方法、查询处理策略、查询算法、事务管理等进行重新设计和开发，要研究和开发面向大数据分析的内存数据库系统。另一方面，针对大数据需求，以集群为特征的云存储成为大型应用的架构，研究与开发新计算平台上的数据管理技术与系统。

8.6.3 数据管理技术的发展与展望

大数据给数据管理、数据处理和数据分析提出了全面挑战。支持海量数据管理的系统应具有高可扩展性(满足数据量增长的需要)、高性能(满足数据读写的实时性和查询处理的高性能)、容错性(保证分布系统的可用性)、可伸缩性(按需分配资源)等。传统的关系数据库在系统的伸缩性、容错性和可扩展性差等方面难以充分满足海量数据的管理需求,NoSQL 技术顺应大数据发展的需要,蓬勃发展。

NoSQL 是指非关系的、分布式的、不保证满足 ACID 特性的一类数据管理系统。NoSQL 技术的特点如下。

(1) 对数据进行划分(partitioning),通过大量结点的并行处理获得高性能,采用的是横向扩展的方式。

(2) 放松对数据的 ACID 特性中的一致性约束,允许数据暂时出现不一致情况,接受最终一致性(eventual consistency)。也就是说,NoSQL 遵循 BASE[①] 原则,这是一种弱一致性(weak consistency)约束框架。

(3) 对各个数据分区进行备份(一般是 3 份),应对结点可能的失败,提高系统可用性等。

NoSQL 技术依据存储模型可分为基于 Key-Value 存储模型、基于 Column Family 存储模型、基于文档模型和基于图模型的 4 类 NoSQL 数据库技术。

分析型 NoSQL 技术的主要代表是 MapReduce 技术。MapReduce 技术框架包含 3 方面的内容,即高度容错的分布式文件系统、并行编程模型、并行执行引擎。

MapReduce 并行编程模型,其计算过程分解为两个主要阶段,即 Map 阶段和 Reduce 阶段。Map 函数处理 Key-Value 对,产生一系列的中间 Key-Value 对,Reduce 函数合并所有具有相同 Key 值的中间 Key-Value 对,计算最终结果。用户只需编写 Map 函数和 Reduce 函数,MapReduce 框架在大规模集群上自动调度和执行编写好的程序,扩展性、容错性等问题由系统解决,用户不必关心。

自 2004 年 Google 公司首次发布 MapReduce 以来该技术得到业界的强烈关注,一批新公司围绕 MapReduce 技术创建,提供大数据处理、分析和可视化的创新技术和解决方案;在并行计算研究领域迎来了第一波研究热潮(2006—2009 年);数据库研究领域紧随其后(2010—2012 年),掀起了另一波研究热潮。

传统数据库厂家,包括曾经反对 NoSQL/MapReduce 技术的一些厂家(如 Oracle、VoltDB、Microsoft 等),纷纷发布大数据技术和产品战略。各公司和研究机构都投入力量,基于 MapReduce 框架展开了研究。例如,研发应用编程接口——SQL 接口,以及统计分析、数据挖掘、机器学习编程接口等,以帮助开发人员方便地使用 MapReduce 平台进行算法编写。

传统关系数据库系统提供了高度的一致性、精确性、系统可恢复性等关键特性,仍然是

---

① BASE 即基本可用(basically available)、软状态(soft state)和最终一致性(eventually consistent)的缩写。基本可用是指可以容忍数据短期不可用,并不强调全天候服务;软状态是指状态可以有一段时间不同步,存在异步的情况;最终一致性是指最终数据一致,而不是严格的一致。

事务处理系统的核心引擎，无可替代。同时，数据库工作者努力研究保持 ACID 特性的同时具有 NoSQL 扩展性的 NewSQL 技术。针对大内存和多核多 CPU 的新型硬件，研发面向实时计算和大数据分析的内存数据库系统。通过对列存储技术、数据压缩、多核并行算法、并发控制、查询处理和恢复技术等优化，提供比传统 RDBMS 快几十倍的性能。

理论界和工业界继续发展已有的技术和平台，同时不断地借鉴其他研究和技术的创新思想，改进自身，或提出兼具若干技术优点的混合技术架构。例如，Aster Data（已被 Teradata 收购）和 Greenplum（已被 EMC 收购）两家公司利用 MapReduce 技术对 PostgreSQL 数据库进行改造，使之可以运行在大规模集群上（MPP/Shared Nothing）。总之，RDBMS 在向 MapReduce 技术学习。

MapReduce 领域对 RDBMS 技术的借鉴是全方位的，包括存储、索引、查询优化、连接算法、应用接口、算法实现等各方面。例如，RCFile 系统在 HDFS 的存储框架下，保留了 MapReduce 的扩展性和容错性，赋予 HDFS 数据块类似 PAX 的存储结构，通过借鉴 RDBMS 技术，提高了 Hadoop 系统的分析处理性能，这是从 MapReduce 阵营借鉴 RDBMS 的技术和思想在 Hadoop 平台上实现列存储。

人类已经进入大数据时代，各类技术的互相借鉴、融合和发展是未来数据管理领域的发展趋势。通过更好地分析可利用的大规模数据，将使许多学科取得更快的进步，使许多企业提高盈利能力并取得成功。然而，所面临的挑战不但包括关于扩展性这样明显的问题，而且也包括异构性、缺少结构、错误处理、隐私、及时性、数据溯源以及可视化等问题。这些技术挑战同时横跨许多个应用领域，因此仅在一个领域范围内解决这些技术挑战性是不够的。

总之，数据库系统已经发展成为一个大家族，本章以数据模型、计算机新技术、应用领域为三条主线，概要地回顾了数据库技术发展的几个阶段，阐述了数据库技术的发展及其相互关系，达到纲举目张的目的。

推动数据库技术前进的原动力是应用需求和硬件平台的发展。正是这些应用需求的提出以及各种新硬件和网络技术的快速发展，大大推动了文档、图、一体机、内存等各种数据库技术的产生和发展。而新一代数据库技术也首先在这些特种数据库中发挥了作用，得到了应用。

从这些特种数据库系统的实现情况来分析，可以发现它们虽然采用不同的数据模型，但都带有 OO 模型的特征。具体实现时，有的是对关系数据库系统进行扩充，有的则是从头做起。人们会问，难道不同的应用领域就要研制不同的数据库管理系统吗？能否像第一、二代数据库管理系统那样研制一个通用的、能适合各种应用需求的数据库管理系统呢？这实际上正是新一代数据库系统研究探索的问题。

习　题

1. 简述数据库技术的发展过程。数据库技术发展的特点是什么？
2. 简述数据模型在数据库系统发展中的作用和地位。
3. 用实例阐述数据库技术与其他学科的技术相结合的成果。
4. 分析、总结和补充开源数据库的重要特点。

参 考 文 献

[1] 王珊,萨师煊.数据库系统概论[M].5 版.北京:高等教育出版社,2014.

[2] Date C J. An introduction to database systems[M]. 8th ed. New Jersey: Addison Wesley, 2003.

[3] Ullman J D, Widom J. First course in database systems[M]. 3rd ed. London: Pearson Education Limited, 2007.

[4] Garcia-Molina H, Ullman J D, Widom J D. Database systems: the complete book[M]. 2nd ed. New Jersey: Pearson Prentice Hall, 2008.

[5] Coronel C, Morris S. Database systems: design, implementation, & management[M].13th ed. Iowa: Cengage Learning, 2018.

[6] Ramakrishnan R, Gehrke J. Database management systems[M]. 3rd ed. New York: McGraw Hill, 2003.

[7] Microsoft. ODBC API Reference[Z]. 2019.

[8] Sun Microsystems. JDBC 3.0 Specification Final Release[Z]. 2001.

[9] 北京人大金仓信息技术股份有限公司. KingbaseES V008R003 开发手册[Z]. 2019.

[10] 张效祥,徐家福.计算机科学技术百科全书[M].3 版.北京:清华大学出版社,2014.

[11] Rao J, Ross K A. Making B+- trees cache conscious in main memory[J/OL]. ACM SIGMOD Record, 2000, 29(2): 475-486. [2020-10-11].https://doi.org/10.1145/342009.335449.

[12] Lee I-H, Shim J, Lee S-G, et al.CST-trees: cache sensitive t-trees[C/OL]. Berlin: Springer Verlag, 2007[2020-10-11]. https://doi.org/10.1007/978-3-540-71703-4_35.

[13] Manegold S, Boncz P A, Nes N J, et al. Cache-conscious radix-decluster projections[C/OL]. Netherlands: Very Large Data Base Endowment, 2004[2020-10-11]. http://www.vldb.org/conf/2004/RS18P3.PDF.

[14] Balkesen C, Teubner J, Alonso G, et al. Main-memory hash joins on multi-core CPUs: tuning to the underlying hardware[J/OL].ICDE Record, 2013:362-373[2020-10-11]. https://xueshu.baidu.com/usercenter/paper/show? paperid=bf3dde34e9147be0e7176b3f71a5804c.

[15] Kemper A, Neumann T, Finis J, et al. Transaction processing in the hybrid OLTP&OLAP main-memory database system Hyper[J/OL]. IEEE Data Engineering Bulletin, 2013, 36(2): 41-47[2020-10-11]. https://xueshu.baidu.com/usercenter/paper/show? paperid=a2e6c78bfd57c52ba2f00850fa108e70.

[16] Sikka V, Färber F, Lehner W, et al. Efficient transaction processing in SAP HANA database: the end of a column store myth[C/OL]. Acm Sigmod International Conference on Management of Data. ACM, 2012[2020-10-11]. https://www.researchgate.net/publication/232305662_Efficient_Transaction_Processing_in_SAP_HANA_Database_-The_End_of_a_Column_Store_Myth.

[17] Abadi D, Ailamaki A, Andersen D, et al. The seattle report on database research[J/OL]. SIGMOD Record, 2020, 48(4): 44-53[2020-10-11]. https://www.researchgate.net/publication/339489430_The_Seattle_Report_on_Database_Research.

图 书 资 源 支 持

感谢您一直以来对清华版图书的支持和爱护。为了配合本书的使用，本书提供配套的资源，有需求的读者请扫描下方的"书圈"微信公众号二维码，在图书专区下载，也可以拨打电话或发送电子邮件咨询。

如果您在使用本书的过程中遇到了什么问题，或者有相关图书出版计划，也请您发邮件告诉我们，以便我们更好地为您服务。

我们的联系方式：

地　　址：北京市海淀区双清路学研大厦 A 座 714

邮　　编：100084

电　　话：010-83470236　010-83470237

客服邮箱：2301891038@qq.com

QQ：2301891038（请写明您的单位和姓名）

资源下载：关注公众号"书圈"下载配套资源。

书圈

获取最新书目

观看课程直播